湛庐文化
Cheers Publishing
a mindstyle business
与 思 想 有 关

The Universe

Leading Scientists Explore the Origin, Mysteries, and Future of the Cosmos

宇宙

从起源到未来

[美] 约翰·布罗克曼
（John Brockman）◎编著
高爽◎译

浙江人民出版社
ZHEJIANG PEOPLE'S PUBLISHING HOUSE

伟大头脑的伟大之处，绝不在于他们拥有“金手指”，可以指点未来；而在于他们时时将思想的触角延伸到意识的深海。他们发问，不停地发问，在众声喧哗间点亮“大问题”和“大思考”的火炬。

段永朝
财讯传媒集团首席战略官

建筑学家威廉·J. 米切尔曾有一个比喻：人不过是猿猴的 1.0 版。现在，经由各种比特的武装，人类终于将自己升级到猿猴 2.0 版。他们将如何处理自己的原子之身呢？这是今日顶尖思想者不得不回答的“大问题”。

胡 泳
博士，北京大学新闻与传播学院教授

“对话最伟大的头脑”这套书中，每一本都是一个思想的热核反应堆，在它们建构的浩瀚星空中，百位大师或近或远、如同星宿般璀璨。每一位读者都将拥有属于自己的星际穿越，你会发现思考机器的100种未来定数，而奇点理论不过是星空中小小的一颗。

吴甘沙
驭势科技（北京）有限公司联合创始人兼CEO

一个人的格局和视野取决于他思考什么样的问题，而他未来的思考，在很大程度上取决于他现在的阅读。这套书会让你相信，在生活的苟且之外，的确有一群伟大的头脑在充满诗意的远方运转。

周　涛
电子科技大学教授、互联网科学中心主任

作为美国著名的文化推动者和出版人，约翰·布罗克曼邀请了世界上各个领域的科学精英和思想家，通过在线沙龙的方式展开圆桌讨论。“对话最伟大的头脑”这套书就是活动参与者的观点呈现，让我们有机会一窥“最强大脑”的独特视角，从而得到思想上的启迪。

苟利军
中国科学院国家天文台研究员，中国科学院大学教授
“第十一届文津奖”获奖图书《星际穿越》译者

未来并非如我所愿一片光明，看看大师们有什么深刻的思考和破解之道，也许会让我们活得更放松一些。

李天天
丁香园创始人

与最伟大的头脑对话，虽然不一定让你自己也伟大起来，但一定是让人摆脱平庸的最好方式之一。

刘 兵
清华大学社会科学学院教授

以科学精神为内核，无尽跨界，Edge 就是这样一个精英网络沙龙。每年，Edge 会提出一个年度问题，沙龙成员依次作答，最终集结出版。不要指望在这套书里读到“ABC”，也不要指望获得完整的阐释。数百位一流精英在这里直接回答“大问题”，论证很少，锐度却很高，带来碰撞和启发。剩下的，靠你自己。

王 烁
财新传媒主编，BetterRead公号创始人

术业有专攻，是指用以谋生的职业，越专业越好，因为竞争激烈，不专业没有优势。但很多人误以为理解世界和社会，也是越专业越好，这就错了。世界虽只有一个，但认识世界的角度多多益善。学科的边界都是人造的藩篱，能了解各行业精英的视角，从多个角度玩味这个世界，综合各种信息来做决策，这不显然比死守一个角度更有益也更有趣吗？

兰小欢
复旦大学经济学助理教授

如果每位大思想家都是一道珍馐，那么这套书毫无疑问就是至尊佛跳墙了。很多名字都是让我敬仰的当代思想大师，物理学家丽莎 · 兰道尔、心理学家史蒂芬 · 平克、哲学家丹尼尔 · 丹尼特，他们都曾给我无数智慧的启发。

如果你不只对琐碎的生活有兴趣，还曾有那么一个瞬间，思考过全人类的问题，思考过有关世界未来的命运，那么这套书无疑是最好的礼物。一篇

文章就是一片视野，让你站到群山之巅。

郝景芳
2016年雨果奖获得者

布罗克曼是我们这个时代的“智慧催化剂”。

斯图尔特 · 布兰德
《全球概览》创始人

布罗克曼是个英雄，他使科学免于干涩无趣，使人文学科免于陈腐衰败。

杰伦 · 拉尼尔
虚拟现实之父

1981 年，我成立了一个名为“现实俱乐部”（Reality Club）的组织，试图把那些探讨后工业时代话题的人们聚集在一起。1997 年，“现实俱乐部”上线，更名为 Edge。

在 Edge 中呈现出来的观点都是经过推敲的，它们代表着诸多领域的前沿，比如进化生物学、遗传学、计算机科学、神经学、心理学、宇宙学和物理学等。从这些参与者的观点中，涌现出一种新的自然哲学：一系列理解物理系统的新方法，以及质疑我们很多基本假设的新思维。

对每一本年度合集，我和 Edge 的忠实拥趸，包括斯图尔特·布兰德（Stewart Brand）、凯文·凯利（Kevin Kelly）和乔治·戴森（George Dyson），都会聚在一起策划“Edge 年度问题”，而且常常是在午夜。

提出一个问题并不容易。正像我的朋友，也是我曾经的合作者，已故的艺术家和哲学家詹姆斯·李·拜尔斯（James Lee Byars）曾经说的那样：“我能回答一个问题，但我能足够聪明地提出这个问题吗？”所以，我们要去寻找那些可以启发不可预知答案的问题，那些激发人们去思考意想不到之事的问题。

现实俱乐部

1981—1996 年，现实俱乐部是一些知识分子间的非正式聚会，通常在中国餐馆、艺术家阁楼、投资银行、舞厅、博物馆、客厅，或在其他什么地方举办。俱乐部座右铭的灵感就源于拜尔斯，他曾经说过："要抵达世界知识的边界，就要寻找最复杂、最聪明的头脑，把他们关在同一个房间里，让他们互相讨论各自不解的问题。"

1969 年，我刚出版了第一本书，拜尔斯就找到了我。我们俩同在艺术领域，一起分享有关语言、词汇、智慧以及"斯坦们"（爱因斯坦、格特鲁德·斯坦因、维特根斯坦和弗兰肯斯坦）的乐趣。1971 年，我们的对话录《吉米与约翰尼》（*Jimmie and Johnny*）由拜尔斯创办的"世界问题中心"（The World Question Center）发表。

1997 年，拜尔斯去世后，关于他的世界问题中心，我写了下面的文字：

> 詹姆斯·李·拜尔斯启发了我成立现实俱乐部以及Edge的想法。他认为，如果你想获得社会知识的核心价值，去哈佛大学的怀德纳图书馆里读上600万本书，是十分愚蠢的做法。在他极为简约的房间里，他通常只在一个盒子中放4本书，读过后再换一批。于是，他创办了世界问题中心。在这里，他计划邀请100位最聪明的人相聚一室，让他们互相讨论各自不解的问题。
>
> 理论上讲，一个预期的结果是他们将获得所有思想的总和。但是，在设想与执行之间总有许多陷阱。拜尔斯确定了他的100位最聪明的人，依次给他们打电话，并询问有什么问题是他们自问不解的。结果，其中70个人挂了他的电话。

那还是发生在 1971 年的事。事实上，新技术就等于新观念，在当下，电子邮件、互联网、移动设备和社交网络真正实现了拜尔斯的宏大设计。虽然地点变成了线上，但这些驱动热门观点的反复争论，却让现实俱乐部的精神得到了延续。

正如拜尔斯所说："要做成非凡的事情，你必须找到非凡的人物。"每一个 Edge 年度问题的中心都是卓越的人物和伟大的头脑，其中包括科学家、艺术家、哲学家、技术专家和企业家，他们都是当今各自领域的执牛耳者。我在 1991 年发表的《第三种文化的兴起》（*The Emerging Third Culture*）一文和 1995 年出版的《第三种文化：洞察世界的新途径》（*The Third Culture: Beyond the Scientific Revolution*）一书中，都写到了“第三种文化”，而上述那些人，他们正是第三种文化的代表。

第三种文化

经验世界中的那些科学家和思想家，通过他们的工作和著作构筑起了第三种文化。在渲染我们生活的更深层意义以及重新定义“我们是谁、我们是什么”等方面，他们正在取代传统的知识分子。

第三种文化是一把巨大的“伞”，它可以把计算机专家、行动者、思想家和作家都聚于伞下。在围绕互联网和网络兴起的传播革命中，他们产生了巨大的影响。

Edge 是网络中一个动态的文本，它展示着行动中的第三种文化，以这种方式连接了一大群人。Edge 是一场对话。

第三种文化就像是一套新的隐喻，描述着我们自己、我们的心灵、整个宇宙以及我们知道的所有事物。这些拥有新观念的知识分子、科学家，还有那些著书立说的人，正是他们推动了我们的时代。

这些年来，Edge 已经形成了一个选择合作者的简单标准。我们寻找的是这样一些人：他们能用自己的创造性工作，来扩展关于“我们是谁、我们是什么”的看法。其中，一些人是畅销书作家，或在大众文化方面名满天下，而大多数人不是。我们鼓励探索文化前沿，鼓励研究那些还没有被普遍揭示的真理。我们对“聪明地思考”颇有兴趣，但对标准化“智慧”意兴阑珊。在传播理论中，信息并非被定义为“数据”或“输入”，信息是“产生差异的差异”（a difference that makes a difference）。这才是我们期望合作者要达到的水平。

Edge 鼓励那些能够在艺术、文学和科学中撷取文化素材，并以各自独有的方式将这些素材融于一体的人。我们处在一个大规模生产的文化环境当中，很多人都把自己束缚在二手的观念、思想与意见之中，甚至一些公认的文化权威也是如此。Edge 由一些与众不同的人组成，他们会创造属于自己的真实，不接受虚假的或盗用的真实。Edge 的社区由实干家而不是那些谈论和分析实干家的人组成。

Edge 与 17 世纪早期的无形学院（Invisible College）十分相似。无形学院是英国皇家学会的前身，其成员包括物理学家罗伯特·玻意耳（Robert Boyle）、数学家约翰·沃利斯（John Wallis）、博物学家罗伯特·胡克（Robert Hooke）等。这个学会的主旨就是通过实验调查获得知识。另一个灵感来自伯明翰月光社（The Lunar Society of Birmingham），一个新工业时代文化领袖的非正式俱乐部，詹姆斯·瓦特（James Watt）和本杰明·富兰克林（Benjamin Franklin）都是其成员。总之，Edge 提供的是一次智识上的探险。

用小说家伊恩·麦克尤恩（Ian McEwan）的话来说：“Edge 心态开放、自由散漫，并且博识有趣。它是一份好奇之中不加修饰的乐趣，是这个或生动或单调的世界的集体表达，它是一场持续的、令人兴奋的讨论。”

约翰·布罗克曼

前言

这本书作为 Edge 系列之一，会着重关注宇宙的问题。在官网 Edge.org 上，有本书 21 篇文章的节选，其中也包括采访、演讲文字、特邀文章等，而且很多内容都有相应的视频。

Edge 囊括了很多科学家、艺术家、哲学家、技术大师和企业家，这些人都是现代社会知识、技术和科学等领域的重要人物。通过授课、研讨会、晚宴等形式，这些学者正在重新书写我们这个世界的文化体系。Edge 将其汇集而成了第三种文化。

在 Edge.org 网站上，有访谈对话，有文化沙龙，数百万字的文档鲜活地呈现了智者、大家们过去 18 年来的对话。这些内容向公众完全免费公开。

以科学精神为依托，Edge 发起的思想者之间的非正式对话，以第三种文化的精神进行非技术性的、没有复杂公式的、口语化的对话。我将其描述为："在经验世界中的科学家和思想者，他们的工作和精彩的文章正在取代我们生活中的传统智慧，正在重新定义我们是谁、我们是什么。"

《宇宙》这本书问世的同时，位于南极的 BICEP2 射电望远镜发现了引力波，确认了宇宙暴胀理论预言的原初引力波的存在。[1]以此为契机，我们汇集了Edge网站上最优秀的思想者，他们大多是工作在科学前沿的理论物理学家和宇宙学家。他们提供了一幅基于过去30年发展的宇宙学图景。用代表人物阿兰·古斯（Alan Guth）的话来说，那是一个“黄金时代”。

[1] 这一发现事后被证明是个误会，原初引力波目前尚未被发现。——译者注

宇宙学的黄金时代已经走到了它的顶峰，不只是因为南极BICEP2的发现，还包括2012年位于欧洲核子研究中心（CERN）的大型强子对撞机（LHC）对希格斯玻色子的发现。这一发现让宇宙的基本组成粒子有了可以理解的质量。

这本书以阿兰·古斯在2001年发表的演讲开始，他是暴胀理论之父，这样的安排显然恰到好处。一年后，在Edge举行的一次聚会上，古斯与保罗·斯坦哈特（Paul Steinhardt）碰了面。斯坦哈特提出了与古斯的暴胀理论相竞争的循环宇宙理论。而关于引力波的新数据可能已经排除掉了这一理论。可想而知，两人思想的碰撞一定非常值得读者期待。

安德烈·林德（Andrei Linde）被誉为永恒混沌暴胀理论之父。他强调了多重宇宙的概念和人择原理。“宇宙的诸多部分可能彼此差异巨大，而我们只不过生活在自己熟悉的宇宙环境中。”

丽莎·兰道尔（Lisa Randall）和尼尔·图罗克（Neil Turok）详细地阐述了膜理论，这一理论是弦理论的二维结构。膜理论是循环宇宙理论的核心概念。

肖恩·卡罗尔（Sean Carroll）仔细考虑了“可观

测宇宙为何以如此纯朴的规则和秩序展开”这一神秘问题。

英国皇家天文学家马丁·里斯（Martin Rees）则推测了我们是否有可能只是超级智能计算机制造出来的模拟生命。

李·斯莫林（Lee Smolin）讨论了时间的本质。之后，他又和弦理论之父伦纳德·萨斯坎德（Leonard Susskind），就斯莫林的宇宙自然选择理论和人择原理的功效进行了绅士般的论战。

布赖恩·格林（Brian Greene）、保罗·斯坦哈特和《爱因斯坦传》的作者沃尔特·艾萨克森（Walter Isaacson），讨论了爱因斯坦可能会如何看待21世纪的理论物理学。斯坦哈特和格林针对弦理论进行了讨论。

地中海大学的理论物理学教授卡洛·罗韦利（Carlo Rovelli）建议回归基础；亚利桑那州立大学的宇宙学家劳伦斯·克劳斯（Lawrence Krauss）放弃了对暗能量的痴迷；科学史学家彼得·伽里森（Peter Galison）提出了20世纪早期两位现代大师之间的分歧，即爱因斯坦和庞加莱；而诺贝尔物理学奖得主弗兰克·维尔切克（Frank Wilczek）则享受这样的未来：“我们将在过去已经取得丰硕成果的物理学中，继续前行。”

加州大学伯克利分校的理论物理学教授拉斐尔·布索（Raphael Bousso）是乐观主义者。他说：“我认为我们已经准备好上《奥普拉脱口秀》了……我们将从中得到一些更深刻问题的答案，即关于宇宙大尺度结构是怎样的、量子引力是如何作用于宇宙学的。”

量子力学工程师赛斯·劳埃德（Seth Lloyd）解释了宇宙如何感知自身；史蒂芬·斯托加茨（Steven Strogatz）从大群萤火虫的同步闪光中看到了宇宙的暗示；牛津大学物理学家戴维·多伊奇（David Deutsch）预言，他的构造者理论最终将“提供一个描述物理学系统和物理学定律的新模型。它还会有自己的新原理，比现有的最深刻的理论，如量子理论和相对论，都更加直指本质”。

最后，数学大师贝努瓦·曼德尔布罗特（Benoit Mandelbrot）在他 80 岁高龄时，回顾了分形几何学的漫长职业生涯。他发现："我的生活最近发生了一次重要转折，我意识到，我长时间以来在脚注里写的东西应该得到重视……我非常长寿，直到今天也还在不停地学习。在众多考虑之下，我认为我的工作由一个单一的总目标所引导：找到一个对粗糙度的严格谨慎的分析方法。终于，这个主题给我的生活带来了强有力的凝聚作用。"

宇宙学可能经历了它的黄金时代，但是你会发现，仍然存在大量模糊不清的状况，人们对其有怀疑也有意见不一。本书收录的 21 篇文章有着十足的超验精神，并且并不是为了下什么定论。在几个月（甚至几年）之前，大型强子对撞机得出了更多关于微观世界的数据，强大的高科技望远镜和卫星在继续探索着宏观世界。请保持怀疑之心！我们对宏观世界理论的讨论，还在继续。

愿这场讨论继续繁荣！

约翰·布罗克曼

目录

总序 /V
前言 /IX

01 Alan Guth
阿兰·古斯
宇宙学的黄金时代 /001
A Golden Age of Cosmology

02 Paul Steinhardt
保罗·斯坦哈特
循环宇宙 /008
The Cyclic Universe

03 Alan Guth
阿兰·古斯
暴胀宇宙 /020
The Inflationary Universe

04 Andrei Linde
安德烈·林德

一个会产生出泡泡的泡泡正在产生新泡泡 /030
A Balloon Producing Balloons Producing Balloons

05 Lisa Randall
丽莎·兰道尔

弯曲的旅行 /052
Theories of the Brane

06 Neil Turok
尼尔·图罗克

时间之前 /066
The Cyclic Universe

07 Sean Carroll
肖恩·卡罗尔

宇宙为何是今日之貌? /078
Why Does the Universe Look the Way It Does ?

08 Martin Rees
马丁·里斯

我们是被模拟出来的吗？ /092
In the Matrix

09 Lee Smolin
李·斯莫林

从思考本质着手 /106
Think About Nature

10 Leonard Susskind
伦纳德·萨斯坎德

我们的宇宙只是宇宙景观的一个角落 /128
The Landscape

Leonard Susskind
伦纳德·萨斯坎德
vs.
Lee Smolin
李·斯莫林

11
人择原理 /144
The Anthropic Principle

12 Carlo Rovelli
卡洛·罗韦利

科学与确定性无关 /176
Science Is Not About Certainty

13 Lawrence Krauss
劳伦斯·克劳斯

空非空 /188
The Energy of Empty Space That Isn't Zero

14

我的爱因斯坦 /198
Einstein: An Edge Symposium

Brian Greene
布赖恩·格林

Walter Isaacson
沃尔特·艾萨克森

Paul Steinhardt
保罗·斯坦哈特

15 Peter Galison 彼得·伽里森

爱因斯坦与庞加莱 /220

Einstein and Poincaré

16 Raphael Bousso 拉斐尔·布索

在更大的尺度上思考宇宙 /232

Thinking About the Universe on the Larger Scales

17 Seth Lloyd 赛斯·劳埃德

量子猴子 /246

Quantum Monkeys

18 Frank Wilczek 弗兰克·维尔切克

获得诺贝尔奖之后 /258

The Nobel Prize and After

19 Steven Strogatz
史蒂芬·斯托加茨
谁会关心萤火虫？ /272
Who Cares About Fireflies?

20 David Deutsch
戴维·多伊奇
构造者理论 /286
Constructor Theory

21 Benoit Mandelbrot
贝努瓦·曼德尔布罗特
粗糙度无处不在 /300
A Theory of Roughness

译者后记 /313

想观看肖恩·卡罗尔、李·斯莫林等作者的
演讲视频吗?
扫码下载“湛庐阅读”APP,
“扫一扫”本书封底条形码,
彩蛋、书单、更多惊喜等着您!

INFLATION
PROVIDES A POSSIBLE
ANSWER TO
THE QUESTION OF
WHAT MADE THE
UNIVERSE BANG.

暴胀提供了回答宇宙大爆炸结果的可能答案。

——《宇宙学的黄金时代》

01

A Golden Age of Cosmology

宇宙学的黄金时代

Alan Guth
阿兰·古斯
宇宙暴胀理论之父；MIT 维克多·魏斯科普夫（Victor F. Weisskopf）物理学教授；米尔纳基础物理学奖（Milner Foundation Fundamental Physics Prize）得主；著有《暴胀宇宙》

戴维·施拉姆（David Schramm）认为，我们所处的今天，是宇宙学的黄金时代。这话说得千真万确！当下的宇宙学研究正在从一系列不靠谱的推测，转变为真正的硬科学分支，它的各种理论可以得到精确观测的检验和发展。宇宙学最有意思的领域之一，是对宇宙背景辐射的不均匀性起伏的预测，这正是我一直以来深度参与的领域。我们认为，宇宙背景辐射是宇宙大爆炸之后的热量余晖。这种辐射最显著的特征之一，是它在所有方向上均匀统一，在忽略了背景辐射中地球相对运动的影响之后，辐射的均匀性达到了十万分之一的精度。

我深度研究的理论称为宇宙暴胀理论，这一理论似乎是对宇宙均匀性的最佳解释。均匀性并不容易理解。你也许会认为，取出烤箱的比萨从热变凉的过程所体现出的物理学基本原理，就能解释宇宙的均匀性——事物倾向于达到统一的温度。实际上，通过宇宙学方程算出宇宙在任意给定的时间里膨胀得有多快，物理学家就可以计算出达到均匀性所需要的时间。

物理学家发现，为了实现整个宇宙背景辐射的均匀性，宇宙需要足够快地冷却，信息必须以 100 倍光速的速度传播。但是，根据现有的所有物理学理论，任何事物的运动速度都不会超越光速，因此宇宙均匀性的现象就无法得到解释了。大爆炸理论的经典版本不得不简单粗暴地假设，宇宙从一开始就是各向同性的，即完完全全的均匀。

宇宙暴胀理论是标准大爆炸理论的扩展，它进一步描述了最初驱动宇宙膨胀的原因。在大爆炸理论的经典版本中，膨胀是初始假设，也就是不需要任何解释。经典大爆炸理论算不上一个完整的大爆炸理论，它只能算是描述大爆炸结果的理论。暴胀提供了回答宇宙大爆炸结果的可能答案，目前这个回答看起来几乎是确定的正确答案。

宇宙暴胀理论利用了现代粒子物理学的结果。粒子物理学预测，高能状态存在特殊类型的物质，这些物质会导致引力转向，产生排斥力。暴胀理论认为，早期宇宙包含至少一定量的这种特殊物质。其结果是，你只需要很少一点的这种物质，就可以使排斥力剧烈增大，达到足以覆盖整个可观测宇宙的范围。

由于在暴胀模型中宇宙可以从极端微小的状态开始演化，所以宇宙暴胀理论对可观测宇宙的均匀性作出了简单、有效的解释。在早期宇宙微小的范围内，宇宙有充足的时间实现温度和密度的均匀性，这与房间中的空气会充满整个空间从而实现密度均匀的机制相同。并且，如果你将房间孤立起来，足够长的时间之后，温度也会达到一致。对于微小的早期宇宙，在暴胀模型的开始之初，宇宙的历史有足够的时间让这些机制发挥作用，最终促成宇宙达到几乎完美的均匀状态。暴胀接管和放大了这些微小区域，将其变得足够大，直到充满整个宇宙，将其均匀性与宇宙膨胀开始时保持一致。

当这一理论最初得到进一步发展时，人们开始担心我们把宇宙设想得过于均匀。宇宙最令人惊叹的特征之一就是其均匀性，但并不意味着绝对均匀。我们有星系和恒星，有星系团和各种复杂的结构，这些都需要我们对其进行进一步解释。如果宇宙开始于彻底的均匀性，它将一直保持这样的均匀，也就不会使物质聚集或是产生特殊的结构。

我相信史蒂芬·霍金是第一个回答了这个问题的人。他指出，量子效应可以拯救我们，虽然他早期的计算不够精确。真实世界不是被经典物理学描述的，尽管它很厉害，也可以给我们提供完全描述事物的决定性方程。但是真实世界，根据我们对物理学的理解，需要量子力学进行描述。这意味着，一切都是概率问题。

我们感知的“经典”世界中，每个物体都有确定的位置和运动轨迹，它们其实只是量子理论预言的不同状态的平均值而已。如果我们在这里采用这种观念，至少走对了大方向。这意味着，我们在经典方程中预言的均匀密度仅仅是量子力学密度的平均值，真实值在一个范围内波动，只是位置有所不同。量子力学的不确定性使早期宇宙的密度可以在某些地方更高一点，而在另一些地方略低一点。

这样，在暴胀结束时，我们期待，在物质几乎均匀的密度上能泛起轻微的涟漪，而且是可以实际计算的涟漪。坦白地说，我们对粒子物理学的了解还不够，还不能精确预测这些涟漪的尺度。但我们可以计算的是，这些起伏的强度依赖涟漪的波长。也就是说，所有尺度的涟漪都存在，你可以计算不同尺度的涟漪具有怎样不同的强度。你还可以讨论我们称为“频谱”（spectrum）的东西，我们利用这个词精确地描述声波。当谈论声波的频谱时，我们讨论的是不同波长的声音具有怎样不同的强度。同样的分析也适用于早期宇宙，早期宇宙不同涟漪的不同波长有着各自的强弱程度。今天我们可以在宇宙背景辐射中看到这些涟漪。

我们能看见它们，绝对算得上是现代科技的奇妙贡献。1982 年当我们第一次预言这种起伏的时候，天文学家还无法注意到地球在背景辐射中运动的效应，这种效应大约占到千分之一的数量级。而我们讨论的密度起伏的涟漪，只有十万分之一的强度。也就是说，宇宙密度起伏的迹象，仅仅是我们当时能勉强观测到的强度的1%。

我一直不相信我们能真正看到这些涟漪。这要比当前的观测水平强100倍，这对天文学家来说太难以实现了。但是惊喜和光明在1992年到来了。具有7度角分辨率（angular resolution）的COBE卫星（Cosmic Background Explore，宇宙背景探测器）首次探测到了这些涟漪，当然仅仅是最长波长的涟漪，不过我们现在已经有了更好的观测。现在的角分辨率已经远远小于1度，可以非常精确地测量不同波长的涟漪强度。这可是非凡的成就！

大约一年半以前，BOOMERANG和MAXIMA实验发布了一系列独特的声明。两个探空气球实验给出了宇宙在几何上具有平坦性的强烈证据，这正是暴胀理论所预言的。在这里，平坦不是指二维平面，三维空间也可以平坦。根据广义相对论，平坦的宇宙三维空间意味着不存在曲率。利用宇宙演化所引起的涟漪，你实际上可以看到空间的曲率。不过，一年半之前也出现了困扰人们的重大分歧，没有人知道该如何处理这个问题。他们测量到的频谱图像有几个峰值。这些峰值是早期宇宙密度波的震荡，这种现象被称为共振（resonance），共振使某些特定波长的震动强度增加。测量证明了第一个峰值，恰恰就是我们期待中的位置和形状。但我们没找到第二个峰值。

为了用理论拟合数据，人们不得不假设宇宙中存在比过去认为的多了大约10倍的光子，因为额外的光子可以产生某种阻尼效果，以使第二个峰值消失。当然，所有的实验都有误差。如果实验多次重现，结果不会每次都精确一致。因此我们可以想象，第二个峰值只是因为运气不好而恰好没有被观测到。尽管如此，如果宇宙包含了其他观测已经得出的光子密度，峰值不可见的概率将下降为1%。因此预测和理论之间的分歧依然存在。

所有戏剧性的改变都发生在三四个月之前。现在第二个峰值不仅能看得见，而且高度与理论预期精确一致，一切观测现在都可以完美地被理论预测。这真是太好了！虽然我知道在这条道路上我们一定还会遇到很多困难，但我们有了一幅漂亮的图景，目前来看，它确认了早期的宇宙暴胀理论。

我们当前关于宇宙的图景面临着一些新困境，这些问题都是两三年前出现的。为了拟合数据，匹配观测，我们必须假设宇宙中存在我们过去不知道的新能量。这种新成分通常被称为暗能量。就像它的名字所暗示的那样，我们依然对它的细节所知甚少。它就像是我们之前谈论过的排斥力，是早期宇宙中驱动暴胀的元素。事实上，我们今天的宇宙依然充满了类似的物质。虽然反引力效果比早期宇宙存在过的效果微弱多了，但我们非常确定的是，今天的宇宙正在加速膨胀，这正是暗能量作用的结果。

虽然我试图对我们已经理解和掌握的知识进行宣传，但这其中仍然存在很多不确定性。比如，我们依然不清楚宇宙组分中最充足的物质的性质。暗能量占宇宙总质量（能量）的 60%，我们却不了解它到底是什么。它可能是真空能本身，但我们并不知道更多细节。另外，被我们称为暗物质的部分占宇宙总质量的 30% 甚至 40%，我们同样不了解它。暗能量产生排斥力并且平滑分布，暗物质像普通物质那样受到引力作用，它彼此吸引并且成团，但我们不知道它的构成。而我们已经认识的质子、中子、普通物质的原子和分子，只占宇宙总质量的 5%。

在宇宙学领域，我们已经取得了巨大进展。但同时，我们目前掌握的理论还远远没发展到说明一切的程度。

WE'VE ENTERED A NEW STAGE IN THE EVOLUTION OF THE UNIVERSE.

我们已进入了宇宙演化的新阶段。

——《循环宇宙》

02

The Cyclic Universe
循环宇宙

Paul Steinhardt
保罗·斯坦哈特
理论物理学家；普林斯顿大学阿尔伯特·爱因斯坦科学教授；合著有《无尽的宇宙》

若你向大多数宇宙学家问及我们这一领域目前所在何处，他们会告诉你，我们身处人类历史中一段非常特殊的时期。得益于科学技术的众多进步，我们能够以前所未有的方式观察到非常遥远又非常早期的宇宙。比如，我们可以获得宇宙幼年时期的浮光掠影，那时第一批原子正在形成。我们还可以获得宇宙青春期的剪影，那时第一批恒星和行星正在孕育中。现在我们更是能够获取宇宙完整、详细的三维图像。综合上述这些在人类历史上首次获得的各种信息，你可以得到一系列关于任何宇宙演化模型的严格限制。

回顾 20 世纪 90 年代早期关于宇宙演化的各种理论，我们近 10 年获得的数据已将它们一一排除，只剩下一种被视为共识的模型。这一模型结合了

20 世纪 20 年代至 40 年代发展起来的大爆炸模型、20 世纪 80 年代由阿兰·古斯提出的暴胀理论，以及我将简要讨论的最近一项修正。这一共识理论与我们现在对宇宙的观测结果高度一致。因此，许多宇宙学家认为，我们终于确定了宇宙的基本历史。

但我有一种颇为不同的观点，这一观点受到了两件事的启发。第一件事就是我前面提到的最近一项修正。我必须说明的是，这项修正不仅仅是一项修正，更是对我们关于时间和宇宙历史相关概念的一次颠覆。第二件事是，近年来我从事的一项将宇宙历史搞得七零八落的替代理论的研究：所有创造了宇宙重要特征的事件以不同的顺序、不同的物理学机制，在不同的时间，以不同的时间尺度发生。并且到目前为止，这一模型似乎还能高度再现共识图景的所有成功预言。

这一图景与共识图景的关键区别可以归结到时间的本质上。标准模型，或者说共识模型，假定时间有起点，也就是我们常说的大爆炸。根据此模型，由于某些我们不甚明了的原因，宇宙突然从无到有，充满物质与能量，并在过去的 150 亿年持续膨胀和冷却。在替代模型中，宇宙是无限的。时间是无限的，过去无始，未来无终。事实上，贯穿宇宙演化的进程，三维空间始终无限。

更具体些，这一模型提出了一个以循环形式演化的宇宙。也就是说，宇宙经历了从热到冷，从致密到稀疏，从热辐射到我们今日所见的结构，并最终成空无的演化时期。接着，一系列事件发生，循环再次开始：空无宇宙再次被注入能量，形成了一个膨胀与冷却的新时期。这一过程永恒周期性地重复。我们现在所见证的仅仅是最近的一次循环。

循环宇宙的概念并不新颖。在有记录的历史中，人们早已思考过这个想法。例如，古印度有一套详尽的基于循环宇宙概念的宇宙学。他们预言，一次循环会持续 86.4 亿年，这是一个具有三位有效数字精度的预言。这令人印象极为深刻，尤其是他们当时可没有量子力学，也没有弦理论！与之不同，我认为应该是数万亿年而不是数十亿年。

在西方思想中，“循环”的概念也是反复出现的主题。例如，埃德加·爱伦·坡（Edgar Allan Poe）和尼采都有各自的循环宇宙模型。在相对论宇宙学的早期，爱因斯坦、亚历山大·弗里德曼（Alexander Friedmann）、乔治·勒梅特（Georges Lemaître）和理查德·托尔曼（Richard Tolman）也曾对循环的想法抱有兴趣。循环的概念吸引了如此多人的原因显而易见：如果宇宙有起点，你就不得不解释它为什么会开始、在什么条件下开始。如果你的宇宙是循环的、永恒的，那就不必解释起始问题了。

在将循环概念带入现代宇宙学的尝试中，若干技术难题被发现于20世纪20年代和30年代。那时的想法是，三维宇宙在时间轮回中的经历始于大爆炸的膨胀时期，又反转到终结于大挤压（Big Crunch）的压缩时期。宇宙反弹，膨胀再次开始。难题之一是，每次当宇宙挤压到极限，它的密度和温度就会提升到一个无限大的值，通常的物理学定律是否适用也难以明了。

其次，每一次膨胀挤压循环都会通过自然热动力学过程创造熵，并添加到更早循环的熵。所以，每次循环开始时的熵密度都会比前一次更高。事实证明，一次循环的持续时间与熵密度息息相关。如果熵增加，持续时间也会相应增加。因此，随着时间流逝，每次循环的持续时间都会比上一次长。但问题是，反推时间，每次循环的时间会变得越来越短，直到经过一个有限的时间，持续时间缩减到零。这样，起始难题还是没能避免，只是推迟了有限的循环次数。如果我们想要再次引入循环宇宙的概念，就必须解决这两大难题。为此，我即将描述的循环宇宙模型便应用了一些新想法。

为了理解寻找替代模型的重要意义，我们要先深入了解下共识模型。不可否认的是，共识模型的某些方面非常吸引人，然而我要强调的是，共识模型还是不够简单明了。尤其是最近的观测发现迫使我们去修正它，使其变得更加复杂。因此，我先从共识模型的综述开始说起。

共识理论以大爆炸为起点：宇宙有初始。过去50年内，人们将此作为一项标准假设。但我们现在还不能用任何物理学定律来证明这一点。此外，它不得不假设宇宙的初始能量密度低于临界值。否则，宇宙将会在进入下一个演化阶段（暴胀期）前停止膨胀并再次坍缩。还有，要进入暴胀阶段，还必须存在某种能量来驱动暴胀。一般而言，这种能量被假定为暴胀场。该理论还不得不假定，在起始值低于临界密度的宇宙各部分中，以暴胀能量的形式储存着一股不可忽视的能量。这股能量最终充满宇宙并开启加速膨胀期。上述假设都可以说是合理的，但假设也仅仅是假设。将这些假设考虑在内，我们才能更好地比较共识模型与它的挑战者。

假设这些条件全部满足，暴胀能量在瞬间超越质量和辐射。暴胀期开始，宇宙急剧加速。许多奇迹似的事情因暴胀完成：宇宙变得均匀和平坦，又留下了那么一些不均匀，进而成为星系的种子。而后宇宙又在合适的条件下准备进入下一个演化阶段。根据暴胀模型，暴胀能量衰退成物质与辐射组成的高温气体。过了差不多一秒钟，第一批轻原子核由此产生。又是数万年过去，缓慢移动的物质主宰了宇宙。就在这些阶段中，第一批原子诞生，宇宙变得透明，宇宙的结构——第一批恒星、星系形成了。目前为止，一切还相对简单。

最近的发现告诉我们，我们已进入了宇宙演化的新阶段。恒星和星系形成后，奇怪的事情发生了，这些事情导致宇宙的膨胀开始再次加速。在宇宙由质量和辐射主宰，并逐渐形成结构的过去150亿年中，由于物质和辐射的自引力吸引效应与对宇宙膨胀的对抗效果，宇宙的膨胀是在减速的。直到不久前，物质和辐射还依然被认为是宇宙的主导能量形式，而减速也将永久地持续下去。

然而，最近的观测结果却并非如此：宇宙膨胀正在加速。这意味着，宇宙中的大部分能量既非物质也非辐射，而是一种超越了物质和辐射的能量。因为缺少相应的术语，我们称之为暗能量。与我们熟悉的物质与辐射不同，暗能量具备自引力排斥效应。这就是导致宇宙加速膨胀而非减速的原因。在牛顿的引力理论中，所有质量都是引力吸引的，但爱因斯坦的理论则允许引力排斥的能量存在。

我认为，无论是物理学家、宇宙学家，还是大众，都没有真正理解这一发现的意义。从整个历史的角度来看，这是一场“哥白尼”式的革命。“革命”一词可以说源自哥白尼，他改变了人类关于空间、关于人类在宇宙中位置的认知，这是哥白尼的重要贡献。通过证明地球绕太阳旋转，哥白尼引发了一连串的思考，让人们明白人类所处的地球在宇宙中并无特殊之处。而现在，关于时间的本质，我们发现了一件很奇怪的事，即我们所处的位置并无特殊，但我们所处的时间却非同寻常。在这一时间中，宇宙膨胀由减速转为加速；曾主宰宇宙的物质和辐射迅速变得无关紧要；宇宙结构由向更大尺寸形成转变为停止形成。我们刚好处在两大演化阶段转化过程之间。正如哥白尼的地球不是宇宙中心的假设引发了一连串思想“地震”，最终改变了我们关于太阳系乃至整个宇宙的概观理解一样。毫无意外，宇宙加速膨胀的发现也许会完全改变我们对于宇宙历史的看法。这正是我们考虑替代模型的一大动因。

了解了共识模型之后，让我们再将目光投向循环宇宙假设。由于它是循环式的，所以我可以从我任意选取的点开始讨论。为了更具有对比性，我将从类似“大爆炸”的点开始说起，我称其为“爆炸”。在这一点上，宇宙在一次循环中便达到了温度和密度的最高值。与大爆炸模型不同的是，在这一情境下，温度和密度并不是发散的，而是有一个有限大的极值。尽管这一温度极高，可以达到约 10^{20} 开尔文，足以将原子和原子核蒸发成它们的基本组分，但还未高至无穷。不仅如此，它事实上也远低于量子引力效应占据主导地位的普朗克能标（Planck energy scale）。爆炸之后，宇宙直接进入了一个由辐射主导的阶段。由于此图景下没有标准模型所具备的暴胀理论，我们仍需解释宇宙为何是平坦而均匀的，仍需解释导致了星系形成的涨落又来自何方。与早期暴胀解释不同，在这里我将用循环宇宙中另一不同阶段来回答这些问题。

在循环宇宙模型中，宇宙直接进入辐射主导阶段并如常形成核丰度，然后直接进入物质主导阶段，原子、星系和大尺度星系皆诞生于此，紧接着的则是一个由暗物质主导的阶段。暗物质在标准模型中“入侵”，为使理论和观测相符，我们不得不把它加进来。而在循环宇宙模型中，暗物质则是将要或者说正在驱动着宇宙以循环形式演化的核心要素。暗能量主导宇宙后做的第一件事就是我们现如今看到的：加速宇宙膨胀。为什么这一点至关重要？因为尽管这种加速比暴胀导致的加速慢了 100 个量级，但只要时间充足，最终仍能获得与暴胀相同的结果。随着时间流逝，这种膨胀使物质和辐射变得日益稀薄，令宇宙渐趋均匀和各向同性，并最终进入真空态。

赛斯·劳埃德曾说，我们的视界内有 $10^{80} \sim 10^{90}$ 个比特，但如果纵观万亿年宇宙，你会发现，平均起来你的视界内没有或者不到一个比特。事实上，当计数比特时，我们应意识到宇宙在加速膨胀，计算机实际上在失去我们视界内的比特。这就是我们观测到的东西。

宇宙在变得均匀且各向同性的同时，它也在变得平坦。可以想象，如果宇宙存在任何弯曲，即使这个过程很慢，膨胀也终究会将其扯平。如果一直这样下去，就没什么好说的了。但在这一情景下，暗能量仅存在于一个有限的时期引发了一系列事件。这些事件最终导致引力能转化为新的能量和辐射，使得宇宙开始了新一轮的膨胀。从局部观察者的视角看，这正像是宇宙经历了一次循环；也就是说，看上去像是宇宙每轮清空，然后新的物质和辐射产生并引发新一轮膨胀。在此意义上，这就是一个循环宇宙。如果从能看见整个宇宙的全局观察者的角度看，就会发现，在这个理论中，我们的三维空间是永恒且无限大的。物质在各个阶段被创造后会变稀薄，不管我们看不看得到。从局部看，宇宙像是在循环；而从整体看，宇宙是在稳定地演化，熵在这种演化的时间和空间中随着循环不断增多。

我们可以用很多种方式描述这个过程。我的选择是一种由超弦理论给出的非常漂亮的集合图景。我们只会使用非常基础的超弦理论，这样除了一些我多次提到的奇怪事情之外，你不需要了解超弦理论，也能理解我将要说的话。它们就在那儿，只等着我们去加以运用了。

超弦理论的理念之一是，其他额外维度，是使其自身在数学上连贯一致的必要基础。尤其是在其中一种构想中，宇宙共有 11 个维度，其中 6 种卷曲成微乎其微的小球，小到为了讲述我的理论，我可以假装它们并不存在。

我要考虑的是三维空间、一维时间，以及一维额外维度。在这一图景中，我们熟悉并穿梭其中的三维空间，沿着一层超曲面或者说一层薄膜存在。这层薄膜是额外维度的边界。在另一边，则还有一层薄膜边界。额外维度就存在于这边界之间的特定区间内。这就好像我们处在一个夹着空间总体积（bulk volume of space）的三明治的一端。三明治的表面则被称为轨形（orbifolds）或膜（branes）。这些膜是具备物理性质的。它们有能量和动量，当被激活时会产生夸克和电子之类的东西。我们就是在这些膜之上，由夸克和电子组成的。由于夸克和轻子只能沿着这些膜运动，所以我们被限制在只能看到和移动于膜上的三维空间内。我们无法直接观察到整体或者其他膜上的任何物质。

在循环宇宙中，每过数万亿年，两层膜就会碰撞在一起。相应创造了各种产物——粒子和辐射。碰撞同时加热了膜，因此它们又再次分开。这些膜之间受到一种如同弹簧力一样的吸引，导致它们每过一定的时间就会相撞。更完整地说就是，宇宙经历两种运动阶段。当有物质和辐射存于宇宙之中，或者膜相距足够远时，主要的运动是膜的拉伸，也就等价于三维空间的膨胀。其间，膜或多或少地保持着一个固定的距离。这正是过去150亿年间所发生的事情。在这一时期，我们的三维空间会以正常速度膨胀。在一段微小距离之外，另一层膜存在并膨胀着。但我们却不能穿过主体直接接触、觉察或看到它的存在。如果那里有物质聚集在一起，我们能感受到相应的引力作用，却不能看到它所发出的光或任何其他东西。因为它所发出的任何东西都会沿着那个膜运动，而我们只能看到沿着我们的膜运动的东西。

另一个阶段，与膜间作用力相关的能量将宇宙占据。从我们的膜的视角来看，这正像是我们现今观测到的暗能量。它令膜加速拉伸直到上一次碰撞中产生的物质和辐射全部散开，膜变成基本光滑、平坦又空无的表面。你可以将它们想象成充满物质并褶皱着的曲面在接下来的数万亿年里逐渐拉伸。这种拉伸导致膜上的物质和能量逐渐变得稀薄，而膜本身也变得光滑。数万亿年后，这些膜变得绝对光滑、平坦、平行和空无。

然后，膜之间的力使得它们缓慢接近。在接近的过程中，力逐渐增强，膜因而加速接近。它们碰撞时发生的撞击非常剧烈，以致创造出极高温（但非无限高）的物质和辐射。两层膜则飞速分开，差不多回到它们原来的位置，并在物质和辐射的引力作用下，开始新一阶段的拉伸。

在这一图景中，很显然，宇宙经历了膨胀时期和一段有趣的收缩时期。两层膜聚到一起时，收缩的不是我们的维度，而是额外维度。在收缩之前，物质和辐射处于散开的状态，但与20世纪二三十年代的旧循环宇宙模型不同，由于我们的三维空间，也就是膜，保持着伸展的状态，它们并不会在收缩中聚回到一起。收缩的只是额外维度。这一过程在一次又一次的循环中不断重复。

如果将循环宇宙模型与共识图景相比较，你就会发现，暴胀使宇宙变得平坦和均匀的两大功能，都可以由现在才刚开始的加速膨胀来完成。当然，我说的实际上是在最近一次爆炸之前的上一个循环相对应的膨胀。暴胀的第三个功能——产生密度涨落，则在两层膜聚到一起时发生。当它们接近时，量子涨落导致膜开始褶皱。由于这种褶皱，它们碰撞时并不是所有位置都同时碰撞，而是有些区域要比其他区域早一些。这意味着，部分区域更早地被加热到一个有限的温度，然后开始冷却。当膜再次分开，宇宙的温度并非绝对均匀，还存在着量子褶皱留下的空间变化。

值得一提的是，尽管物理过程完全不同，时间尺度也达数十亿年而非 10^{30} 秒，最终得到的能量与温度分布涨落频谱却与暴胀理论的结果基本一致。因此，循环宇宙模型也能与现在所有的温度和宇宙质量分布测量结果高度一致。

鉴于这两种模型的物理学机制颇为不同，若这两者之一是正确的，那么我们应该会有显著不同的观测结果，尽管目前还未探测到。暴胀创造的涨落不仅仅是能量和温度的涨落，也在时空本身形成了涨落，这就是所谓的引力波。大家期待在未来的几十年内能观测到引力波来证实共识宇宙模型[1]。在循环宇宙模型中则不会产生引力波。这一根本不同是因为产生暴胀式涨落的过程，是一种极快的剧烈过程，足够强大到产生引力波；而循环式涨落则产生于一种极慢的温和过程，其强度并不足以产生引力波。这就是两种模型给出的全然不同的观测预言的例子，只是现在还很难被观测到。

2016 年 2 月 11 日，美国国家科学基金会（NSF）召集了来自加州理工学院、MIT 以及 LIGO 科学合作组织的科学家，在华盛顿特区国家媒体中心宣布：人类首次直接探测到了引力波。由于本书英文版的出版时间为 2014 年，所以多位作者在文中都说尚未观测到引力波。后文不再一一说明。——编者注

有趣的是，现在我们有两种可能的图景。一方面，它们对于时间本质、宇宙历史、事件发生顺序和时间尺度的解释截然不同；另一方面，它们对现今宇宙的预言又极为相似。最终在这两者中选择哪一种，将会结合观测（比如引力波）与理论来决定。因为这一图景的核心理念在于膜互相碰撞时发生了什么，这将在超弦理论中得到验证或证伪。与此同时，在接下来的若干年中，我们可以乐呵呵地推测这些理论的启示，以及如何将它们区分开。

EVERYTHING THERE JUST GETS WASHED AWAY BY THE ENORMOUS EXPANSION.

所有东西都将被巨大的膨胀洗刷掉。

——《暴胀宇宙》

US
US
US
US

03

The Inflationary Universe
暴胀宇宙

Alan Guth
阿兰·古斯
宇宙暴胀理论之父，MIT 维克多·魏斯科普夫物理学教授；米尔纳基础物理学奖得主；著有《暴胀宇宙》

保罗·斯坦哈特对循环宇宙的概念进行了很好的介绍，而我则要介绍一下他所说的作为循环宇宙模型改进基础的传统共识模型。我同意斯坦哈特在其文章结尾处对两种模型进行的比较，到底哪种模型正确还需要时间及实际观测的验证。但这种比较要建立在两大前提之下。一个前提是，这两种理论模型都还需要进一步发展。对循环宇宙理论来说尤其如此，它还无法解答关于膜碰撞时发生了什么的问题。这个问题最终得到解决时，可能也就是这个理论终结之时。第二个前提是，两种理论模型有可观测的引力波预言对比。

膜是“薄膜”一词的简称，这一术语来自弦理论。弦理论最初仅是单纯关于弦的理论，但当人们对其动力学原理进行更细致的研究时发现，为了一致性，只研究弦是不可能的。由于弦是一维的，为了使其一致，不得不引入多维膜的可能性，进而产生了一般意义上的膜的概念。斯坦哈特特别提到的弦理论中包含了一个四维空间外加一维时间，他称之为“主体”（the bulk）。这一四维空间被两层膜夹在中间。

这些不是我在本文中要谈的，我要谈的是传统暴胀图景，特别是这一图景在过去几年中震撼性地揭示了，宇宙中存在着某种新型能量的巨大进展。由于没有更好的名字，这种能量一般被称作暗能量。

让我们把时间再往前推一些。暴胀理论本身是传统大爆炸理论的一个变体。暴胀理论试图完善的不足之处是，尽管大爆炸理论叫作“大爆炸”，但它实际上从不是关于一次爆炸的理论。没有暴胀的传统大爆炸理论实际只是关于爆炸之后的理论。它从宇宙中的物质已经各就各位、经历过快速膨胀并已经处于难以想象的高温状态时开始讲起，却没有解释它是如何达到这种状态的。暴胀理论则试图回答这个问题，说明是什么“爆炸”了，又是什么驱使着宇宙进入大规模膨胀阶段。事实证明，暴胀理论的解答非常理想。它不仅解释了宇宙膨胀的原因，同时还基本上解释了宇宙全部物质的起源。我用“基本上”一词,是因为典型的暴胀理论仍需要大概一克的物质来启动。所以，与其说暴胀理论是一个关于宇宙终极起源的理论，不如说它是一个解释如何从几乎虚无发展到我们所见所闻的一切的宇宙演化理论。

暴胀背后的基本理念是，一种排斥性引力导致了宇宙膨胀。广义相对论在最初就预言了排斥性引力存在的可能性，这需要一种负压物质来创造排斥性引力。根据广义相对论，创造引力场的不仅仅是物质密度或能量密度，还有压强。正压强创造我们习惯的吸引性引力，而负压强则创造排斥性引力。同时，根据现代粒子学理论，很容易由这些理论中存在的场来构造出负压强。粒子理论给出了负压强的存在，而广义相对论则告诉我们负压强会导致引力排斥。综合考虑上述两种理论，我们就得到了暴胀理论的缘由。

解开宇宙膨胀驱动力问题的同时，一些本来神秘的问题也经由暴胀理论得到了回答。我们观测到的宇宙有两大重要属性一直未从大爆炸理论中得到真正的解释，它们只是关于初始条件的假设。其一是宇宙的均匀性，也就是不管怎么看，只要范围足够大，宇宙的各个位置看上去并无不同。它是均匀且各向同性的，从不同方向、不同位置观察到的结果都相同。传统大爆炸理论从未能真正解释这一点，只能假设最初就是这样的。问题是，尽管我们知道只要给出足够的时间，任何物体的集合都将达到一个均匀的温度，但早期宇宙的演化是如此之快，根本就没有足够的时间来发生这个过程。具体来说，要解释宇宙如何拉伸自己来达到我们今天在宇宙背景辐射中发现的均匀温度，根据标准大爆炸理论，能量和信息需要以100倍于光速的速度在宇宙中传播。

在暴胀理论中，这一问题彻底不复存在。因为相比于传统理论，暴胀理论假设了一个由排斥性引力主导的加速膨胀时期。这意味着，如果我们用暴胀理论回溯宇宙到起点，就会发现它的起始物质非常之小，无暴胀的传统宇宙学难以想象这一点。鉴于将要演化成我们宇宙的区域不可思议的微小，它有足够的时间来达到均匀温度，就好像桌子上的一杯咖啡逐渐冷却到室温一样。这一区域大约是原子的十亿分之一还要小，一旦这一区域经由普通的热力学平衡进程达到均匀，暴胀就开始发挥作用，导致这一微小区域快速膨胀到足以包含整个可见宇宙。暴胀理论不仅告诉我们宇宙可以是均匀的，还告诉了我们为什么它是均匀的。这是因为它来自具有充足时间以变得均匀的物质，并被暴胀过程所拉伸。

我们的宇宙中，第二个由暴胀给出完善解释的古怪特点是其平坦性，在这一点上尚无出其右者。我们的宇宙是如此接近欧几里得式几何。在相对论中，欧几里得集合并不正常，相反，它十分古怪。在广义相对论看来，弯曲的空间才是普遍的。将宇宙作为一个整体来看，一旦我们假设宇宙是均匀和各向同性的，平坦性问题就直指质量密度与宇宙膨胀率的关系。巨大质量密度将导致空间弯曲成球形的封闭式宇宙。如果质量密度占据主导，宇宙将会是有限体积、无边界的封闭空间。航行于其中的宇宙飞船沿着理想中的直线行驶很长一段距离后，将会回到它的出发点。另一方面，如果膨胀主导，宇宙将会是几何开放的。几何开放式空间与封闭式空间有着截然相反的几何属性。空间是无限的。在封闭空间中，两条平行线会开始汇聚；开放空间中，则会发散。无论哪一种，我们的所见都会与欧氏空间截然不同。然而，如果质量密度恰好处于这两种情况的中间，就是我们在高中学过的欧氏几何的情况。

从宇宙演化的角度看，今日宇宙基本平坦的事实要求宇宙在其早期极度平坦。宇宙在演化中是趋向于不平坦的，那么根据我们在10年或20年前就已经了解，且现在了解得更清楚的事实，即宇宙是极度接近平坦的。从这一点来推测，我们发现，在大爆炸发生一秒钟后，宇宙的质量密度一定恰好等于可以抵消宇宙膨胀率来产生一个平坦宇宙的临界密度，其精度可达到小数点后15位。

传统大爆炸理论没有对导致如此结果的机制给出任何解释，但它必须如此，这才能解释我们今天所看到的宇宙为什么是这个样子。没有暴胀的传统大爆炸理论必须配上高度精细化调整过的初始条件，才能行得通。暴胀理论避开了平坦性问题，因为暴胀改变了宇宙几何随时间演化的方式。尽管在宇宙历史的全部其他时期内，宇宙向着远离平坦的方向演化，在暴胀期内，宇宙以难以置信的速度趋于平坦。暴胀仅仅需要大约 10^{-34} 秒就可以将宇宙变得足够平坦，并解释我们今天所看到的一切。

暴胀模型有两大主要预言，在如今看来是可以检验的。它们分别与宇宙的质量密度和密度不均匀性有关。我打算分别讨论它们，首先，从平坦性问题说起。

暴胀提供的宇宙平坦性驱动机制，不管怎么看，都有些过火。它给出的今日宇宙的样子不是“差不多”平坦，而是“恰好”平坦。这是可以避免的，人们为此尝试设计了许多版本的暴胀模型，然而这些版本看起来都不怎么可信。必须要让暴胀恰好停在令宇宙平坦但又没那么平坦的地方。这需要大量非常精细的调整才能做到，过去曾有人设计过这种模型，那时宇宙看起来还是开放的。但这些模型总是看起来很不自然，从未真正得到人们的接受。

一般意义上的暴胀模型驱使宇宙变得完全平坦，因此它的预言之一就是，今天的宇宙质量密度应该处于一个临界值，使得宇宙是几何平坦的。直到三四年前，还没有天文学家相信这一点。他们会说，要使宇宙平坦，如果只关注可见物质，只能得到所需质量的 1%。他们还可以提供更多，因为还有暗物质。暗物质是因其对可见物质的引力效应而被推断存在的一种物质。它是在星系的旋转曲线中被发现的。天文学家第一次测量星系旋转速度时，他们发现星系旋转的速度是如此之快，以至于如果只有观察到的那些物质，星系便会土崩瓦解。

为了理解星系如何达到稳定，必须假设有大量暗物质存在于星系中。这些暗物质的质量必须是可见物质的大概 5 ~ 10 倍，才能将星系维系在一起。星系在星系团中的运动也出现了这一问题。尽管星系在星系团中的运动比旋涡星系要随机、混乱得多，但同样的问题依然存在。要维系星系团的存在，所需的质量远比假设在星系内存在的更多。把上述这些质量都加起来，天文学家依然只得到临界密度的 1/3。他们很确定这就是能探测到的全部物质了。这对暴胀模型很不利，但许多人依然相信暴胀是正确的，天文学家早晚还会有新发现。

事实也确实如此，尽管天文学家们的新发现与我们之前讨论的质量大相径庭。从 1998 年开始，他们就在收集现今宇宙正在加速而不是减速膨胀的证据。正如我在开始时说的，这是得到了广义相对论支持的。我们需要一种具有负压强的材料。我们现在确信，宇宙一定被某种具有负压强的物质所浸透，它是我们观察到的加速膨胀的原因。我们不知道这种物质是什么，但可以称其为暗能量。即使不知道它是什么，我们仍能利用广义相对论来计算有多少这种物质造成了我们看到的加速。结果发现，几乎正好等于 2/3 的临界密度。这正是早先计算所缺少的！所以，假设暗能量是真实的，那天文学家得到的临界密度就与暴胀的预言相一致了。

暴胀的另一项预言甚至比平坦性问题更具说服性，即密度扰动（density perturbations）问题。暴胀有一个非常棒的特性：通过将所有事物拉伸，任何在膨胀前存在的不均匀都会被抹平。斯坦哈特的模型也利用了这一效应。暴胀不太关心暴胀前有什么存在，所有东西都将被巨大的膨胀洗刷掉。曾几何时，在发展暴胀模型的早期，我们都非常担心这将导致一个绝对完全平坦的宇宙。

不久之后，若干物理学家提出，量子涨落能解决这一难题。宇宙基本上是一个量子力学系统，所以量子理论不只在研究原子时有用，在研究星系时也少不了。量子理论这种基础物理学理论可以有如此广泛的领域发挥作用，实在是了不起。具体来说是，根据经典暴胀理论，在暴胀结束时，质量密度会达到完全均匀。而根据量子力学，一切事物都是随机的。量子涨落无处不在，一些地方的质量密度比平均值稍高或稍低。这恰好是解释宇宙结构所需要的。你还可以再进一步计算这些不均匀性的频谱。我和斯坦哈特之前都进行过相关工作，可谓趣味无穷。我们的结论是相同的，量子力学恰好能产生正确的不均匀性频谱。

在对基础理论了解更多之前，我们确实不能完全预言这些波动的振幅或者说强度。现在，我们不得不采用从观测中预测出的这些波动强度乘上一个因子的方法。但我们可以预测频谱。想象一个许多不同波长的波动彼此叠加在一起的复杂图像，我们可以计算这些波动的强度如何随着其波长变化。早在 1982 年我就知道如何去做，但在最近，天文学家可以直接看到烙印在宇宙背景辐射上的不均匀性。COBE 卫星于 1992 年就观测到了这一现象，但由于这颗卫星当时的角分辨率只有大约 7 度，所以只能看到非常粗略的特征。现在的角分辨率已经提高到 0.1 度。这些宇宙背景辐射的观测可以用来提供越来越精细的不均匀性频谱图。

最近的数据是由一项叫作宇宙背景成像器（Cosmic Background Imager）的实验发布的。它在 5 月公布了一组惊人的新数据。这一频谱图像颇为复杂，因为波动虽是在暴胀时期产生的，但之后就随着早期宇宙演化而震荡。因此，你所看到的图像包括了最初的频谱加上所有与宇宙各种属性相关的震动。值得一提的是，这些曲线显示出 5 个分离开的峰值，这 5 个峰值体现了理论与观测的良好一致性。你可以看到峰值们的位置、高度都刚刚好，一点不差。最主要的峰值也被很好地画了出来。天文学家的实测结果与基于 10^{-35} 秒量子涨落的粗略理论的结果拟合得很好，这非常了不起。这些数据到目前为止都与理论匹配得非常好。

现如今，在若干年前与观测严重冲突的暴胀理论，与我们对质量密度和波动的测量结果完美匹配。强有力的证据表明，正确的理论要么就是我这个，要么也会非常接近。

最后我想说，我其实不应该一直用“这个理论”来称呼暴胀理论。实际上，暴胀理论是一大类理论的集合。如果暴胀理论是正确的，并不意味着我们对宇宙起源研究的终结，但也十分接近了宇宙的初始状态。暴胀理论有许多不同版本，事实上，斯坦哈特的循环宇宙模型也可以被认为是其版本之一。循环宇宙理论很新颖，因为它将暴胀放在了宇宙历史中一个完全不同的时期。但暴胀理论仍然在发挥着同样的作用。现在有许多版本的暴胀理论，它们更接近于我们在 20 世纪八九十年代发展起来的样子。所以即使暴胀理论是正确的，也并不意味着工作的完结，还有许多细节需要完善，还有很多新的东西需要学习，这其中包括宇宙学以及必不可少的粒子物理学。

OUR UNIVERSE
IS LIKE A BALLOON
PRODUCING BALLOONS
PRODUCING BALLOONS.

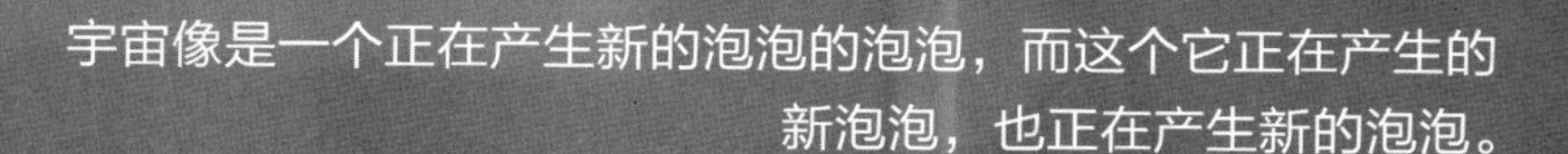

宇宙像是一个正在产生新的泡泡的泡泡，而这个它正在产生的新泡泡，也正在产生新的泡泡。

——《一个会产生出泡泡的泡泡正在产生新泡泡》

04

A Balloon Producing Balloons Producing Balloons

一个会产生出泡泡的泡泡正在产生新泡泡

Andrei Linde
安德烈 · 林德
斯坦福大学理论物理学家；永恒混沌暴胀理论之父；米尔纳基础物理学奖获得者

一切要从过去30年间宇宙学领域发生了什么说起：暴胀理论的诞生；这一理论在近些年的发展，即暴胀成为暴胀多重宇宙理论和弦理论的一部分；接着则是对未来的期望。

在大约一个世纪之前，爱因斯坦提出了一个叫作宇宙学原理的理论，声称宇宙是各向同性的。此后许多年，人们普遍使用了这一原理。事实上，这一原理很早之前就被牛顿论证过。在今天的天体物理学书籍中，仍以各种不同版本的宇宙学原理呈现着宇宙的样子。

曾几何时，这是可以回答宇宙各处为何都相同的唯一答案。但这个问题实际上是在问，为什么是这个宇宙？所以大家都不去考虑多重宇宙的可能，只是想解释我们身处的宇宙为什么这么均匀、为什么这么大、为什么平行线不会相交。这实际上都是同一个问题的一部分：如果宇宙像小球般大小，如果画几条垂直于小球赤道的线，它们应该在北极点和南极点相交。为何从未有人见过两条平行线相交？

问这类问题可能看上去有些傻。比如，可能有人会对宇宙出现前发生了什么感到好奇。我们当年学的广义相对论告诉我们，问这个问题是没有意义的，因为爱因斯坦方程的解在奇点无法继续，所以何必烦心呢？不过到目前为止，始终有人为此烦心。他们在努力尝试回答这些问题。但对大多数人来说，这种问题是形而上学的，不值得认真对待。

直到暴胀理论被提出，人们才开始认真考虑这些问题。阿兰·古斯思考了这些问题并提出了宇宙暴胀理论。在这一框架下，这些问题可以得到一致的解答。问题是，古斯很快就意识到，仅仅只有他自己的答案还不够完整。之后，经过一年多的研究，我提出了一个新版本的暴胀理论，它对找到这些问题的答案很有助益。最开始，这个理论听上去像是科幻小说，但在我们发现能通过它找到这些问题可能的答案之后，它就始终徘徊在我们的脑海之中。这就是我们相信宇宙暴胀理论的第一个原因。下面我将进行具体解释。

标准大爆炸理论认为，宇宙万物都是从一次巨大的爆炸开始的。“恐怖分子”开启了宇宙。如果你想计算一下这场爆炸需要多少高科技爆炸物时，结果将是 10^{80} 吨之多！不只如此，这些炸药还要被压缩成一个直径还不足 1 厘米的小球那么大。同时，“恐怖分子”们还需要恰好同时引爆它的各个部分，误差不能超过万分之一秒。

另一个问题是，根据标准大爆炸理论，宇宙膨胀只会随着时间变得越来越慢。但宇宙为什么开始膨胀？谁给它的初始推力？这事看上去简直不可思议，像奇迹一般。不过有时人们觉得越神奇越好：显然，上帝可以从无到有搞到 10^{80} 吨炸药，点燃它，让它变大，反正我们怎么方便怎么来。我们还有其他解释吗？

根据暴胀理论，如果宇宙开始于几乎真空的特殊状态，将会省去许多大麻烦。最简单版本是标量场（scalar field）。还记得电场和磁场吗？标量场更简单：它没有方向。如果它是均匀且不随时间变化的，那它就像真空一样不可见，但却拥有很多能量。当宇宙膨胀时，标量场几乎保持不变，而且它的能量密度也是如此。

这可是关键问题。想象宇宙是一个装有许多原子的大盒子。当宇宙膨胀两倍时，它的体积增大 8 倍，此时原子的密度则变为原来的 1/8。然而，当宇宙中充满不变的标量场时，它的能量密度则不随宇宙的膨胀而发生改变。因此当宇宙增大两倍时，其中质能总量增加 8 倍。如果宇宙继续膨胀，其中的总能量、总质量会迅速变得无比巨大。因此，无中生有地拥有 10^{80} 吨爆炸物也就轻而易举了。

这就是暴胀的基本概念。乍一看，似乎是彻头彻尾的错误，因为它违反了能量守恒定律。能量不可能无中生有，自始至终总量不变。我曾经被邀请在瑞典的一次诺贝尔奖座谈会上就能量的概念进行一次公开演讲。我当时一头雾水，他们为什么邀请我？我要跟这些研究太阳能、风能、石油的人说些什么呢？最终我告诉他们：“如果你想要大量能量，你可以白手起家，然后你将得到宇宙中所有的能量。”

并不是每个人都能弄懂这一点，当宇宙膨胀时，质能总量确实会变化。总能量再加上引力能才是不变的，并且它们的总和正好为零。所以宇宙的能量守恒定律始终得到了满足，只是有些古怪：零等于零。质能总量可以任意大，以满足我们的需要。这是暴胀理论的其中一个主要观点。

只要在一个区域存在一种不稳定性，使得初始零质量分裂成一部分巨大的正质能和一部分巨大的负引力能，其能量总和仍然为零。但质能总量就可以要多少有多少。这正是暴胀理论的主要观点之一。

我们不仅已经明白如何开启这种不稳定，还知道如何将它终止。因为如果不停下来，任其进行，那样的宇宙就不是我们能生存于其中的了。阿兰·古斯的观点讨论的是如何开始暴胀，但他并不知道怎样让它妥善地停下来。我的观点则讲述了暴胀怎样开始、怎样继续，以及最终怎样以不对宇宙造成破坏的方式停下来。当明白这一切后，我们就可以无中生有，就如同宇宙学家亚历克斯·维连金（Alex Vilenkin）所说的那样，确确实实是从空无一物中诞生了我们现在所见的一切。那时，这是一项颇具革命性的进步：我们终于能理解我们宇宙的属性了。我们不再需要假定宇宙学原理来解释均匀性问题，我们掌握了真正的物理学原因。

但在提出新版本的暴胀理论后不久，我又意识到了新问题。如果宇宙起始时非常非常小但又含有众多不同属性的部分，然后宇宙的某一部分发生指数级的爆炸，那么我们将再也无法看到宇宙的其他部分，因为不同部分之间的距离在暴胀期间发生了指数级的增加。其他部分的宇宙也因为这遥远的距离再也无法看到我们。举目四望，我们再不能看到具有不同属性的宇宙其他部分，所以我们会认为："我们的宇宙就是如此，各处都相同，不存在其他部分。"而存在于宇宙其他部分的人可能也这么想："所有的宇宙就是我们看到的这个样子。"

比如，我开始于宇宙的红色部分，而你开始于宇宙的蓝色部分，暴胀之后，我们放眼四方，说道，"这就是整个宇宙，它就是单一颜色的"，就如同爱因斯坦和牛顿所做的那样。然后我们中的一些人就要努力解释为什么宇宙一定是红色的，而另一部分人则要解释整个宇宙为什么一定是蓝色的。但现在根据暴胀理论，宇宙被分成具有不同属性的众多部分是颇有可能的。宇宙学原理认为，整个宇宙各处都相同，我们全都生活在有着相似属性的宇宙中。与之不同，我们的看法更具"全球化"：我们生活在一个巨大的暴胀多重宇宙中。有些人生活在红色部分，有些人生活在蓝色部分，只要各部分都在随着暴胀而变得无比巨大，一切就会相安无事。

暴胀理论就这样解释了为什么我们这部分宇宙是如此均匀：我们周边的一切都由宇宙的一小部分通过指数级膨胀而形成的。但我们无法观察到比光速乘以宇宙年龄更远的地方发生了什么。暴胀理论告诉我们，我们所见的这部分宇宙比整个宇宙要小得多。其他部分的暴胀可能产生许多具有完全不同性质的区域。这正是通向暴胀多重宇宙之路上的第一条认识。第二条认识是，即使宇宙在开始时各处都是相同的（比如都是红色），暴胀期间的量子涨落仍可以将宇宙变得多姿多彩。

我在这说的不同颜色只是为了帮助我们理解暴胀期间和暴胀之后发生了什么。我来解释一下我真正要说的。想想水，它可以是液态水，也可以是固态的或者气态的，液态、固态、气态都是水的不同相态，而它们的化学分子式都是一样的：H_2O。但鱼只能在液态水中生存。对宇宙中物理学定律的理解也是如此。为了简便，我们通常假设宇宙各部分会遵循同样的基本物理学定律。然而，宇宙的不同部分可能是截然不同的，如同冰山与它周围的水不同那般。水的不同相态可能遵循着同样的物理学定律，与之不同，宇宙的不同部分可能处于不同的真空态，在这些真空态中，同样的基本物理学定律可能会有不同的表现。比如，在某部分宇宙中，可能存在弱、强和电磁相互作用，而在其他部分里，这些相互作用可能并无不同。

如果我们始于宇宙的红色部分，它也并不会永远是红色的。暴胀可以产生并放大量子涨落，而这些量子涨落让我们从一种真空态跳到另一种上。宇宙也因此变得多姿多彩。暴胀理论一经提出，这种基础机制就已明了。但它最有意思的结果是在弦理论中表露出来的。

许久之前，弦理论学家就意识到，这一理论适用于多种不同的真空态。如果我们研究的是一个给定版本的弦理论，就无法预言我们世界的属性，而这要取决于对真空态的选取。很多人认为这种可能结果的多样性是弦理论的一大弊端。但在暴胀多重宇宙理论中，这不再是一个问题。在我 1986 年写成的一篇文章中，我称其为弦理论的一大成就。拥有不同低能物理学定律的多种类型的宇宙，在其之下得以存在。

这简化了我们宇宙中的物理学定律为何与我们存在的必需条件如此相配的问题。我们找到了人择原理的证明，以之取代了宇宙学原理认为宇宙各部分都一样的说法。宇宙中巨大的不同部分彼此之间可能差异极大，而我们只能生活在适合我们生存的部分。30年前，这种类型的观点还极不流行，但20年后，当我们对弦理论真空的属性有更多了解后，局面发生了戏剧性的变化。上面概述的图景成了伦纳德·萨斯坎德所称的弦理论景观（string-theory landscape）的一部分。

从暴胀理论的提出到弦理论景观经历了很长一段路。尤其是刚开始时，这个方向的工作格外困难，因为没有人感兴趣。没有人相信，为了解释宇宙中观测到的均匀性而创造出的暴胀理论，有朝一日会在更大尺度上预测宇宙是完全不均匀的。这有些过头了。即使是暴胀理论的最简单版本，也似乎有些太过革命性，它让从空无中创造一切成为可能。这看起来好像科幻小说，太激进、太异乎寻常。

> 例如，在1981年建立的新暴胀理论的第一个模型中，我发现宇宙在暴胀时期会膨胀10^{800}倍。这太离奇了，我们从未在物理中见过这样的数量级。我是在列别捷夫物理研究所（Lebedev Physical Institute）提出新暴胀理论的，当我在那里做关于它的第一次报告时，我不得不一直道歉，因为10^{800}这个数字实在太夸张了。“也许以后，”我说，“我们能得出更现实的结果，这数字会小一些的，全都会小一些的。”但等我研究出更好的暴胀理论，也就是混沌暴胀理论后，这个数字变成了$10^{1\,000\,000\,000\,000}$。然后我又发现，这一理论中的暴胀将会永远持续下去。

暴胀理论解释了很多没有它我们就无法理解的事情，还预言了一些已经得到实验认证的事情。比如，首先，如果这个理论是正确的，那么暴胀期间产生的量子涨落就解释了与银河系相同类型的星系的形成原因。

其次，还有从太空四处发往地球的宇宙微波背景辐射（CMB）。它的性质很有意思。它在50多年前被发现，当时的温度测量结果是2.7开尔文，这是一个非常非常低的温度。它以均匀的方式从宇宙的四面八方而来。之后更细致的研究发现，它的温度很奇怪，在人的右半边是$2.7 + 10^{-3}$开尔文，在左半边则是$2.7 - 10^{-3}$开尔文。不久后就有了解释。我们相对于宇宙在运动，因此有红移的存在。正由于红移的存在，在我们运动方向上大的那部分天空，似乎比另一部分更暖和一些。

接着人们以大约 10^{-5} 开尔文的精度再次测量了宇宙微波背景辐射的温度。这一工作是由 COBE 卫星完成的，而 WMAP（威尔金森微波各向异性探测器）卫星以及其他许多实验也在做着相同的工作。结果发现，天空中有许多小点点，有些热点儿，有些冷点儿。研究人员将这些小点进行分类并研究了其分布，结果发现，它们的分布规律与最简版暴胀理论的预言完全吻合。这是一项意料之外的验证。从理论上来说，我们知道应该是这样的；但难以置信的是，研究人员们竟能够得到如此令人震惊的精确结果。简直不可思议！

诺贝尔奖只颁发给确定无疑的事实发现。虽然研究人员在宇宙微波背景辐射中发现了涨落，但对涨落是否可能由其他机制引起尚存疑虑。目前为止，在我看来，还没有其他完善的理论能解释这些观测结果。谁说得准呢？也许 10 年后，就会有人提出像暴胀理论一样优秀的理论。然而，在过去的 30 年里，已经有不少人投身于此，依然没有提出任何能与暴胀理论相媲美的观点。

现在我将从自己的角度讲一下暴胀理论的提出过程。从俄罗斯（苏联）的角度和美国的角度看这些事，差别会很大。因为在暴胀理论提出时，苏联与美国关系可不算密切，一封信从苏联到美国要大概一个半月到两个月的时间。虽然 20 世纪 30 年代就有从苏联到美国的飞行记录了，且只用了一天时间，而 50 年后，一封信从苏联到美国却需要 40 ~ 60 天。瞧，我们就是这样进步的！

我曾在莫斯科州立大学学习，毕业后，在列别捷夫物理研究学所做博士后。在那里我与博学多才的大卫·柯赞尼斯（David Kirzhnits）共事。他在凝聚态物理、天体物理学、量子场论、非局部理论以及其他各种领域，都有所建树。他实在是一个了不起的人。我发展了他建立的宇宙相变理论（cosmological phase transitions）。也因为此，众多暴胀模型有了一个基本共识，那就是，在宇宙早期，物理学定律可能是完全不同的，也许弱、强、电磁相互作用之间并无不同之处。

曾几何时，我们还以为这可能是个离奇的想法。我们知道它是正确的，只是我们担心无法验证这一点，就好像柏拉图式的观点一样永远得不到什么结果。其实是我们过于悲观了。我们的研究结果之一是，在早期宇宙中会产生叫作原生磁单极子（primordial monopoles）的奇怪事物。我们预言，如果我们的理论是正确的，20 世纪 70 年代公认的弱、强、电磁相互作用的统一理论也是正确的，那么在整个世界都从初始高温状态冷却下来的宇宙极早期，宇宙相变过程中就会创生出一些像分立的南北磁极那样奇怪的东西。

如果你把一块磁铁切成两半，每一半都会有一个南极、一个北极，你是无法将南北极分开的。但根据统一理论，宇宙中还会有叫作磁单极子的东西，它们要么是南极、要么是北极，而且每个磁单极子都会比质子重 1 000 万亿倍。经过计算，现在的磁单极子数量应该大约与质子相同，这也会使得宇宙比现在重 1 000 万亿倍。这样的宇宙将会是封闭的，而且早已在它演化开始的第一秒就坍缩了。既然我们还在这，那就说明这一理论有些地方错了。这就是原生磁单极子难题。这是我们研究宇宙相变理论的一大困难。

许多人在努力解决这个问题，然而还没有人成功。不知为何，大家就是无法得出一个一致的解。在这些研究进行的同时，我们听说阿列克谢·斯塔罗宾斯基（Alexei Starobinsky）在 1979 年和 1980 年提出了一种新的宇宙学理论。这种理论更加离奇，它声称宇宙呈指数级膨胀是由量子引力中的量子修正（quantum corrections）效应引起的。这种情形很有趣，非常像暴胀理论。但没有人管它叫暴胀理论，因为它是在阿兰·古斯提出他的旧暴胀理论之前一年出现的。它被称为“斯塔罗宾斯基模型”，这一模型曾是俄罗斯所有宇宙学相关会议和辩论中的首要主题。但这一理论并没有传到美国，原因之一是斯塔罗宾斯基提出这个模型是为了解决奇点问题。未能成功后，他没有尝试用它来解决那些后来由暴胀理论解决了的其他问题。实际上，斯塔罗宾斯基假设宇宙从开始就是均匀的，并没有尝试解释它为什么是均匀的。然而，当我们回顾暴胀模型的历史，就会发现，除了暴胀的开始阶段，这一模型具备了暴胀模型的所有特性。尽管斯塔罗宾斯基模型的提出动机模糊不清，但它确实能用，或者说差一点点就能用了。

在那之后，阿兰·古斯论证了他的暴胀模型。但我并不知情。在20世纪80年代的某一年，我参加了一次研讨会。那次是在莫斯科核研究所举办的，苏联著名科学家瓦莱里·鲁巴科夫（Valery Rubakov）现在依然在那里生活和工作。在那次会议上，鲁巴科夫讨论了用所谓的科尔曼-温伯格模型（Coleman-Weinberg model）中因宇宙相变引起的宇宙呈指数级膨胀，来解决平坦性和均匀性问题的可能性。他们在对古斯的论文毫不知情的情况下，讨论了这些问题。然后他们提交了论文打算发表，然而却未被接受，因为在那时古斯的论文已经发表了。

我因此学到了如何解决假真空中指数级膨胀期间各种不同的宇宙学问题，但却不是从古斯的论文中学到的。这件事其实比古斯的论文发表时间要早不少，只是因为邮寄导致了延迟。不仅如此，早在1978年，我就在与根纳季·切别斯夫（Gennady Chibisov）的合作中明白了假真空中指数级膨胀的可能性，只是我们发现那个模型并不成功，就没有继续研究；直到鲁巴科夫和他的合作者指出这一点，我们才意识到它可能有助于解决许多宇宙学难题。

当古斯的预印本传到苏联，苏联著名科学家列夫·奥肯（Lev Okun）打电话给我说："我听说了阿兰·古斯的论文，他尝试用宇宙的指数级膨胀来解决平坦性问题。你听说过吗？"我告诉他："没有，我从来没听说过，但我可以告诉你它的原理和不足。"之后的半个小时，我向他解释了古斯的理论，并向他说明了为什么古斯的理论行不通。不久之后，我收到了古斯的论文。我们在这之前就有与古斯相一致的结果，我们讨论了宇宙相变、宇宙的膨胀、气泡，就是没讨论用它来解决宇宙学问题的可能性。

如果我想写一篇相关的论文，在奥肯给我电话后我立刻就可以写出来。但我并未这样做，想都没想，因为那是不诚实的。但当然，我知道基本的想法是怎样的，也知道它为什么不对。我没有采取任何行动。实际上，我挺沮丧的。因为这个想法是那么显而易见的精彩，而我从鲁巴科夫那学来的更是棒极了。这个想法没能成功实在是令人扼腕。我们遇到的问题极为困难。

一年之后，阿兰·古斯与埃里克·温伯格（Erick Weinbery）一起写了一篇长达 70 页的论文来证明古斯的暴胀模型不可能再改进。幸运的是，再次感谢美国到苏联的那慢吞吞的邮政系统，我在已经改进了它之后收到了这篇论文。当他们致力于其他论文时，我在努力寻求解决办法。我在 1981 年的夏天找到了办法。为了检验这个结果，我打电话给最初引我介入这些想法的鲁巴科夫求证。事实上，我的解是如此明显，以至于当你看到它时，会觉得它这么简单，之前怎么就没想到呢？

我是在晚上给鲁巴科夫打的电话。因为当时我的妻子和孩子在睡觉，我拿着电话到了盥洗室，坐在地板上打给他确认。他跟我说："没有，我从未听说过。"所以那时我激动地叫醒了妻子，跟她说："你知道吗？我想我终于知道宇宙是怎么诞生的了。"我马上写了一篇论文，那是在 1981 年的夏天，但一直等了 3 个月论文才得到发表的许可。

那时候的苏联，如果要在国外发表论文，首先要在你的研究所内做一大堆官僚工作。把论文用俄语打出来，申请一连串的签字，然后发给苏联科学院，他们再把论文发给其他部门审核是否适合发表、是否含有不宜发表的机密。然后发还给你，你再用英文打出来等待预印，然后再打一遍字，那时可没有复印一说。直到这时，你才可以将论文送去发表。这整个流程通常要花掉两个月，有时要三个月。我直到 10 月才拿到许可。但 10 月在莫斯科有场关于量子宇宙学的会议，业内顶尖人士会来。史蒂芬·霍金也来了，还有许多优秀的科学家到来，我在这次会议上做了一次报告。大家对我的结果非常感兴趣，甚至可以说颇为激动，他们立刻决定帮我将这篇论文的预印本从苏联偷运出去，不管有没有许可，都要帮我发表。这就叫朋友，好朋友就会这样帮你。但之后的情况却有些让人意想不到的复杂。

天啊，有意思的来了！就在我做完报告之后的当天上午，我参加了一场在莫斯科大学斯滕伯格天文学研究所（Sternberg Institute of Astronomy）举办的演讲，演讲者是霍金。我是偶然去参加的，因为我听人说霍金在那作报告，后来他们就请我做翻译。我有些惊讶，但还是答应了。一般来说，霍金会预先准备好报告，然后由他的学生代为传话，他则在一边时不时地补充一些东西，再由他的学生作出相应的修改，这样霍金就可以纠正并指导他的学生。但这一次他们是全无准备的。这次报告是关于暴胀理论的，讨论了改进阿兰·古斯暴胀理论的不可能性。

因为霍金的学生没有准备好，而且也只是刚刚完成了自己的论文，所以结果就是，霍金说一句，他的学生再说一句，然后再等着霍金回答，然后由我来翻译。而礼堂中苏联最好的科学家们都在等着，忍不住问："这到底怎么回事？这是要做什么？"所以我决定，既然我都明白他要说的，那就由我来解释吧。结果就是霍金说一句，他的学生说一句，然后我说上个5分钟来解释他们要说的东西。

差不多有半个小时，我们就以这种方式讨论并向大家解释了为什么阿兰·古斯的暴胀模型不可能改进，具体的困难又在何处。然后霍金说了句话，他的学生接着说道："安德烈·林德提出了一种克服这一困难的办法。"我非常意外，然后高兴地将之翻译成俄文。然后霍金说道："但他的建议错了。"然后我翻译了……大约有半个小时，我都在翻译霍金的话，仔细地解释了为什么我做错了。这一切就发生在莫斯科的顶级物理学家面前，而我的物理学前程就指望他们对我的看法。我这辈子还从未那么窘迫过。

等报告结束后，我说道："虽然我翻译，但我并不赞同。"我解释了原因。然后我问霍金："你愿意听我更详细地介绍我的观点吗？"他说："当然。"接着他坐着轮椅出去了，我们找了个房间进行讨论。在之后的大约两三个小时，斯滕伯格天文学研究所里的人都慌了，因为这位著名的英国科学家不见了，谁都不知道他去哪了。

在那段时间，我就在黑板边上向霍金解释到底是怎么回事。时不时地，霍金会说句话，然后他的学生翻译："但你之前可没说这一点。"之后我继续，然后霍金再说一句，他的学生再次说出同样的话："你之前可没说这一点。"等我们在那谈完，他们又让我上车回宾馆继续讨论，一直到最后，他向我展示他家人的照片，与我结为挚友。后来他邀请我参加了一场在剑桥举办的专门讨论暴胀理论的会议。这就是最初的情况，颇具戏剧性吧。

由于霍金对我的结论提出了一些异议，于是我在论文的末尾针对他的异议进行了回应。我并未把论文交给朋友偷运出苏联，而是在 10 月份发给了出版社，并最终在《物理快报》(*Physics Letters*)上得以发表。但由于延迟，发表时已经是 1982 年而非 1981 年了。我也发了不少预印本去美国，保罗·斯坦哈特和安迪·阿尔布雷克特（Andy Albrecht）都有收到，他们也在研究相似的理论。在我发给他们我的论文 3 个月后，他们将自己有着类似观点的论文提交发表，并引用了我的论文。

政府竟然允许我去剑桥，这简直是奇迹。我以前去过意大利，但不久之后，由于某种我不知道的原因，他们不愿再让我离开苏联。但那一次却成行了，而且那简直是我这辈子参加过的最棒的会议。那是暴胀宇宙学领域的一次尖端会议，简直无与伦比！整整三周，我们都在热烈地讨论和工作着。

那次会议是在 1982 年。整场会议都在讨论新暴胀理论，我是这样称呼我研究出的新理论的。但这一理论就像古斯提出的旧理论一样，早早夭折了。因为这场研讨会，新暴胀理论在 1982 年它刚形成时就基本失败了。这个理论对密度扰动的预测过于巨大。这一模型需要的改动包括，宇宙中不存在热力学平恒和宇宙相变。所以不管怎么看，都不可能是我和古斯提出的情景。有趣的是，现在大多数天文学书籍仍将暴胀描述为宇宙相变时期的指数级膨胀。这一理论是如此流行，以至于没人注意到早在 1982 年它就已经终结了。但在一年后，即 1983 年，我提出了一种实际上简单得多的不同景象，我称之为混沌暴胀。它并不要求宇宙要从高温开始。

在混沌暴胀情景中，不需要假定宇宙初始是高温状态，就可以得到一个暴胀区域。我放弃了构成古斯的旧暴胀理论和我的新暴胀理论基础的诸多概念，比如宇宙相变、亚稳态（metastability）和假真空。经过这些修改后，暴胀区域变得更加简洁、更加一般，并可以在更广泛的理论领域内存在。我在 1986 年发现，混沌暴胀理论中，由于量子涨落的影响，暴胀将会在宇宙的某些部分永远进行下去。亚历克斯·维连金在新暴胀情景中也发现了相似的效应。这说明我发现的这种效应是非常普遍的。我称之为永恒暴胀。

维连金研究的是一种新版本的暴胀理论，它可以开始于势能的顶点，但能量场并不确定沿哪个方向降低，它在定点的不确定状态可能持续很久，在这期间，宇宙的膨胀会创造出巨大的空间。在混沌暴胀中，势能并不需要特别的平坦形式，只需是最简单的抛物线形式。就在这样的模型中，如果能量场足够高，就会有量子涨落。而在这个标量场想要降低时，量子涨落有时会将它变得更高。这种可能性很低，但一旦发生，就会有指数式体积的新空间诞生在宇宙中。宇宙的一个微小部分不断扩散又扩散，就好像一个连锁反应。这被称为分支扩散过程（branching diffussion process）。

这就是永恒混沌暴胀的基本概念。在我1986年发表的有关永恒混沌暴胀理论的论文中提到，如果将永恒暴胀应用到新理论中，宇宙将会被分成众多的对应不同弦真空、具有不同性质的指数级庞大的部分。这是其一大优点。因为上述正是后来被称为弦理论景观的情景。

我必须说，暴胀理论最重要的预言之一，就是导致了星系最终诞生的量子涨落理论。想一下，如果暴胀不产生不均匀性，那当它爆发后，宇宙将变得恰好是均匀的，那就没得玩了：没有星系、没有生命。我们无法在一个刚好均匀的空空宇宙中生存。

幸运的是，还有办法。早在我介绍新暴胀理论之前，我就对列别捷夫物理研究所的根纳季·切别斯夫和斯拉瓦·穆克哈诺夫（Slava Mukhanov）的有趣工作有所了解。穆克哈诺夫较为年轻，但他却是这个组合的意见领袖。我们前面已经说过，斯塔罗宾斯基模型是暴胀理论的版本之一。通过对这一模型的学习，他们发现，在此模型中的暴胀中，量子涨落逐渐增强并可能最终导致星系的诞生。在我们看来，这难以理解，只能说："噢，得了吧，哥们儿。你肯定错了。这不可能，宇宙可是典型的大家伙，而你却从空无着手，竟然从量子涨落入手。"

他们解释的东西是我们之后工作的基础：当宇宙变得足够大时，量子涨落不可或缺，正是它们引发了星系的形成。他们在1981年发表的论文是这一课题上的第一篇。在此之后，1982年，一组人重新提出了类似的观点，这些人都曾参加了那次剑桥的研讨会，其中包括霍金、斯塔罗宾斯基、古斯、巴丁（Bardeen）、斯坦哈特和特纳（Turner）。他们的观点在新暴胀理论的应用上得以发展，但都是以切别斯夫和穆克哈诺夫的研究为基础的。之后，穆克哈诺夫进行了更加深入的研究，并发展出了一套量子涨落一般理论。在我看来，这是暴胀理论中最重要的部分之一。它不仅对星系形成理论至关重要，永恒混沌暴胀理论也因其而存在。

暴胀宇宙学近期最有趣的一些进展与弦理论有关。我对这一理论的了解主要基于我与我妻子雷娜塔·卡罗希（Renata Kallosh）的共同工作。她也是斯坦福大学的一名教授，主要研究超引力和弦理论。我将对这些理论作简要介绍。

爱因斯坦晚年梦想着，能有一种统一空间对称性和基本粒子对称性的终极理论。但没能成功。我听说他晚年不断在黑板上写着新理论的各种方程，尽管最终没能成功完成，他仍然很开心。然后，人们得出了一个不可行定理（no-go theorem），这事就是无法完成。爱因斯坦的大一统理论梦想是不可能实现的。之后又有人发现不可行定理有漏洞。如果理论内具有超对称性，涉及其他玻色子（标量场、光子）和费米子（夸克、轻子），不可行定理就不复存在。

这要从超对称性讲起，然后再进阶到一个更高级的理论：超引力。在这一理论内，引力理论和基本粒子理论可以得到统一！这一理论在 20 世纪 70 年代中期至 80 年代兴起，它解决了量子引力的一些难题。量子引力理论中存在的一些无限表达式在超引力理论中消失了。大家都为此惊喜万分，直到后来发现这些无限表达式仍可能在超引力理论的三级近似或者八级近似中出现。还是有些地方不对劲。尽管最近的一些结果也表明当时的人们可能太悲观了，部分版本的超引力理论还是不错的。

但在那时，他们的想法是：“好吧，这个理论没成功，还有存在一些问题，我们能改进它吗？”接下来就诞生了超弦理论。科学的发展不像“哦，得了吧，我们可以向右走，可以向左走，可以向任何方向走，让我们直走吧”这样简单。我们本想实现所有力的统一，但不可行定理告诉我们，除非使用超对称性，否则是行不通的。接下来它就变成了超引力。如果要描述超对称性理论中的弯曲空间，就必须采用超引力理论。结果，超引力理论也不能奏效，必须让它更一般化。接着，弦理论就被发展出来了。

这就好像山间的峡谷。没有什么向左走向右走，峡谷已经指出了最好也可能是唯一的道路。这就是人们如何发展到弦理论阶段的。之后大家变得非常乐观。这是 1985 年。他们觉得可以很快完成所有的工作。我不得不说那时并不是所有人都这般乐观，尤其是约翰·施瓦茨（John Schwarz），他是弦理论的创造者之一。施瓦茨说："也许要过 20 多年，弦理论才能成为一个关乎一切的唯象理论。"他给出了警示。但激情之火一旦燃起，就难以被熄灭，这是一件喜忧参半的事。喜的是，许多有才能、有天赋的年轻人投身到这一领域；忧的是，传统超引力理论在一定程度上被遗忘了。在欧洲，对传统超引力的研究依然存在，数量还不少，而在美国则没那么多了。

弦理论的想法以我们的宇宙有不止四个维度为基础。这个想法也是某些版本的超引力理论和很久之前的卡鲁扎 - 克莱因（Kaluza-Klein）理论的一部分。一般来说，弦理论假设空间是十维的，其中六维处于压缩状态。除此之外，有三个巨大的空间维度和一个时间维度，另外的 6 个维度应该非常小。超弦理论研究人员常用卡拉比 - 丘流形（Calabi-Yau manifold）来描述 6 个额外维度的压缩状态。这一空间有着非常复杂的拓扑结构。

问题是，我们怎么证明这是真的呢？很长时间以来，没人能构造出一套理论使得卡 - 丘空间足够小。为什么它必须很小？因为我们太过庞大无法进入这 6 个维度。我们可以前后左右自由来去，但却无法在这 6 个方向上运动。至少，从没有人说他们尝试去过那。

6 个维度啊！我们要解释它们为什么这么小。不过，根据弦理论的性质，如果不加特别处理，这 6 个维度实际上是需要解压的，它们想要被散开、变大。弦理论中，作为不同真空的起源，有多种压缩空间的方法。但问题是让这些额外维度保持这种压缩的状态。

大家对此的态度是："好的，我们会想办法解决的，会解决的。"但这个诺言持续了差不多20年。没人认真思考这个问题，因为弦理论中还有大量的其他问题，大家就想，"让我们向前看"。但我们需要研究这些弦真空。"真空"意味着从我们四维空间的角度看去空无一物，但它的性质取决于被压缩的卡-丘空间，也就是那六维空间的性质。真空没有粒子。如果我们向其中加入粒子，我们得到的将是我们的宇宙。这种没有粒子与星系的真空，到底有什么性质呢？如我所说，为了自洽地研究它，我们必须使其他6个维度的空间保持稳定。这一理论中还有其他方面需要稳定。大家不知道如何做到这一点，曾几何时这种需要也不那么急切。但到了20世纪90年代末，宇宙学家发现了宇宙的指数级加速膨胀。这种现象是由我们称为暗物质或宇宙学常数的东西导致的。这一发现对弦理论的发展产生了巨大冲击。

有传言，在印度的一次会议中，弦理论方面的泰斗爱德华·威滕（Edward Witten）说，他不知道如何以弦理论来解释宇宙的急速膨胀。当连威滕都不懂的时候，大家才有点慌了神，开始认真考虑这个问题。那时他们才开始认真研究弦理论中真空的属性问题。他们想要解释宇宙这种明显开始于50亿年前并进展缓慢的指数级膨胀。人们开始试着解释这个问题，但都没有成功。于是他们更加投入地研究这个问题：是什么定义了真空态，又是什么使它稳定？

2003年，我和妻子卡罗希以及沙米特·凯奇鲁（Shamit Kachru）、桑迪皮·特里维迪（Sandip Trivedi），在斯坦福大学组成的工作组就这一问题给出了可能的解答。早先有一些已经很接近的工作，现在也有了很多新的方法，但在那时，我们的解答就像是一个关键节点，从那时起人们才确信这个问题是可以解决的，弦理论中的真空是可以稳定住的。

当我们找到了一种方法后，就立刻意识到其实可以有许多方法来做到这一点。有人估计，能让弦理论的真空稳定下来的方法数量达到了令人震惊的10^{50}种。这一数量是由迈克尔·道格拉斯（Michael Douglas）和他的合作者一起给出的。这一事实对宇宙学产生了深远影响。如果将弦理论与永恒暴胀理论结合起来看就会发现，宇宙的一部分可能处于一种真空态，另一部分则可能处在另一种真空态，并且由于量子效应，真空态之间的跃变也是可能的。伦纳德·萨斯坎德给这种景象起了个引人注目的名字——弦理论景观。

当我们说是真空态时，“真空”说的只是我们这三维空间加上时间维度。但剩下 6 个维度的情况就不一定了，它们可能以各种各样的方式挤在一起。六维空间中除了大量不同的拓扑结构，还有许多不同的场存于其中，也就是所谓的“流”（fluxes）。

在那里还存在着其他东西，它们决定着我们空间的性质。它们存在于狭小的压缩六维空间，在我们的空间看不到它们。但它们却能决定我们真空的性质，也就是真空能密度（vacuum energy density）。真空能密度的水平取决于压缩空间中的情况。基本粒子的性质同样取决于此。在基本相同的弦理论下，不同的压缩方式会产生具有完全不同性质的三维时空。这就是弦理论景观所描述的景象。同样的弦理论却可以有不同的理解。这恰恰是我在 1986 年的论文中提到永恒混沌暴胀时所说的：我们面前有众多可能性，这一点很棒。

但 1986 年时我们对稳定的弦理论真空一无所知。我们只是期望能有许多真空态。2003 年，我们知道了怎样去寻找这些真空态，并且发现这种真空态真的有很多很多。这就是我们目前的所知。

我再简单介绍一下我现在的研究工作。10^{500} 是一个巨大的数字，它告诉了我们可以选择的真空数量。可能性多不胜数。这就有了一个很多人会问的问题：“你怎么知道的？”我们怎么知道宇宙的这些其他部分真的存在于我们的宇宙？

情况是这样的：宇宙巨大无比，被分成不同部分。弦理论真空告诉我们，在同一个宇宙中，远离我们的地方可能存在着一片不同的真空。因为遥远时空的分隔，在不同部分的人不知彼此的存在。要了解宇宙的全景就必须理解这一点，有的选择是非常重要的。但既然看不见，又怎么知道它们确实存在？

又何必在乎它们存不存在？

通常我是这么回答的：如果不这样看，我们就无法解释发生在我们身边的种种巧合。比如，为什么真空能这样极端得低？因为存在着许多不同的真空，在那些能量极高的真空中，星系无法形成。而在那些能量密度为负值的地方，宇宙会快速坍缩。我们宇宙的真空能密度刚刚好，因此人类才得以存在，这就是人择原理。但如果没有众多的可能性来选择，就不能使用人择原理。这就是为什么多重宇宙理论令人满意，也是我为之寻找实验证据的原因。

1982 年，我在暴胀多重宇宙的内容中介绍了人择原理。新暴胀理论是 1981 年提出的，而在 1982 年我写了两篇论文强调人择原理在暴胀宇宙学中的重要性。我的说法是，宇宙可能由许多庞大的部分组成。我没有用“多重宇宙”这个词，只是说宇宙可能由许许多多具有不同性质的迷你宇宙组成。从那时起的很多年里，我一直在研究这种可能性。

有一件事很重要，当研究暴胀理论时，我们要研究一些看上去形而上学的问题，比如平行线为什么不相交，宇宙为什么这么大。如果我们当时认为，“天啊，这是些形而上学的大问题，我们不应该涉足”，我们就永远不可能找到答案。现在我们又在思考关于人择原理和类似事物的形而上学式问题，许许多多的人对我们说：“别做这个，这样不好，应该避开这种问题。”

我们不应该避开任何事情。我们应该尽可能地用最简单的方法来解释它们。如果你找到了宇宙学真空能常量如此低的原因，却因为意识形态的问题而不接受，那你可就大错特错了。你的意识形态决定了哪种物理是对的、哪种是错的，而我们不应该这样。一旦有了多种可能性，人择原理就有了科学前提，而不是哲学式的泛泛而谈。现在我们已经有了多重宇宙的自洽图景，所以我们可以说：“这才是物理学。”

审视我们自己这部分宇宙会发现，星系和星系团簇拥着我们。我们宇宙的形成是与众不同的吗？在某个遥远的地方是否可能生活着我的翻版呢？他离我有多远？为什么是我的精准复制？因为量子涨落一次次不断地创造不同的宇宙。亚历克斯·维连金称之为“诸世同一”。他就这一理论专门写了一本书。问题是，到底可以创造出多少不同类型的宇宙？“不同类型的宇宙”指的不仅仅是真空态的不同，质量分布也会有差别。我们这部分宇宙的质量分布，也即星系的分布，是由暴胀期间的量子涨落决定的。

举例来说，暴胀结束时，标量场缓慢降低，但量子涨落会使它局部地增高一点点。因此这些地方的能量就会增加，变得越来越多，就在这些部分，我们生存于其中的星系诞生了。如果这种跃变停止，就不会有星系出现。这个过程在暴胀期间于不同尺度上反复发生，到底有多少不同的跃变发生过？

这些跃变造就了后来各种不同的宇宙，星系与空无点缀其中。到底有多少种可能性？有一个组合答案：若 n 是宇宙增大一倍的次数，那暴胀后宇宙的体积就增大了 2^{3n} 倍。由于跃变而发生的结构变化的总次数与此成正比。基于此，就可得出这个大概的数量，它要比 10^{500} 还要大上许多。

当然，在永恒暴胀理论中，暴胀将永远持续下去，所以这个数字可以是无限大的。不过在永恒暴胀中，跃变是可以重复的。标量场可能跳到它之前的状态，再跳到之前的之前的状态，直到创造出相同的质量结构。

想象一下，以前我们认为我们的宇宙是一个球形的泡泡。在新的图景中，我们的宇宙像是一个正在产生新的泡泡的泡泡，而这个它正在产生的新泡泡也正在产生新的泡泡。这是一个巨大的不规则体。古希腊人认为宇宙是理想球形的，这是因为那是他们能想象出的最好的景象了。20 世纪的观点是，宇宙是优美的分形。我们已经对这些分形有所了解了。那到底有多少种分形及其元素是不可替代的？数量十分巨大。在最简单的模型中，这个数可达 10 的 10 次幂的 10 次幂的 7 次幂。尽管没人能看到整个宇宙，但实际数字可能比这个数字还要大上许多。

在发表他的暴胀理论后不久，阿兰·古斯曾有一段著名的言论，他声称，宇宙就是一顿终极免费午餐。确实如此，在暴胀理论中，宇宙是无中生有的。一年之后，在剑桥的第一次暴胀理论会议上，我扩充了古斯的宣言：宇宙不仅仅是一顿免费午餐，还是一场各种美食应有尽有的永恒盛宴。但那时我还没想到，所有可能宇宙的菜单庞大得令人难以想象。

BRANES ALLOW FOR AN ENTIRELY NEW SET OF POSSIBILITIES IN THE PHYSICS OF EXTRA DIMENSIONS.

膜的存在给了额外维度的物理学机制一种全新的可能。

——《弯曲的旅行》

05

Theories of the Brane

弯曲的旅行

Lisa Randall
丽莎·兰道尔
理论物理学大师，国际权威的额外维度物理学家；著有宇宙三部曲——《叩响天堂之门》《弯曲的旅行》《暗物质与恐龙》

从质子内部的物理学机制到可观测宇宙的演化过程，粒子物理学帮助我们了解了很多现象背后的本质。尽管如此，仍然有许多基础问题亟待解决，这也促使科学家们不断在已知上探索未知。这些未解之谜包括：元素粒子的质量问题；占据宇宙大部分体积的暗物质和暗能量的本质；将量子力学和广义相对论结合得最好的一种理论即弦理论，将如何解释我们的可观测宇宙。对这些问题的好奇心，促使我去研究一个可以成为目前已知的奠基理论。近期，我的研究集中于额外维度的物理学机制，并且得到了超出预期的结果。

粒子物理学的主要研究方向为一些已知力，即电磁相互作用，伴随核衰变的弱相互作用与使夸克结合形成质子和中子的强相互作用，以及仍有待了解的引力在其中究竟扮演了什么角色。弦理论是解释这个问题的强有力的"竞争者”。然而，弦理论如何重现我们可以看到的粒子和物理学定律，我们并不清楚。究竟如何从这个存在于十维空间的理论出发，来形成我们身边的四维（三维空间加时间）世界呢？在弦理论中，哪些粒子和维度是多余的？

有时候，解决一个庞大且棘手的问题的最有效办法是提问，而这些问题最可能的答案将取决于实际实验的结果。这些问题最终将归结于一些我们已知的物理学定律或过程。而新的见解往往会指引我们找到一些更加基础的问题的答案。例如，我们始终不了解夸克、轻子（例如电子）、弱电规范玻色子等基本量粒子的质量是由什么产生的，为什么这些质量比与量子引力相关的质量要小得多。这两个质量标度间的差距达到了 16 个数量级！只有可以解释这个巨大差异的理论，才可以作为支撑标准模型的备选理论。虽然我们目前还不知道这个理论是什么，但现在大部分粒子物理学研究，甚至包含对空间额外维度的研究，都在试图去找到这个理论。而这方面的研究将在日内瓦的大型强子对撞机的实验中得到进一步探索。大型强子对撞机的实验主要针对在兆电子伏特量级上的粒子物理学研究。其实验结果将对目前提出的所有备选理论作出快速和准确的筛选。如果选出来的理论是关于超对称或者我提出的额外维度理论，将对我们对宇宙的理解产生深远的影响。

目前，我正在研究在兆电子伏特量级上的物理学定律。粒子物理学中衡量能量用到的单位是电子伏，兆电子伏表示的是 10^{12} 倍的电子伏。所以这个能量是非常大的，对我们目前的技术水平来说是一种挑战，但对量子引力来说，就算是兆电子伏特，仍然是远远不够的。这个能量量级非常引人注意，因为根据目前还未被完全发现的与基本粒子相关的理论，它们的质量应该就是在这一量级上的。

大多数研究这一方向的人都怀疑，如果想在这方面取得进步，那么我们必然先建立一个理论体系，以将引力与微观世界联系起来。当我们追溯到最开始的时候，宇宙就是被压缩到了与基本粒子大小相当的区域中。量子涨落有可能颠覆整个宇宙，那么宇宙学和微观世界之间必然存在一定的联系。当然，弦理论和 M 理论是目前解释这个问题最有可能也最被广为认可的理论。当应用这些理论时，我们至少可以对宇宙刚开始时发生的一切作出一些物理学方面的解释。但有一个问题，我们可能会发现，由于空间和时间的复杂性，我们并不能真正讨论时间初始时的状况。并且越靠近这些极端情况，我们就不得不接受一个事实：我们需要放弃越来越多的常识。

目前最大的一个障碍是，与这些理论相关的数学实在是太过复杂，导致我们不能将这种十维或者十一维空间与我们可以观察到的现象联系起来。除此之外，虽然这些理论从理论方面看非常具有美感，并且解释了引力本身的性质，但依旧没能够说明为什么三维空间中存在目前被物理学家研究的那些粒子。我们希望有一天，这个理论不仅能加深我们对引力的理解，也能通过解释目前标准粒子物理学模型没能解释的微观世界的特征，来增加理论自身的可信度。

尽管罗杰·彭罗斯（Roger Penrose）尝试构建出了四维模型,但在我看来，目前这些理论学家都不能通过想象来描述其他额外维度。当然他们可以将其构建成数学模型，并且数学模型是一定可以被写出来然后进行研究的。从社会学或者科学史的角度来看弦理论，它具有一点非常独特的性质：它是少数在缺少相关数学基础的前提下建立起来的物理学理论。一般来说，物理学家在研究物理学理论的过程中，一般都会选取相对比较“过时”的数学方法。比如，爱因斯坦利用了19世纪的非欧几里得几何，而最早研究量子理论的人只用到了群论（group theory）和微分方程，这些在很早之前就已经完全建立的数学方法。弦理论所涉及的数学问题目前还不可解，所以弦理论在很大程度上将数学和物理学更加紧密地结合了起来。

弦理论是科学界目前占主导地位的一种理论，并且已经得到了一些结果。但是目前最大的问题是，它是否可以继续发展到下一步，也即它所得到的实验结果可以通过观测来验证。如果我们不能跨过这个十维理论和观测事实之间的鸿沟，那么这个理论就只能停滞不前。在不同版本的弦理论中，除正常三维外的额外维度都折叠成一个非常紧密的结构，所以我们正常空间中的每一点就像是六维空间中的一只“纸鹤”。我们仅能看到三维空间，余下的维度因为折叠成紧密的结构，所以是不可见的。如果你从非常远的距离来看一根针，那它看起来就像一根一维的线，但它本身是一个三维物体。同样，如果你凑得非常近的话，你也是可以看到这些额外维度的。空间在非常微小的尺度上有着复杂的结构，但当你从大尺度观察时，所有差异都被抹平了。以上就是弦理论的传统观点。

而在最近的两三年中，有一种新的观点认为，其实这些额外维度并不是完全被折叠了，从大尺度的角度来看，至少还存在一个额外维度。我和拉曼·桑卓姆（Raman Sundrum）在对膜的研究过程中，产生了这个想法。根据这个观点，除了我们生存的宇宙外，还应该存在另外一个宇宙，有可能与我们只有毫厘之差，但是这段距离是在四维空间中测得的，所以我们并不清楚。我们被困在三维空间中，所以不能直接探测到另一个宇宙。这就像一队虫子在一个巨大的二维书页上爬行，但它们不能察觉到在另一页上爬行的其他虫子，虽然从三维空间来看，它们之间的距离非常近。这个观点在保罗·斯坦哈特和尼尔·图罗克建立的循环宇宙模型中占据了非常重要的地位。而且这个观点也将带给我们一些看问题的新视角。它对引力波的涨落作出了一些未被证实的猜测，所以目前关键的问题就是，他们是不是掌握真理的一方。或许当我们了解更多细节时，就可以对这个问题进行判断了。

目前解释巨大能标差异的两个“潜力股”是：超对称性和额外维度的物理学机制。其实直到最近，超对称性还是解决兆电子伏特量级的物理学问题的唯一备选答案。超对称性是一种将玻色子的性质与其在超对称性下的对应体费米子的性质联系起来的对称性。玻色子和费米子是量子力学中的两种基本粒子。玻色子自旋量子数为整数，费米子为半整数，而自旋量子数是一种内禀量子数。在不具有超对称性的前提下，这两种粒子类型是无关的。但当处于超对称性结构中，粒子的质量以及相互作用力与其超对称性对应体是基本相同的。以电子为例，当处于超对称性结构中时，电子具有一种对应超粒子，它与电子具有相同的质量和电荷，我们管它叫超电子。

在下一代的粒子对撞机中，发现超对称性的特性，还是存在可能性的。而这种超对称性的发现将是一个非常重要的成就。这是继爱因斯坦在20世纪提出广义相对论之后，有关空间时间对称性的第一次重大进展。而且如果超对称性经过验证是正确的，它还可以解释很多其他问题，例如暗物质的存在。如果我们想将标准模型纳入弦理论之中，则需要超对称性作为前提，所以这项研究对弦理论学家也非常重要。无论是从理论还是从其潜在的实验可证性来看，超对称性都是一个非常激动人心的理论。

然而，像很多其他理论一样，当我们笼统地看超对称性理论时，似乎没有任何问题，但当我们追究与实际相关的细节时，就会发现还有很多问题有待解决。在某些能量下，超对称性势必会瓦解，因为目前我们并没有发现任何“超对称对应体”。也就是说,一对粒子,比如电子和超电子,质量是不同的，因为如果相同，我们就会同时看到这两种粒子。如果这个对应体至今仍未被发现，那么它应该比它的“小伙伴”拥有更大的质量。我们想知道的是，在目前已知基本粒子各种性质的前提下，这件事情是如何发生的。大多数理论解释超对称破缺时遇到的问题是，所有的相互作用和衰变都已经被实验结果排除了。最有可能的候选解释允许不同种类夸克间的混合，并且允许不同种类夸克间几乎没有明确的区别。所以，未混合的夸克和不同种类夸克性质保留，是目前物理理论与超对称性破缺相互无法融合的主要原因，也是目前人们并不满意用超对称性来解决兆电子伏特量级问题的主要原因。要建立与超对称性相融合的理论，就需要引入一种物理学机制，使目前所有的已知粒子都存在超对称性对应体，并且不引入任何我们不需要的相互作用。因此，目前我们需要寻找另外一种理论来解释为什么粒子质量与兆电子伏特能量量级相关，而不是更大的16个量级。

当有人第一次提出可以用空间的额外维度来解释兆电子伏特量级的由来时，引起了众多关注。空间额外维度理论在一开始看来是非常疯狂和不切实际的，但是一些非常有力的证据让我们相信额外维度的确是存在的。其中一个原因是弦理论阐释的，弦理论假定粒子并不是最基础的构成，它们只是基础弦的不同振动模式。与量子引力理论的相互融合是弦理论的一个主要胜利。

但弦理论依旧要求在可观测宇宙中存在9个维度，这明显比我们所感受到的多了6个。这6个看不到的维度到底发生了什么，是弦理论中一个非常重要的问题。但如果从相对低能量的角度来考虑这个问题，你还可以提出这样的问题：这些额外维度是否会在不远的未来对我们目前可观测的粒子物理学，或者将被观测到的粒子物理学产生什么有趣的影响？这些额外维度可以解释在三维粒子物理学中尚未解决的问题吗？

人们其实在弦理论之前就已经提出过额外维度的观点，但是当时的研究往往被忽略了或者不受重视。其实提出“如果空间有额外维度会发生什么”这样的问题是非常自然的，毕竟我们只能看到三维空间并不意味着只有三维空间存在，而且爱因斯坦的广义相对论对三维宇宙也没有任何偏爱。宇宙中应该有很多不可见的构成。但是，这是人们第一次提出了如果额外维度存在，它们的尺度会非常小，只有这样才能逃过我们的注意力。弦理论的标准假设是，这些额外维度卷曲到了一个超级小的尺度，大概只有10^{-33}厘米，也即所谓的普朗克长度，以及与量子效应相关的尺度。在这样的前提下，这个量级就是最可能的候选者：如果存在额外维度，那么它一定对引力结构非常重要，并会表征为在这样一个特殊距离尺度上的量。但是如果这样，对我们世界的影响就比较小。这样的维度可能对我们看到或经历过的任何东西都没有影响。

如果从实验的观点来看，那你就可以质疑，这些额外维度真的需要在这么小的量级上吗？在不被我们看到的前提下，它们最大可以到多大？在没有任何新的假设的前提下，我们发现这些额外维度的尺度可以比10^{-33}厘米高上17个数量级。要想理解这一极限，我们需要更深刻地理解额外维度对粒子物理学意味着什么。

如果真的存在额外维度，那么一种被称作卡鲁扎-克莱因模的粒子可以向我们传达这一信息。这些KK粒子与我们所知道的粒子拥有同样的电荷量，但是它们在额外维度中有动量。所以KK粒子的质量都非常大，并且拥有由额外维度的尺度和形状决定的特殊质量谱。所有我们已知的粒子都有它的KK对应体，那么如果额外维度的尺度很大的话，我们就可以找到这些KK

粒子。而由于目前我们在任何实验中都没有看到这种粒子，这给额外维度的尺度限定了一个范围。我之前提到过的 10^{-16} 厘米的兆电子伏特能量已经可以被探测到了。由于我们目前还没有观测到 KK 模（KK modes），10^{-16} 厘米的 KK 粒子对应质量在兆电子伏特量级，这意味着额外维度的尺度上限是 10^{-16} 厘米，这比 10^{-33} 厘米要大得多，但想得到人们重视，它还是太小了。

这是在最新发现之前关于额外维度理论停滞的地方。之前的理论认为额外维度可能存在，但尺度会非常小。不过，我们的看法在 1995 年发生了巨大变化。这一年，加州大学圣巴巴拉分校的乔·坡钦斯基（Joe Polchinski）以及其他理论物理学家意识到，弦理论中存在另外一种不可获取的物体——膜。就像浴帘一样，是三维空间中的两维物体，膜是一种在高维空间中的低维物体。膜非常特殊，尤其在弦理论的框架中，因为它具有非常特殊的天然机制，所有的粒子都被限制在膜上，因此尽管可能存在额外维度，也不是所有的东西都需要在其中运动。被限制在膜上的物体只能沿膜方向存在动量和运动，就像水珠只能沿着浴帘的表面滑落一样。

膜的存在给了额外维度的物理学机制一种全新的可能，因为限制在膜上的粒子，与粒子在三维空间加一维时间的世界中的状态多少有些相似。质子、电子、夸克，所有的基本粒子都有可能被限制在膜上。那么你会问，虽然额外维度存在，但组成我们这个世界的所有粒子都不会穿越这些维度，那研究它们的意义在哪里？尽管所有标准模型中的粒子都会“黏”在膜上，但是对于引力来说，事情却并没有这么简单。那些将粒子和以光子、质子为介质的力限制在膜上的机制，对引力是完全行不通的。根据万有引力定律，引力存在于空间中所有几何结构中。更进一步说，引力理论要求引力的介质粒子也即引力子，可以与所有的能量源相耦合，无论这个源是否被限制在膜上。因此，在一个拥有更高维度的全部几何结构区域中也应该存在引力子，一般称这一区域为主体，因为在这一区域中可能存在能量源。最终，弦理论为引力子没有冻结在膜上提供了一种解释：引力子与闭弦相关，但只有开弦会被膜限制。

这种认为粒子会被限制在膜上，而引力则与更高维度相关的想法，让我们得到了新的结论：这些额外维度的尺度可能比我们之前认为的要大得多。因为与引力相比，其他力要更加难以探测到，所以如果引力是唯一经历过额外维度的力，那我们对尺度的限定就要宽容得多。我们对引力的了解并不如大多数其他粒子，因为引力是一种弱相互作用力，所以对引力的精确探测十分困难。物理学家认为，如果真的只有引力存在于高维空间中，那额外维度的尺度可能会达到毫米量级。这与我们之前得到的结论简直是云泥之别。这是一个微观可见的尺度。但由于光子也是被冻结在膜上的，所以至少通过传统方法，这些维度对于我们来说依旧是不可见的。

当膜的概念被引入之后，我们就可以讨论大尺度的额外维度了。如果额外维度尺度非常大，就可能解释为什么引力这么弱。引力对于你来说可能并不弱，因为是整个地球提供了对你的引力，而将一个引力子与一个粒子耦合时，这个力就非常小了。根据粒子物理学的观点，由于它研究的是单独粒子间的相互作用，所以引力是一种极弱的相互作用力。这么弱的引力实际上是一种所谓等级问题的再形成。为什么与引力相互作用有关的普朗克质量比我们看到的粒子质量大了 16 个数量级？当引力传播到这些额外维度的时候，就被稀释了。这些引力场由于扩散到大尺度的高维空间而导致留存于膜上的部分非常小。这正是最近由尼马·哈姆德（Nima A. Hamed）、萨瓦斯·迪莫普洛斯（Savas Dimopoulos）和吉雅·德瓦力（Gia Dvali）等理论物理学家提出的观点。这个观点的问题在于，它无法解释为什么这些维度的尺度这么大。质量比值过大的问题可以转化这些卷曲维度尺度过大的问题。

我和拉曼·桑卓姆两个人突然意识到，引力极弱现象可能是与膜自身相关的引力吸引的直接后果。除了限制住粒子之外，膜还携带了能量。从万有引力定律的角度来看，这意味着膜周围的空间都将发生弯曲，改变了它附近的引力。当空间中的能量与膜上的能量相互关联时，在高维空间中将产生一个平直的三维膜，这时候承载引力的引力子将被膜吸引。所以并不是随意地散布于高维空间，引力将会稳定地存在于靠近膜的区域内。

我们将附近存在引力的膜称为普朗克膜。膜周围引力子的聚集很容易解释了有两个膜的宇宙学等级问题。根据解决爱因斯坦方程的特定几何结构，当与额外维度相隔一定距离时，你将看到被指数级压缩的引力。这是一个非常有意义的结果，因为这意味着 16 个数量级的差异，可以由膜之间的分隔来解释。如果我们生存在除普朗克膜之外的第二个膜上，我们就会发现，引力势非常弱。而膜之间这样适度的距离是可以达到的，并且比大尺度额外维度模型中所必需的要小很多个数量级。所以，静止不动的引力子和一个已建立了粒子物理学标准模型的膜相隔一定距离的第二个膜，构成了等级问题的解，也即解释了引力极弱的问题。引力的强度决定于你所处的位置以及距离普朗克膜的远近，在普朗克膜上它被指数级地压缩了。

这个理论对实验具有非常重要的指导作用，因为它适用于粒子物理学尺度或者说兆电子伏特尺度。在这个理论中的高度弯曲的几何结构中，KK 粒子，也就是那些在高维空间中具有动量的粒子，它们的质量大概就在兆电子伏特量级；因此在不远的未来，人们真的有可能通过粒子对撞机来产生它们。它们会像其他粒子一样产生和衰退。然后可以通过实验来观察它们的衰退产物，来得到质量和自旋等这些粒子本身独特的性质。引力子是唯一一个我们所知道的自旋为 –2 的粒子。如果许多与引力相关的 KK 粒子自旋也会为 –2，就会非常容易被证实。对这些粒子的观察将是额外维度存在的铁证，也会证明这一理论的正确性。

虽然解释了大质量差异存在的原因已经足够激动人心，但我和桑卓姆发现了可能更令人惊喜的事情。弦理论的传统观点认为，额外维度必须是卷曲在一起或者被限制在两个膜之间，要不然我们就可以看到高维的引力。之前提到过第二个膜存在的意义有两个：第一，它解释了等级问题，因为引力子不太可能出现在这个膜上；第二，它将额外维度束缚在一起，这样当我们在非常遥远的超过维度尺度的距离上看它们时，只能看到三个维度。

而普朗克膜附近引力子的聚集将产生完全不同的影响。如果我们暂时不考虑等级问题，第二个膜就将失去存在的必要性。这也就是说，即使真的存在尺度无限的额外维度，而我们就生活在无限大维度中的普朗克膜上，那我们也不知道它的存在。在这个“弯曲的几何结构”中，根据我们所知的空间中的引力子丰度呈指数级下降，那我们看事物时就仿佛这个维度不存在，世界也只是三维的。

因为引力子存在于远离普朗克膜区域的可能性非常小，所以所有远离普朗克膜的物体的物理性质都应该与它无关。而遥远地方的物理学机制与额外维度是否无穷大没有任何关系，所以我们从三维角度来看也没有问题。引力子只会在非常偶然的情况下偏移进主体中，第二个膜或者卷曲的维度对建立一个描述三维世界的理论并不是必需的。我们可能生活在普朗克膜上，然后通过另外一种方式来解决等级问题。或者我们可以生活在主体中的第二个膜上，但这个膜并不是目前无穷空间的边界。引力子偶尔逃出普朗克膜的范围，却并不会产生很大影响，因为它高度聚集在膜周围，所以普朗克膜可以被看成一个三维的世界，额外维度好像根本不存在。一个四维空间看起来与三维空间几乎相同。因此我们所有指向三维空间的证据都可以作为一个无穷四维空间的证据。

这是一个非常让人激动又给人以挫败感的过程。我们过去认为，我们首先排除的就应该是大尺度的额外维度，因为大尺度的额外维度与低能量相联系，而低能量是我们目前可以在实验中做到的。然而现在，由于空间曲率的存在，所以有理论认为，存在一个无穷的四维空间，并且还与三维空间的特征相似，无法直接区分。

如果它们之间存在差异，那也是非常小的。例如，可能两个世界中黑洞的行为不同。由于能量可以从膜上泄漏，所以当黑洞衰退时它可能向额外维度中吐出粒子，导致黑洞的衰退速度加快。目前物理学家们正在做一些有趣的模拟实验，看如果引力子集中于膜周围的额外维度，那么黑洞看起来是怎么样的。然而，初步实验表明，像其他物体一样，三维或四维理论中的黑洞并不会表现出明显的差异。由于额外维度的存在，空间的整体结构会有无数种可能性。空间可能有不同的维数，或者空间中会存在任意数目的膜。膜并不必须有三维加一维，它可能有其他与我们所处的或与我们平行的膜不同的组成方式。这就带来了一个关于空间总体结构的一个非常有意思的问题：当膜的个数不同时，空间随时间的演化是不同的。那膜上或许会汇聚一系列我们不知道的力和粒子，这将会对宇宙学产生很大影响。

在以上例子中，物理学定律无论是在膜上还是在主体中，看起来都是三维的。就算在远离普朗克膜的地方，尽管有着更加微弱的引力耦合，物理学定律依然是三维的。在与安德烈亚斯·卡奇（Andreas Karch）的合作中，我们发现了一种更加惊人的可能性：不仅额外维度可以是无穷大的，不同区域的物理学定律也可以反映不同的维度。引力只位于我们附近，因为我们附近的区域看起来是三维的，而更远处的区域则反映了更高的空间维度。所以我们看到的三维并不是因为空间只有三维，而是因为我们被困在膜上，引力只集中在膜的附近，而周围空间并未察觉我们这个低维的“孤岛”。物质还是有可能进出这个孤立的四维区域的，当它们进入或离开我们的领域时会出现或消失。这种现象在实际中很难被观测到，但关于这些结构是如何互相融合的，在理论上有很多有趣的问题。

这些理论是否正确，从实验的角度来回答这个问题并无必要，但在理论方面还是有一定的探讨价值的，比如它们中的某些是否挑战了基本理论。我们用到了弦理论的基本构成元素，即膜的存在和额外维度，但我们很想了解是否真的存在膜结构。你能利用弦理论给出的膜来构建一个引力只存在于膜附近的宇宙吗？你是否能通过弦理论或者一些更加基础的理论来推得这个模型，是非常重要的。我们目前并没有做这件事情，并不说明它不存在，我和安德烈亚斯在弦理论基础上建立的理论已经是一个进步。解决这些复杂的几何结构是异常困难的。总之，已经被解决的问题虽然看起来非常困难，但从很多方面来看已经是简单的问题了。还有很多工作亟待去做，很多惊喜等我们去发现，并且还会对其他领域的工作产生一定的影响。

以宇宙学为例，阿兰·古斯提出的暴胀模型对于宇宙的迅速膨胀模拟得非常好，但还有其他理论提出了一种可能性：保罗·斯坦哈特的循环宇宙模型，也就是说这种宇宙膨胀会反复发生。这种理论将促使你提出一些问题。首先，这些模型和我们所看到的宇宙真的是相符合的吗？每个模型都提出了一种全新机制吗？在某种程度上说，循环宇宙的观点依然沿用了宇宙暴胀理论的观点，认为是暴胀使宇宙平稳地增大。有时候，想到这些理论可不怎么容易。你的理论是基于什么？是什么约束了它们？是什么使你的工作无法继续下去？它真的是一个全新观点吗？我们真的可以将这种机制应用在实际工作中吗？这个理论与一些更基本的理论有联系吗？如果有，这些基本理论可以帮我们进一步完善这个新理论吗？

最近，我正在研究额外维度对宇宙学有怎样的影响。结果发现，似乎暴胀理论在额外维度存在时比不存在时更加完善。这个理论最为美好的一点是，在不需要任何假设的前提下，你就可以计算额外维度的影响。此外，这个理论无疑会对宇宙学实验产生影响。自始至终，我都在强调我们真正看到的是什么。我希望时间和实验可以帮我们甄别所有的可能性。

注：丽莎·兰道尔，理论物理学大师。“宇宙三部曲”——《叩响天堂之门》（一本书读懂宇宙求索的漫漫历程）、《弯曲的旅行》（一本书读懂神秘的额外维度）、《暗物质与恐龙》（一本书读懂暗物质以及恐龙灭绝背后的秘密），是科学小白与科学大V都不可错过的年度科普巨作。该系列图书中文简体字版已由湛庐文化策划，浙江人民出版社出版。

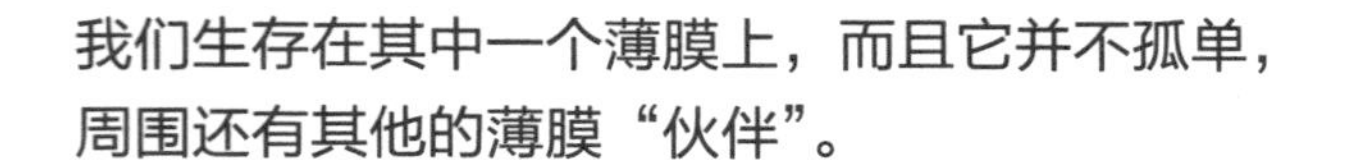

我们生存在其中一个薄膜上，而且它并不孤单，周围还有其他的薄膜“伙伴”。

——《时间之前》

WE LIVE ON ONE OF THESE MEMBRANES, AND THIS MEMBRANE IS NOT ALONE, THERE'S ANOTHER PARTNER MEMBRANE.

06

The Cyclic Universe

时间之前

Neil Turok
尼尔·图罗克
理论物理学家，加拿大圆周理论物理研究所成员；
著有《无尽的宇宙》《宇宙的秘密》

在过去 10 年间，我主要致力于研究一个问题：宇宙是如何开始的。又或者说，宇宙根本没有起点？大爆炸的时候发生了什么？对于我来说，这个问题似乎是科学的基本问题，因为就目前我们所知道的一切，无论是粒子、行星或恒星，甚至生命本身，都起源于大爆炸。

过去几年间，对自然界基本理论的研究，促使我们对宇宙大爆炸进行了更加深刻的思考。根据目前最前沿的理论，弦理论和 M 理论，所有物理学定律都是由宇宙结构决定的，更具体地说是由空间中微小、卷曲的额外维度的分布决定的。这是一个非常美丽的物理学图景：粒子物理学成为宇宙学的一个组成部分。如果你想了解额外维度的分布方式，就要了解宇宙大爆炸，因为它才是万物的起点。

直到最近，基础物理学仍旧没有解决这个问题。将时间倒回到20世纪20年代，现代宇宙学的奠基人，爱因斯坦、弗里德曼和勒梅特等意识到，大爆炸存在一个奇点，也就是说当我们追溯到140亿年之前，会发现一切都不太对劲。物理学定律将给出无穷或者无意义的结果。爱因斯坦并没有将这一情况解释为时间的起点，他只是说："我的理论不能解释这个问题。"大部分理论都会在某些情况下"失效"，这时将需要一个"替代者"。当粒子运动速度非常快时，牛顿的引力理论就不再能描述物体的运动，于是相对论出现了。同样，爱因斯坦说我们需要一个新的引力理论来取代他的相对论。

但在20世纪60年代，当观测事实给了大爆炸理论强有力的支持时，物理学家们以其跳跃性的思维得到了时间存在起点的结论。我不确定他们为什么这样想，但有可能是由于稳态学说（Steady State theory）的支持者弗雷德·霍伊尔（Fred Hoyle）的影响。霍伊尔讽刺了宇宙大爆炸学说，说它只说明了时间的起点，听起来并没有什么意义。

之后宇宙大爆炸理论通过观测得到了证实。但此时所有人似乎都受到霍伊尔的影响："好吧，宇宙大爆炸理论是真的，所以时间存在一个起点。"人们的思维开始进入一个既定但错误的轨道：时间以某种方式开始了，而那个过程或者说事件的开始并不能用物理学机制来描述。这是一个非常无力的现实，我们周围所有的一切都是那个事件残留下来的，但那个事件是什么，我们却无法描述。在之后的20年间，人们开始忙于研究其他方面的问题，这一宇宙学问题的研究却停滞不前。

时间走到20世纪80年代，当宇宙暴胀理论出现时，粒子物理学和宇宙学开始结合。虽然暴胀理论依然无法解决宇宙的起点问题，它却帮助我们向前迈进了一步。人们假设宇宙以某种方式开始，并且在它开始时就充满了一种奇怪的能量，并将这种能量称为暴胀能（inflationary energy）。这种能量具有排斥性，它的引力场并不像普通物质一样具有吸引力。它的主要性质是，它可以导致宇宙迅速膨胀，就像宇宙一下被炸开一样。

暴胀理论风靡一时，并对宇宙进行了一系列与观测事实相符的预测。这些预测一般比较简单或是对宇宙某一特征的定性描述：宇宙在大尺度范围内是平滑的，并存在一些密度变化，这些密度变化类似于随机噪声，就像大海表面的波纹，并且在任意尺度上，密度的变化都是大致相同的。这一预测得到了观测的广泛认可。所以人们开始被暴胀理论所吸引，越来越多的人开始将其奉为“圣经”。但暴胀理论从未真正触及宇宙的起点这一问题，我们只是假设宇宙开始时就充满了暴胀能，却没有解释存在这种能量的原因。

我在这一方向的研究大概始于10年前，当时我从普林斯顿大学搬到了剑桥大学，在那里我见到了霍金。他和詹姆斯·哈特尔（James Hartle）一起发展了宇宙起源的理论。我加入了霍金的工作，通过计算来弄清究竟他们的理论会描绘怎样的未来。然而，我们很快得到的结果却显示宇宙是空的。其实这个结果可能并没有那么出人意料，当你从“一无所有”出发，比起一个充满物质的宇宙，你更有可能得到另一种“一无所有”。虽然这只是个玩笑，但如果进行精密的数学计算，霍金的理论得到的也更可能是一个空宇宙。

我们尝试从不同的方面来解决这一症结，意图使这一理论的预测结果更加贴近事实，但是我们所做的一切努力，都只是在破坏这一理论的美感。理论物理学真的是一门让人惊艳的学科，它会将一切错误“扼杀在摇篮中”。你可以在短时间内粉饰太平，用不同的条件来使你的理论看起来是正确的，但是时间一长，你的理论便会分崩离析。我们对这个宇宙或者说自然法则有了足够的了解，也了解它们之间是怎样契合在一起的，根据这些建立一个自洽的理论体系是非常困难的。一旦你开始更改其中某些条件，你就破坏了某种特殊的对称性，而这种对称性是整体结构连续性的关键。这种对称性一旦被破坏，接下来整个理论都将崩塌。霍金的理论是一个还在发展中的研究课题，人们依旧在不断尝试，试图“修补”这一理论。但是在四五年后，当我确定这一理论不能解释宇宙起点的问题后，我觉得我们需要一种全新的观点来取代宇宙的零点充斥着暴胀能的想法。

与保罗·斯坦哈特一起，我们在剑桥大学牛顿研究所成立了一个工作组，挑战固有的宇宙学基本理论。我们面临的最大问题是：如何提出一种新的理论来解释宇宙大爆炸。我们将当时所有最前沿的理论结合在一起，弦理论、M 理论、宇宙学，并不断思索，来试图找到一种不同的方法。工作组中的所有人都非常有想法，而我们目前的研究方向就诞生于此。

弦理论和 M 理论是爱因斯坦本人也在不断追求的理论。他的引力理论是一个非常精美的理论，并且仍然是目前为止我们所知道的最成功的理论，但是它和量子力学并没有那么“融洽”，而量子力学是其他物理学的一个非常重要的组成部分。如果你只是单纯地尝试将引力量子化，那么在不更改其他理论预言结果的基础上你将得到无穷。弦理论利用一个自洽的数学框架成功地将引力与量子力学联系起来。所以非常不幸的是，直到目前我们唯一可以利用弦理论计算的问题却与物理学不相关。举个例子，我们目前可以对一个稳定的、空的、存在一些引力波的宇宙进行精密计算。无论如何，由于紧密且连续的数学结构，许多人认为弦理论可能是朝着正确的方向在发展。

弦理论的一些新理念非常奇怪。第一个是，我们看到的每个粒子都是弦的一小部分；另一个是，有一种叫作膜的物体存在，简单来说就是弦的“高维版本”。所以那时我们产生了一个新想法：我们的三个维度可能事实上是沿着其中一个膜的维度；我们所赖以生存的这个膜，可能是高维空间中某些书页状的飘浮物体。这一猜想成了一种新宇宙模型的支柱：这一模型和粒子物理学完美契合，并且表明宇宙由两个平行的膜构成，在两个膜中间有一个极度狭窄的缝。那时，我向组员斯坦哈特和伯特·欧洛特（Burt Ovrut）提出了一个问题：如果这两个膜发生碰撞将会怎样？在那之前，大家只考虑了静止的情况。他们只是说，膜在某个位置上，上面附着了很多粒子，而这一情况与我们当时所掌握的粒子和力的数据非常符合。但他们并没有考虑到膜也存在运动的可能性，实际上根据理论，这也是完全有可能发生的。一旦膜可以移动，就有发生碰撞的可能。我们认为，如果两个膜发生碰撞，这个碰撞或许就是大爆炸。碰撞是一个非常剧烈的过程，在撞击过程中两个膜将会产生大量的热、辐射和粒子，就像大爆炸那般。

我和欧洛特、斯坦哈特开始着手研究膜间碰撞的过程。我们意识到，如果这个理论可以成型，那么它就可以说明大爆炸并不仅是时间的起点，而是一个可以细致描述的物理事件。如果这一理论属实，那么除大爆炸之外还可以提供很多解释。例如，它不仅可以解释爆炸，也可以解释充满整个宇宙的辐射是怎样产生的，因为还存在一个两个膜运动之前的宇宙。你可能会问，这又怎样解释。这里就引入了循环宇宙模型。循环宇宙模型说的是，每一次大爆炸之后都会有下一次，而这个过程将无限循环。整个宇宙可能会永远存在，回溯遥远的过去或遥望无穷的未来，将会存在一系列这样的爆炸。

在过去的 5 年间，我们都在不断地完善这个模型。我们需要做的第一件事情，就是将这个模型与观测事实对应起来，来检验是否可以再现暴胀模型的成功。出乎意料的是，它竟然做到了，并且在某些方面比暴胀模型符合得更好。如果两个膜互相吸引，当它们互相拉扯靠近时产生了细微的“涟漪”，就像海上的波浪。当膜碰撞时，这些小“涟漪”变成了密度差，释放出物质和辐射，而之后这些密度的“不平坦”处形成了宇宙中的星系。

当我们进行一些非常简单的假设之后，循环宇宙模型对观测事实的解释和暴胀模型一样准确。这是非常具有建设性的结果，两种差异甚大的机制得到了同样的结论。两种模型都解释了宇宙的一些简单特征：宇宙在大尺度上基本是均匀的，像欧几里得空间一样，是平坦的，存在一些小的密度差异，单位长度上差异基本相同。这些特点无论在膜碰撞模型或者暴胀模型中都得到了解释。当然也有可能存在更好的模型，只是目前无人想到。科学界良性竞争的环境十分有利于不同理论的诞生，并且差异越大越好。这可以帮助我们确定观测数据、数学还有逻辑等一系列检测方法，哪些是检验理论正确性所必需的。模型间的竞争大有益处：它帮助我们看清理论的优势和劣势。

在这一前提下，更早建立的暴胀理论和新生的循环宇宙理论的主战场，就是理论上的瑕疵和疑团。暴胀之前发生了什么？是大部分宇宙都发生了暴胀还是只是很小一部分？循环宇宙模型可以计算出膜碰撞的所有细节，然后将粗略的讨论推进到精确的数学计算上吗？我们作为理论物理学家的任务就是将这些问题延伸至极致以寻找解决办法，或者证明这些问题是模型的致命之处。

同等重要的问题还要从观测上来验证这些模型，毕竟脱离观测事实的科学也就不再是科学。尽管循环宇宙模型和暴胀模型拥有同样的预测结果，但至少我们还有一种方法可以区分它们。如果在暴胀过程中存在这样一个阶段，即宇宙刚刚开始之后的极速膨胀期，那么宇宙曾经就会充满引力波，而这些引力波到今天依然可以被探测到。目前有很多实验正在对它进行测量，欧洲空间局的普朗克卫星将进行目前为止最精确的一次尝试：它应该可以探测到由最简单的暴胀理论预言的引力波。而根据我们的模型，无论是普朗克卫星还是其他与普朗克观测任务类似的实验，都将一无所获。此类实验可以对我们的理论进行证伪。

我们目前在做的工作中最让我感到兴奋的是，我们正在对大爆炸本身的数学模型进行更细致的分析。我们对奇点有了更加深刻的了解，根据爱因斯坦的理论，一切物质在奇点处都将变为无穷，空间全部缩成一点，导致辐射密度和物质密度都趋于无限大，在那一点上，爱因斯坦方程将分崩离析。

我们最新的工作是基于大约 10 年前弦理论中一个异常美丽的发现：反德西特共形场理论（Anti-de Sitter Conformal Field Theory）。简单来说，它是一个非常美丽的几何观点：如果我有一块非常大的时间和空间的区域，那么在某些情况下，我可以想象宇宙被边界所包围，也就是说是类似于一个被盒子包围的区域。大约在 10 年前的观点是，尽管盒子的内部可以用引力来描述，但伴随着它所带来的许多无法解释的部分，像黑洞的形成和众多的佯谬，这一理论所描述的情景更类似于，这个盒子内的所有物质都附着在盒子壁上，包围着内部。一个引力理论与另外一个不存在的引力理论互相符合，而并没有产生任何引力方面的佯谬。我们最近在做的事情就是利用这一个框架来研究宇宙的奇点。我们通过对环绕宇宙的盒子表面发生了什么这一间接方法来研究奇点。这样，我们发现，如果宇宙的坍缩产生了奇点，将伴随着“弹跳”，而这种弹跳将使宇宙恢复。当它通过奇点时，宇宙将充满辐射，然后产生密度差，这一情境与膜碰撞模型所描述的非常相似。

这是一项崭新的工作，但是当这一理论完成的时候，我觉得将会耗费相当长的时间来说服人们，大爆炸或者类似的事件，是可以用数学理论来描述的。我们所研究的模型并不依靠物理，因为这是一个四维空间的宇宙。就算是从技术层面来考虑，这也是一种最简单的切入法。当然，真正的宇宙只有三维空间，但是我们对此刻建立起了一个四维模型来简化数学的运算。定性地说，这个研究表明你可以在引力的框架下对奇点进行研究，并且这一研究是讲得通的。在我看来这是非常激动人心的，并且我们正在沿着一个十分有趣的轨迹在前进。我希望我们将来可以真正地理解在引力前提下奇点的形成，宇宙在这一过程中怎样演化，还有这些奇点又是怎样“离去”。

我认为循环宇宙模型将可以解释大爆炸，因为大爆炸就是宇宙中奇点的形成。通过对以上问题的理解，我们可以更好地解释目前我们所看到的物理学定律是怎样产生的：为什么会存在电磁学，为什么会有强相互作用力、弱相互作用力等。所有这些都是宇宙结构在小尺度上结出的“果”，而这一结构则是由大爆炸导致的。这是一个非常有挑战性的领域，但我很开心我们的确“有所作为”。

我认为目前我们的问题在于，理论物理学的主要研究方式是错误的，因为从我的角度来说，人们应该研究奇点和大爆炸，因为这才是万物的源头，但是大多数人却在回避这样一个问题，即根据弦理论所知的一切物理学定律都是空间额外维度的特殊形态所导致。我们有已知的正常三维空间，但在弦理论中还应该存在其他 6 个维度，卷成一个迷你球。在世界的每一点，都会存在其他六维，不过它们团成了一个结。问题是这些额外维度团成结的方式有千千万万种甚至无数种。粗略地说，你可以把它们用膜或者其他物质包在里面，把它们像手绢一样用很多弦和橡皮筋编起来。

这一点导致了很多人抓耳挠腮却百思不得其解。弦理论应该是一个独一无二的理论，并且只能根据它产生一套物理学定律，但现在这个理论却允许了由于额外维度的不同卷曲方式导致的多种宇宙的存在。我们到底生活在其中的哪个宇宙中呢？一些人曾经假设宇宙就是简单地从大爆炸之后开始，所以他们所做的工作就像掷骰子一样。他们说：“好吧，如果这些额外维度可以这样卷曲，也可以那样卷曲，我们也没有办法来判断哪种会好于其他方式，那我们不妨假设它是随机的。”但最终，他们没有得到任何结果。因为他们没有关于大爆炸的理论，也不知道那些维度为什么会成为它们最终的样子。他们将这称为大格局，而所有可能的宇宙形态组成了大格局，并且接受了我们生存在这个大格局中的一个特殊点。那么他们到底做了什么？

他们或许又会说，“也许我们需要加入人择原理”。人择原理认为，宇宙是它今天的样子是因为如果有任何不同，人类这种智慧生命将不复存在。这一观点是说，存在这样一个大格局，其中存在不同形态的宇宙，而只有一个容纳了人类的存在，即符合了我们目前已知的物理学定律的那个。这是一个非常奇怪的论证，它并没有作出任何预测，是后测理论的典型。它只是在说：“这件事必须是这样发展过来的，因为如果不这样的话，我们就不会在这里讨论它。”这一论证有很多缺陷，但最基本的问题是，这个论证并不能给出任何建设性的结果。不仅嚼之无味，弃之也并不可惜。人择原理对目前研究的进展不能提供任何帮助，更有甚者，它还会阻止人们去解决一些重要问题，像弦理论的本质，因为目前我们所了解的部分仍旧不完善，需要继续拓展才能用于解释大爆炸。然而，这样明显的一点，竟然很少有人去关注。

我对大格局存在的真实性还持观望态度。因为仍然存在一些数学方面的疑问有待解决，比如不同卷曲形态的合理性，目前还并未证实。但是如果所有卷曲形态都合理，那么下一个问题就是：宇宙在无数种形态中到底“选择”了哪种？对于我来说，无论你要以何种方式解决这个问题，都不能绕过大爆炸。你需要一个数学模型来描述大爆炸是怎样发挥作用的，时间是怎样开始的，或者描述宇宙在经历类似于大爆炸这种事件时发生了什么，它在经历这些事件时对那些卷曲维度产生了怎样翻天覆地的影响。最能说服我的一个解释是，宇宙的动力学特征将选择一种特定的形态，这种形态可以让它最有效率地挨过每次大爆炸，并且可以在之后的超长周期中维持稳定。

举个例子。如果你问，“为什么房间里的空气分布得非常均匀”，我们需要用一个物理学理论来解释这个问题。但如果回答说，“如果空气分布不均，房间里就会存在一些真空区域，一旦人不小心踏入，就会送上小命。因此如果空气分布不均，我们就不会活很久”，这对回答这个问题没有任何帮助。而这就是人择原理给出的答案，并没有从科学的角度来解决这个问题。其实是因为分子在整个房间里“四处乱晃”，当你了解它的动力学机制后，就可以明白它们最可能的稳定结构就是均匀分布。与人类存在与否并没有直接关系。

同样，我觉得解决宇宙学谜团的最好方式应该从了解大爆炸的机制开始。之后，通过研究爆炸的动力学特性，我们希望可以发现导致宇宙演化成今日之貌的动力学机制。如果你不明白动力学，就不能进行深入的研究，而只能转而求助人择原理。这是非常明确的一点，但是奇怪的是，这却是少数人的观点。在我们的课题中，大多数人持有的观点是，在大格局中，某些随机过程替我们选择了我们目前生活的宇宙。

循环宇宙模型背后蕴含的原理是，我们正在经历的世界或者说三维空间，实际上是一个延展物体，你可以将它画成一个薄膜。但你要记得它是一个三维结构，而我们将它画成两维是为了更直观。根据这样一幅图景，我们生存在其中一个薄膜上，而且它并不孤单，周围还有其他的薄膜“伙伴”，它们之间有着非常狭窄的间隔。一个薄膜存在 3 个维度，而第 4 个维度使 2 个薄膜分开。这个理论中也存在着其他 6 个维度，也都卷曲成迷你球，但我们先不做考虑。

所以你目前已经建立了这样两个在几何上平行的世界，它们被小间隔所分开。我们并不是凭空想象了这样一幅物理图景。这幅图景诞生于由基本粒子和力建立起来的最为复杂的数学模型下。当我们试图去讨论实物比如夸克、电子、光子和所有的事物，我们就会被牵扯进这样被小间隔分割的两个平行世界的图景中，并且我们的出发点就是假设这一理论是正确的。

这些薄膜有时候被称为“世界尽头的膜”。本质来说是，因为它们更像镜子或者说反射镜。在它们之外是空无一物的，就像是“世界的尽头”。如果你跨越两个薄膜间的间隔，你将会撞到其中一个薄膜上，然后被反弹回来。在它之后什么都没有，所以你拥有的就只有两个平行的膜和一个间隔。但是这两个膜却是可以移动的。想象一下，我们所在的宇宙是其中一个薄膜。在离我们非常近的地方还有另一个，但由于光只能沿着薄膜传播，所以我们看不见它。但我们之间的距离比原子核的尺度还要小，甚至趋于无限小。我们还知道，宇宙中存在一种叫作暗能量的东西。暗能量是空宇宙的能量。在循环宇宙理论中，两个薄膜之间吸引力的能量与暗能量相对应。

想象这样两个薄膜，它们互相吸引。当把它们拉远时，你需要向系统中增加能量。这种能量就是暗能量，并且暗能量导致了两个薄膜间的相互吸引。我们由观测得知，现在的宇宙充满了暗能量。根据我们的模型，暗能量实际上是不稳定的，并且不能永远存在。将它与球滚上山作一个类比，当球的位置越高时，它储存的能量也在不断增长。同样，膜之间的距离越远，暗能量也就越大。但到某一点后，球就开始转向，向山下滚动。类似地，在暗能量主宰一段时间之后，两个膜开始相互靠近，然后碰撞，这就是大爆炸。循环宇宙模型认为，暗能量的减少将导致下一次大爆炸的发生。

暗能量在 1999 年被观测确定，这给了暴胀模型一个不小的打击。在暴胀模型中，它的存在是毫无道理的：暗能量在早期宇宙中只是无名之辈。而在循环宇宙模型中，暗能量却至关重要，它的衰减预示着下一次大爆炸。

膜循环碰撞的图景解决了循环宇宙模型中多年来悬而未决的谜团。循环宇宙理论并不是一个新理论：弗里德曼及其他科学家在 20 世纪 30 年代就建立了这一模型。他们想象了一个有限的宇宙，在碰撞和反弹间循环往复。但是理查德·托尔曼不久后指出，这个理论并没有解决时间起点的问题。循环宇宙理论未能一展身手的原因在于，每次反弹都会产生更多的辐射，这意味着宇宙将承载更多的物质。根据爱因斯坦方程，这将导致每次碰撞后宇宙尺度的增大，所以每一个周期都将长于之前的周期。我们往前追溯就会发现，碰撞的间隔将越来越短，周期终将减小至零，这意味着，宇宙仍然在有限的时间之前存在一个起点。所以在旧的理论框架内，永恒循环宇宙模型是不可能存在的。而我们的理论中新加入的内容就是暗能量，以及在无限宇宙中，每次爆炸产生的辐射和物质都得到了稀释，所以可以得到一个永恒循环的宇宙。

WE REALLY NEED TO THINK HARDER ABOUT WHAT THE UNIVERSE SHOULD LOOK LIKE.

我们需要更深刻地思考宇宙应该是什么样子。

——《宇宙为何是今日之貌?》

07

Why Does the Universe Look the Way It Does?

宇宙为何是今日之貌？

Sean Carroll
肖恩·卡罗尔
加州理工学院理论物理学家；著有《宇宙尽头的粒子》

“宇宙为何是今日之貌”这个问题的答案虽然看起来显而易见，细想却又十分难以回答，因为我们并没有“参照系”。毕竟我们的宇宙不是众多宇宙中的一个。我们并没有见过不同种类的宇宙让我们可以说，“这是一个非同寻常的宇宙”或者“这是一个非常典型的宇宙”。然而，当从物理学角度出发，我们的确可以确定“纯天然”的宇宙应该是什么样子。但随着步伐不停向前，我们发现宇宙并非天生如此。这就是指引我们发现未知之物的线索。

近年来，大家都十分关心的一个经典案例就是宇宙的加速膨胀和暗能量。1998 年，天文学家对宇宙中距离我们十分遥远的一种天体即超新星进行观测，试图弄清楚宇宙中到底有多少“填充物”。因为如果“填充物”变得越来越多，也就是说物质和能量变得越来越多，宇宙将会膨胀，并且由于这些“填充物”

间的相互拉扯，宇宙膨胀速度会越来越慢。

然而，通过对 IA 型超新星的观测，这些遥远的明亮天体告诉我们的结果却是，宇宙在加速膨胀，天体间互相远离的速度变得越来越快。对这一观测事实最好的解释是暗能量。这是一种当我们将空间中每一立方厘米或者说每一个非常小的空间中的所有原子、暗物质、辐射、可见物质全部清空后，依然存在的一种能量。它“寄居”在真空区域中。我们可以通过计算得出真空区域中需要多少能量，才能与宇宙加速膨胀的事实相符合，而且这种真空能推动这个宇宙。它提供了一种推动力使得宇宙保持加速。我们得到的答案大概为 10^{-8}erg/cm^3。

我们还可以估计它的量级有多大；也可以提出这样的问题，“这些真空能的‘前世’是什么”；也可以利用已知的量子场论（研究空间存在虚粒子突然出现和消失的理论）进行一个大概的计算。我们可以确定应该有一定量的真空能存在。实际的计算结果应该为 10^{112}erg/cm^3。也就是说，理论预言的量级比观测事实大了 10^{120} 倍。这是一个宇宙并非天生如此的例子。宇宙存在一个参数，这个我们生活其中的宇宙，其真空区域中能量的多少与我们所预测的并不符合。

试图解释物理学定律与观测事实的差别，是过去 10 年间或者在那之前最受瞩目的研究主题之一。人们提到了人择原理，试图用“如果真空能更大一些，我们人类就不可能在这里讨论这些问题”这种说法，来解释理论和实际观测的不符。也有人提到选择效应，认为人们只能生存在物理参数经过精细调整后的宇宙中。但是还会存在不同的调整方式以及其他种类的非天然状态，那种宇宙应该是什么状态，无论是现在还更早期。这里我们就要引入熵与时间箭头。

这是我目前最感兴趣的一个问题。目前对我们观测的宇宙来说有这样一个事实，那就是宇宙中的粒子有各种各样不同的存在形态。我们有很多种不同的方式来重新组合宇宙中的不同成分，以使它看起来不同。根据 19 世纪由波尔兹曼、麦克斯韦、约西亚·吉布斯（Josiah Willard Gibbs）和其他科学泰斗们提出的统计力学，任何物质的自然形态都是其处于高熵的状态，即极度的无序。熵告诉我们可以有多少种不同的方式来重新配置物质中的成分，而使它看上去并没有变化。在一个充满空气的房间中，我们有许多种不同方法在不被察觉的前提下，来重新分配房间中的空气。如果房间中的所有空气都被压缩到角落，那么重新分配的方式就非常有限了。当采取这种分布时，空气处于低熵状态。空气充满整个房间，才是高熵状态。物理学系统总是从较低熵开始，向高熵发展，而发展成高熵的方式有很多种。

如果你除了以上知识，对宇宙学的其他方面统统不了解，当你被问到宇宙应该是什么样子、应该以什么形态存在的时候，你可以这么回答：它将以高熵的形态存在。处于高熵形态有很多不同的方式，处在杂乱而混沌的状态的方式，总要比处在有序和均衡的状态的方式要多得多。

然而，真实世界是非常有序的，它的熵要低得多。形成这一现状的原因在于，早期宇宙即大约在140亿年前的大爆炸时期，那个时候的熵要远远低于我们对它的期待值。这是宇宙学中的一个绝对谜题。现代宇宙学家无法回答这个问题：为什么我们的可观测宇宙开始于这样一个相当规律、有序并且低熵的状态？我们知道，如果万事万物存在，则必然有其存在的意义。可以这样设想，如果我们从超低熵状态开始，沿着我们现在生活的宇宙描绘未来。宇宙并不会再次回到低熵的状态，而是会变为超高熵，并且永远维持着一种状态。这就是我们目前描绘宇宙发展过程的最好模型，它在140亿年之前从超低熵状态开始，并将以高熵状态在未来永远存在。

为什么我们处于距离这样一个超低熵离奇事件（大爆炸）这么近的时间范围内？我们并不清楚答案。人择原理不足以解释这个问题。我们需要深刻思考的问题是：在大爆炸甚至大爆炸之前发生了什么？我最喜欢的一种猜测是，宇宙之所以从如此低熵的状态开始，和鸡蛋从低熵状态开始是类似的。

在熵的领域中一个最经典的例子是，你可以将一个鸡蛋变成荷包蛋，却不能把荷包蛋再还原成鸡蛋。这是因为当你将鸡蛋搅散时它的熵增大了。那鸡蛋为什么一开始是处于低熵状态呢？因为它在宇宙中并不是唯一的。宇宙一定会有不只一个鸡蛋存在。鸡蛋由鸡生出来，它是被某些低熵的物质创造出来的，是更大系统的一部分。

将这个观点移植到宇宙学上，就是说我们的宇宙是一个更大系统的一部分，然后在这个基础上来思考为什么宇宙要从低熵状态开始。事实上我认为，目前我们观测到早期宇宙的超低熵性质，是证明我们生存在一个多重宇宙中的最好证据。我们观测到的宇宙并不是全部，而是被镶嵌在一个更大结构上的一部分而已。

我们目前处于科学史上一个不同寻常的阶段，物理学开始成了它自身成功的受害者。我们拥有的理论与数据拟合得非常完美，这对于理论物理学家而言是一个噩耗。因为人们都想成为发明这些理论的人，而并不想生活在一个理论已经被完全建立的时代，因为一旦已建立的理论与观测事实相符，再想对它作出修正就会难于登天。所有人都希望当用数据检验理论出现异常情况时，却没有现成的理论来解释这种异常。

目前，我们有两套非常成功的模型；如果把引力也算上的话，应该是三套。在引力领域，我们有爱因斯坦的广义相对论，这套理论早在1915年就已经建立。从太阳系到非常早期的宇宙（大爆炸之后一秒），它对引力在这中间的每个过程是如何作用的，作出了完美解释。

在粒子物理学领域，我们有基于量子场论的粒子物理学标准模型，它预言了一系列粒子。这套模型大概在20世纪六七十年代就已经基本成型，之后在八九十年代被证明是正确的。我们得到越来越多的证据证明它与目前所有的数据都是相符合的。标准模型毫无疑问与我们的观测是一致的。

在宇宙学领域，我们有宇宙大爆炸标准模型，这个理论阐释了我们的宇宙开始于大爆炸附近的高温、高密状态。之后的140亿年，宇宙不断膨胀和降温。对于宇宙的初始状态我们也有一套理论，在那个时候，宇宙存在细微的密度涨落，最终发展成星系或星系团。

这三个主要理论分支，即广义相对论、粒子物理学标准模型和宇宙大爆炸标准模型，合在一起基本符合了目前我们所掌握的所有观测数据。这使得我们很难继续发展，但是由于这三个理论并不互洽，所以继续完善这些理论又是非常必要的。这三个理论并不会是解释万物的“终极答案”。我们还有不少悬而未决的问题。你如何使量子场论，或者从更广义的角度来说，量子力学这个基于标准模型的理论，与广义相对论这个描述引力的理论互洽？量子力学和广义相对论这两个理论完全在自说自话，所以如何让它们“互相理解”非常困难。

在宇宙学领域，我们有大爆炸理论，而它本身就是一系列谜团的源泉。宇宙是怎样开始的？为什么初始状态是高温、高密的？这是我们需要搞清楚的问题。除此之外，还存在与模型不那么符合的“异类们”。像暗物质就与粒子物理学模型相悖，而使宇宙加速膨胀的暗能量，更难被目前的理论解释。我们其实可以很简单地在模型中增加一个经验系数来使数据和它相符，但是接下来的问题就变成了如何解释增加的项、它从哪里来。

我们想做的事情，是要更新这些仅在表面上与观测事实相符的模型，并对其进行更深入的思考。除了引力和粒子物理学之外，还有哪些基础的理论分支？大爆炸时发生了什么？目前，有很多人提出了很多不同的理论。

对于基础物理学来说，我们有弦理论作为主导的理论框架。但我们并不知道弦理论是否正确。它可以是错的，但是对弦理论有多年研究的科学家们提出，我们可以用微小的弦端环套来替代组成宇宙的各种微小粒子。而根据这一想法，他们得到了很多非常激动人心的预言。但不幸的是，这些物质或现象目前只存在于预言中，并没有被实际观测到。这个问题就变成了，我们实验水平的高低决定了弦理论是否能在理论体系中占有主导地位。我们不能制造出弦。我们也不能观测到普通粒子的弦性，因为能量太高。

在弦理论中，人们预测空间中存在额外维度。空间中不只有我们所知道并且热爱的三维——上、下、前、后，还应该有额外维度，而这些维度人是看不到的。它们都会卷曲成迷你球，只是我们看不到而已。事实上，我们永远不能看到它们，因为它们太小。或者有一些可能大一些，但我们却因为某些原因看不到。根据弦理论中我们生活在膜上的这个观点，我们无法到达那些额外维度。弦理论提出并重点关注的一个问题是，如果弦理论本身预言了额外维度的存在，那么它们在哪里？它们为什么是不可见的？宇宙中发生了什么才使这些维度不可见？这些问题的答案多种多样。

最近我与丽莎·兰道尔和马特·约翰逊（Matt Johnson）写了一篇文章，关于拥有额外维度的宇宙是怎样开始并演化至目前的状态，而某些维度发生了卷曲。这是一个非常有挑战性的观点，并且涉及了宇宙学。在不涉及宇宙学和宇宙初始状态的情况下，是不可以仅仅简单地试图将广义相对论和量子力学互相融合的。我们需要迈出的第一步，是探究大爆炸时发生了什么。目前，对大爆炸时发生了什么解释得最好的模型是暴胀模型。这个理论描述了宇宙存在一个短暂的快速膨胀过程，在这个过程中，宇宙从一点开始增大，并且充满能量，之后这些能量加热成了普通物质粒子和暗物质，也即我们今天所说的大爆炸。

不过，暴胀理论存在很多它自己也无法解释的问题。最明显的一个是，为什么宇宙会发生暴胀？你可能会回答说："因为存在一个与周围环境不同的点，这个点被某些形式的能量所主导。"这件事情发生的可能性有多大？罗杰·彭罗斯和其他科学家曾强调过，这件事发生的可能性微乎其微。所以，除非你可以给我一个答案解释为什么宇宙会开始暴胀过程，否则暴胀理论就无法解释早期宇宙的形态。我们需要回到暴胀与大爆炸之前，针对宇宙的不同部分来理解为什么发生了暴胀而不是其他过程。这个时候你就要用到膜理论和循环宇宙模型。

我实在不喜欢目前已提出的所有理论。我们需要更深刻地思考宇宙应该是什么样子。如果忽略实验结果，而不对这个问题有任何偏见，我们就要从基本原则出发来推测宇宙是什么样子，然后将结果与实际宇宙相对比，来观察它们之间是相差不多还是相距甚远。只有我们确认理论所预测的宇宙的样子，然后将它与观测到的宇宙相比较，才能充分利用实验给我们的线索，来对量子力学、万有引力、弦理论以及宇宙学的观点进行更正，以使它们可以互洽。

弦理论所带来的一个非常有意思的问题是，成功的标准发生了一定的变化。不再是这个或那个理论提出一个预测，然后你可以来验证。我们都希望最终可以检验我们的理论，但当无法找到与已有理论不符合的数据时，这就变成了一个长期目标。我们都知道这些已有理论是有问题的，因而需要对其进行修正。

量子力学和广义相对论是不相容的，但是自然与其本身却并不互斥。大自然找到了一些方法，来让这些理论共存。弦理论就是其中之一，并且这一从20世纪六七十年代被提出的理论，经过了80年代的兴起，已经得到了充分的研究和发展。直至2010年，在与实验没有任何联系的情况下，这一理论已经成了一股不可忽视的力量。有些人或许会要求给出一些实质性的成果。从这一理论中到底可以得到什么？弦理论学家已经对弦理论有了充分的研究，但问题仍旧存在。我们能否从中得到对自然更本质的了解？这目前还是一个开放性问题。

弦理论之所以如此盛行的其中一个原因是，它的确可以引导人们发现新的东西，并且硕果累累。这并不是说你必须要作出一些像“或许时空是不连续的”、宇宙是由小原子组成的等假设，然后问“你从这些中得到了什么”。而是当我们将这些猜测粒子用弦代替的话，将引导你思考“如果我将这些带入量子力学的框架中，我将得到十维空间”，以及“我还需要一个超对称结构。在自然界中我们实际可以看到很多种不同的粒子，如果尝试将这些额外维度折叠，并将它们隐藏，我们将会得到与标准模型相似的东西。我们目前的确是走在正确的道路上”。

20世纪90年代，第二次超弦革命的确说服了一些对弦理论持怀疑态度的人，让他们相信我们在正确的道路上前进。但仍有很多人持怀疑态度。我们所了解的一点是，不同版本的弦理论都是基于同样的基础理论的。与其称其为不同版本的弦理论，不如说它是在同一个基础理论的不同表现方式上建立起的弦理论。不同的人可能会对宇宙、物理学定律有不同的看法，实际上是对物质的不同形态有不同看法，比如水有液态水、冰和水蒸气三种相态。

随着水所处的环境变化，它可以表现出不同的相态，以及不同的密度、不同的声速以及其他性质。弦理论探讨的则是时空会发生怎样的变化。时空也可以存在不同的相态，像液态水和冰。在不同的相态里，物理学定律或者说你周围事物的状态，可以完全不同，甚至是产生翻天覆地的变化。

最著名的例子是由胡安·马尔达希纳（Juan Maldacena）发现的。这位年轻的弦理论学家提出，五维存在引力的时空和四维不存在引力的时空，需要两种不同版本的弦理论。空间维数不同，一种里面存在引力，另一种则没有，但是它们却应用了同一种理论。这说明了存在引力的弦理论已经不能应用于所有情况了。这个理论在某些情况下存在引力，在另一些情况下没有。

这个问题十分重要的原因在于，当你想量子化引力的时候，将会出现很多哲学问题，而这些问题在讨论不考虑引力的粒子物理学理论时是不存在的。例如，时间的自然属性。宇宙存在起点吗？空间和时间是突然出现的，还是一直在那里？这些都是非常好的问题，但根据之前的理论，我们无法回答。弦理论现在给了我们一个具体并且细致的框架，在这一框架下，原则上我们可以回答这些问题。实际上，我们可能需要付出很多努力才能达到这一目标，但是你可以将任何问题转换为在没有引力的普通场理论中的问题来解决。在这个理论中，时间没有起点，空间和时间是本来就存在的，就像普通粒子物理学中描述的一样。

我们从弦理论中得到很多量子引力的信息。无论这些信息是否属实，也无论量子引力在真实世界中是否存在，目前得到的信息依然是仁者见仁、智者见智的。因为存在太多种不同的时空形态，所以拥有一个新的相态很容易。这并不是说你有 10 种或者 12 种不同的可能性，然后你把它们与真实的宇宙去对比，然后找到对的那个。而是你有 $10^{1\,000}$ 种甚至无限种可能性，然后你说，“好吧，一切皆有可能”。这样，你就陷入了证伪的问题中。当你可以从一个理论中得到些什么时，如何证明这个理论是错的呢？我的回答是，我们目前还不知道。但这并不意味着我们永远无法了解。

我们通过弦理论预言的另外一件事情是多重宇宙。这并不仅仅是一种可能性，而是说当你在宇宙的不同地点时，你将会得到不同的情况。如果将弦理论的观点同暴胀理论结合在一起，我们就可以想象我们所观测到的宇宙，也就是我们目前居住的宇宙，其实只是一个更大结构中的一部分，而这个大尺度结构与我们目前所处的环境有很大不同。

人们总会问我："作为一个科学家，你怎么可以说出这样的无稽之谈？你说的这些东西我们永远也无法通过观测来验证。"你需要铭记于心的一点是，多重宇宙并不是一个理论，而是一个理论所预言的结果。这个理论包含了弦理论和暴胀理论，它预言了可观测宇宙之外还有更大的区域，在那一区域中，情况与我们所知的一切大相径庭。这种差别十分重要，因为只有这样，即便我们不可以直接检验多重宇宙，我们也可以用其他方式来验证这个理论。多重宇宙的观点可能会改变我们对可观测宇宙中一些具体事物的看法。比如，它可以说我们宇宙中的真空能并不是问题，因为我们只是众多宇宙中的一个并不具有代表性的区域。

这个冗长故事的简洁版本是，我们正处于一个长期项目中。我们通过弦理论使量子力学和万有引力实现互洽。虽然并不知道这一理论是否正确，但我们的确在不断改进。而那些我们不知道确定结果的问题，像大型强子对撞机、引力波探测或者宇宙学等实验，我们并不知道这些实验的结果怎样。但无论怎样，这些问题也都不能证明弦理论是错误的。我们一方面要推动实验继续向前，深入挖掘，更加了解宇宙学、暗物质和暗能量，同时也要推动理论继续向前发展。将其发展至一定的水平，就可以预测我们某些未来实验的实验结果。

我们需要一些可以由现在推知未来的观点，就我个人来说，我们希望是理论方面的观点。大多数情况下，实质性的进展都是从实验方面获得的，不仅是实验方面，而且是你从未在意过的实验中得到了出人意料的结果。目前人们正在做的实验有一些大型试验，比如探测引力波的 LIGO、寻找新粒子的大型强子对撞机；还有一些小型的桌面实验，比如寻找牛顿引力理论的偏差、寻找自然界中的弱相互作用力，或者难以探测的新粒子。我必须要指出的一点是，在这些实验中，某些实验非常可能会以出人意料的方式来打破我们现在僵化的思维，给我们带来新的灵感。

关于宇宙学的基本观点，我有些离经叛道的想法。阿兰·古斯所倡导的、安德烈·林德和保罗·斯坦哈特等人推崇的宇宙暴胀理论是一个非常不错的理论。我认为，暴胀理论对于宇宙历史的阐释有一部分是正确的，即宇宙从非常小的区域以极快的加速度向外膨胀。然而大部分人，甚至包括提出这个观点的人，对于暴胀的理解都是错误的。他们过于乐观地认为暴胀解决了早期宇宙可能出现的一切问题。这种感觉就像将暴胀视为告解，抹去了之前所有的罪恶。我认为这是不对的。如果我们不将宇宙一开始为何发生暴胀这个问题纳入考虑范围，那么我们将无法解释那些需要解释的问题。有许多人认为这个问题是不需要回答的，因为一旦暴胀发生，它将回答你提出的所有问题，而这种想法本身就是错误的。

当我在研究生阶段阅读这些不同角度的文章，并且学习他们提出的不同方向的观点时，我读过罗杰·彭罗斯的文章，他对当时正流行的暴胀理论的守旧经验提出了质疑。彭罗斯不断重申自己的观点：暴胀理论并不能回答我们好奇的问题，因为它不能解释早期宇宙为什么处于低熵状态。这一理论阐释了宇宙如果开始于一个比以往假设更低的熵的状态，那么宇宙将沿着目前我们所知的过程进行演化。当然如果你要提出这样的假设，所有的事实都与其相符，但是彭罗斯说我们并没有理由作出这样的假设。我读过那些文章，并且知道那里面提到过一些更有说服力的观点，但我想彭罗斯可能遗漏了一些，我暂时不予理会。

之后我读了一些澳大利亚哲学家休·普莱斯（Huw Price）的文章，他提出了基本类似的观点。他说，对于宇宙的熵，宇宙学家们闹了一个大笑话。他们假设早期宇宙处于低熵状态，晚期宇宙处于高熵状态。但是事实上，根据物理学定律，并不会有如此不对称的状况发生。物理学定律在深层级上对过去和未来是相同的。但宇宙学对待过去和未来却是不同的。

你可以从这个角度来考虑。如果你在宇宙中飘荡，那对你来说上下左右并没有什么不同，空间中并没有什么特殊的方向。在地球上，是因为地球在我们脚下，所以才会产生上下方向上的偏好。正是因为这个特殊的物体才会在空间中产生方向的指向，比如上和下。同样，如果你处在一个空的宇宙中，那么过去和未来并没有任何不同。时间的一个方向和另一个方向并没有任何差别。

而现在这个时刻我们在房间，或在厨房炒鸡蛋或者将牛奶倒入咖啡中时感受到了时间的方向，并不是因为我们处于一些特殊物体的周围，而是因为我们处于某些特殊事件的余波中，而这一特殊事件就是大爆炸。大爆炸启动了世界上所有的时钟。当我们开始研究人类是怎样进化的，为什么永远是先出生后死亡，为什么我们可以记住昨天的事情，而不能记住明天将要发生的事情……所有这些过去和未来的不同表象都拥有同样的源头。这个源头就是大爆炸的低熵状态。

就这个问题，其实早在 19 世纪，热力学的大佬们波尔兹曼和麦克斯韦，在试图搞清熵作用的原理和热力学的作用原理时，就已经触及了。波尔兹曼成功地定义了熵，并且阐明了低熵状态会向高熵状态发展。这就是我们所说的热力学第二定律。但是他被卡在了一个问题上，即熵为什么从低的状态开始。他应用了一系列理论，也就是今天宇宙学家们依然在使用的那些。波尔兹曼创造了多重宇宙理论、人择原理、宇宙的某些区域与其他区域不同并且我们生存在一个并不特殊的区域中等诸多理论与理念。但是他并没有在他的众多理论中选定一个最终答案。这是一个非常有意义的决定，因为到目前为止我们也不清楚到底哪一个才是正确答案。我们可以解释为什么记得住昨天而不是明天，但这只能建立在我们假设宇宙从低熵状态开始这个前提上。

我喜欢称观测宇宙学为最容易入手的科学。每当你将牛奶倒入咖啡，看着它们混合，并且意识到你不可能再将牛奶从咖啡中分离出来时，你都在思考大爆炸理论中最为深远的一个方面，思考那些关于最早期宇宙的问题。这是真实宇宙给我们的关于基本物理学定律如何作用的线索。目前我们仍不知道如何将这个线索应用于解决悬案。我们仍不知道这本侦探小说的结局，也不知道谁是导致宇宙如此的幕后黑手。但是对这些问题的重视，本身就是我们尝试去了解可观测宇宙是如何融入一个更大结构中所迈出的重要一步。

想观看本文作者肖恩·卡罗尔的 TED 演讲视频吗？
扫码下载“湛庐阅读”APP，
“扫一扫”本书封底条形码，
彩蛋、书单、更多惊喜等着您！

IT'S ONLY CRANKS
WHO TRY TO
SOLVE
THE BIG PROBLEMS
AT ONE GO.

只有那些“怪人”才会试图一次性解决一个大问题。

——《我们是被模拟出来的吗?》

08

In the Matrix

我们是被模拟出来的吗？

Martin Rees
马丁 · 里斯
英国皇家天文学家，曾任皇家学会主席；剑桥大学宇宙学和天体物理学名誉教授；著有《从当前到无限》

目前这个时代对宇宙学家来说正是黄金时代，因为我们终于可以根据过去多年的研究描绘出宇宙的基本轮廓。例如，现在我们可以说，宇宙的主要组成部分为 4% 的原子、25% 的暗物质以及潜伏在真空中的 71% 的神秘暗能量。这让我长达 35 年的宇宙学研究生涯终于尘埃落定。

我们也了解了空间的形状。宇宙是“平的”，从技术层面来说，也就是就算我们画一个超级大的三角形，它的内角和也等于 180°。而在几年前，我们是不敢轻易得出这个结论的。宇宙学目前已经进入了一个全新的阶段。

在科学领域，一个巨大的进步往往伴随着一系列新问题。而目前我们重点关注的，的确有两种不同方向的问题。

第一组问题是关于客观环境的。我们试图弄清楚，140亿年前的宇宙如何从大爆炸开始，最终形成了我们今天所看到的复杂结构，充满了恒星和星系；在某些星系中如何诞生了恒星和行星；至少一个行星上，生物过程如何得以发展，并使原子组合成了像我们一样的生物，让我们现在有机会考虑这一切问题。追寻宇宙如何由简到繁，是一个永无止境的过程。回答这些问题，我们需要建立更多模型，并且要应用目前灵敏度最高的望远镜以获得全波段数据。

另一组问题如下：

- 为什么宇宙会如此膨胀?
- 为什么宇宙的组分不是其他比例，而是目前的4%、25%、71%？
- 为什么宇宙现象都可以用目前物理学家所研究的那些理论来解释?

我们目前可以用一种全新的角度来解释这些问题。传统观点认为，自然界的各种规律是独一无二的，它与不知道如何产生并且符合这些自然规律的宇宙本身没有任何关系，是本来就存在的。

我曾经非常迷惑，为什么自然规律被设定成这个样子，允许大量复杂事物的存在。这是个谜，因为我们可以非常容易地就想象出一套自然规律，它和我们目前所观察到的相差不多，但它所产生的宇宙却比较乏味。例如，这个宇宙中只有暗物质而没有任何原子；或者只存在氢原子而没有更复杂的粒子，所以在这个宇宙中化学过程不复存在；这个宇宙中没有引力，或者引力特别强，把物质全部挤压得变了形；这个宇宙存在的时间极短，在演化前就结束了。

对于我来说，我们的宇宙为何如此“亲生物”，一直是一个谜。为什么宇宙允许复杂事物的存在？用数学领域的一个例子来类比。回想一下曼德勃罗集合（Mandelbrot Set），你可以利用一个非常简单的公式和运算法则来描述一个层层累积的复杂结构。你可以写出一个与其类似的公式，应用同样的运算法则，但是描述的却是一个单调结构。让我一直百思不得其解的问题是，为什么决定我们宇宙的那些“公式”或者“运算法则”，拥有如此丰富的计算结果，而不是“计算”出一个不存在我们这些复杂生物的乏味宇宙。

在过去的 20 多年间，我一直怀疑这个问题的最好答案或许是：我们的宇宙并不是独一份的，甚至自然界的规律也并非只有这一种。或许存在很多种不同的大爆炸，它们会向不同的方向膨胀，由不同的物理学原理主导，而我们只是处于最为宜居的那个宇宙中。这个想法与我们对行星或者行星系统的看法类似。

人们过去常常想，为什么地球这个围绕着一个并不特殊的恒星、以并不特殊的轨道运动的行星上会有水，甚至承载了生命的进化。这看起来是有一定规则的。但是目前我们并未察觉任何值得关注的细节，因为我们知道有上百万个恒星周围存在行星系统：在这么庞大的数字中，总有某些环境是适宜生命生存的。而我们恰好就生活在了这个小子集中的一个“元素”上。所以，看起来存在“内幕”的地球轨道，其实只是因为我们恰好生活在了对的环境中而已。

大爆炸理论只是诸多理论中的一种，这一理论吸引了不少目光。就像我们的地球恰好属于适宜生命生存的那个集合一样，我们的宇宙、大爆炸都是允许生命产生，允许复杂事物存在的子集中的“元素”。这个想法在一开始只是一个猜测，用于解释我们宇宙的种种和谐，顺便根除那些所谓的“神的指示”——自然规律。

在过去几年间，支持多重宇宙这一观点的理论基础得到了加强，并且多重宇宙的尺度也比我们之前所想的更加宽广。而理论基础的增强，得益于目前解释自然规律最好的理论，超弦理论（superstring theory）。超弦理论认为，宇宙应该有很多种可能的形式，并且存在很多种可能的自然规律。

一开始，我们以为这个方程组只存在一个解，只有一个三维宇宙，一个可能的真空态和一套可能的自然规律。但是现在看来，根据专家的说法，我们有着庞大数量的解。事实上，伦纳德·萨斯坎德声称，宇宙的种类比我们目前宇宙中原子的种类还要多。这些宇宙组成的系统将比地球的生物圈还要错综复杂。这实在是一个让人瞠目结舌的想法，尤其是当我们认为这些宇宙都是无穷大的时候。

乍看上去，你可能会觉得无穷个无穷大的东西会让你手足无措。要解决这个问题，我们需要利用一个叫作超限数理论（transfinite number theory）的数学方法，这个理论在 19 世纪由德国数学家康托尔（Cantor）所建立。就像很多物理学家已经开始利用纯数学的知识一样，这个十分晦涩的理论也开始被应用于物理学领域，因为我们需要解决无穷个无穷大。而事实上，或许甚至在无穷之上还有更高的层级：除了我们的宇宙是无穷大以外，还会有无穷多种自然规律，我们想将量子力学中所谓的多重世界理论（many-worlds theory）包含到我们的理论中。每个经典宇宙,都被无穷多个叠加宇宙所替代，所以当需要做量子选择时，就会存在多种可能。这个极其复杂的结构是根据某些存疑观点建立的，而目前这些观点的正确性正逐步得到证实。21 世纪最激动人心的发现，就是利用新的数学和宇宙学结论得到这些结果。

我们的宇宙其实只是某些无穷大的一部分，这就允许了在和我们同样的时空中存在很多我们的复制品，只是远离我们的观测范围所以看不到罢了。就算是无穷大的宇宙，也只是被众多不同宇宙包围的其中一个罢了。这就是宇宙学和某些弦理论所描绘的轮廓。我们所称的自然规律并不是普适的，它只是我们这一宇宙碎片中的局部规律而已，在整体中其他地方还会存在符合不同区域的局部理论。

我最近想到了一个问题，而这个问题令我非常不安：一旦接受了以上理论，我们就陷入了一系列有关物理实在本质的问题。这是因为在其他宇宙中甚至在我们的宇宙中，肯定有很大的可能性存在比地球生命更高级的生命。我们可能并不是地球上生命进化的顶点，地球的未来和从单细胞生物进化到我们的时间长度一样。在后人类时代，生命将会离开地球。在其他宇宙中，存在生命和更为复杂事物的可能性会更大。

生命和复杂事物意味着承载信息的能力，所以最为复杂的事物可能不是有机体，而是某种大型计算机。一旦你接受了这个观点，即在我们的宇宙中或者在其他宇宙中存在极端复杂的事物，超越人类的大脑，超越我们目前拥有的计算机，甚至接近赛斯·劳埃德所提出的计算机极限，你将会得到不同寻常的结论。这些超级计算机不仅可以模拟物理实在的某些简单部分，甚至可以模拟整个宇宙的一部分。

那么问题来了：如果模拟的部分甚至超过了宇宙，那我们会不会只是被模拟出来的？我们会不会并不是我们所想的物理实在的必备部分？我们会不会只是某些超人类的想法？如果真是这样，那么是谁进行了这些模拟？如果模拟部分超过了宇宙本身，就像一个宇宙中有很多这些超级计算机进行了很多模拟，那我们很可能只是“人造生命”。这种观念开启了时间旅行的一种新的可能性，因为那些模拟了宇宙的高等生命，实际上只是重演了过去。在传统意义上来说，这并不是时间跳跃，而只是过去的重建，从而使得高等生物可以探索他们的历史。

所有这些多重宇宙的观念都促使了宇宙学和物理学的结合。但同时也得出了一个结论：我们有可能并不是最基本的物理实在，可能只是被模拟出来的。这种想法模糊了唯物论和唯心论、模糊了自然和超自然的界限，这会导致一个可能性：我们诞生于某种母体（matrix）中而非物理学规律下。

一旦你接受了多重宇宙这个观点，接受某些宇宙可能有高阶生命，那么你就可以得出这样的结论：在某些宇宙中，它的其中一部分会自我模拟，导致你进入一种无限回归状态。因而，你无法确定物理实在从何时开始被思维替代，也不知道自己是处在真实的宇宙中，还是处在模拟的宇宙中。

多重宇宙改变了我们对自己和所处位置的看法。传统宗教想法太过狭隘，并不能将思维和宇宙的复杂性包含在内。我们期望能有一个全新的观点来解释这个问题。思维和物质之间的分歧是目前我们无法解释的。当某些思维进化到可以产生其他思维时，自然和超自然间的界限也就不再清晰。

我对宗教的态度具有两面性。首先，根据目前的宗教活动来看，我是欣赏且乐于参与的，但是我对与其互通有无持怀疑态度。除了那些天真的神创论以及与其类似的思想之外，宗教和科学之间本没有冲突。但与某些基金会成员不同，我认为神学观点无法帮助我解决某些物理学问题。我十分乐意和哲学家甚至某些神学家讨论他们的工作，但我觉得他们并不会给我带来什么帮助。所以相比于科学和神学间的建设性对话，我更倾向于两者的和平共存。

我十分关心 21 世纪的科学所带来的挑战和机遇以及如何应对它们。有一些非常棘手的危机源于科学，所以我们必须接受我们对科学热情的减退，以及科学对社会所带来益处的减少。我相信这样一种观点，在 21 世纪末，我们的文明将有 50% 的可能性发生一次非常严重的倒退。很多人觉得这种观点太过悲观，但是我却不这么认为。单单只考虑核威胁，这种可能性都是存在的。

回顾“冷战”时期的历史，我们侥幸逃过了一次大毁灭。但在古巴导弹危机 40 周年的纪念活动中，很多人回忆起当时的情况都会提到，当时整个世界简直是命悬一线。多亏了肯尼迪与赫鲁晓夫的英明决策和快速应对，才使世界避免了一次灭顶之灾。只要类似“冷战”的事件重演，对我们来说又将是一次不可避免的灾难。那些超级大国的核军火库的爆炸威力平摊到每个美国和欧洲居民头上的话，相当于每人受到一个美国军方目前所使用的杀伤性炸弹的伤害。一旦发射，所有的一切都将被毁于一旦。

随着“冷战”的结束，我们所受到的威胁的确明显变小了，但如果我们考虑一下一个世纪之后的事情，并不能保证目前稳定的政治格局可以一直维持下去。20 世纪发生了两次世界大战。在下一个百年中，因为核武器已经存在，很有可能还会出现与“冷战”类似的僵局，这种情况带来的恐惧或许要甚于当年，因为参与者可能不只两个国家，更多的参与者将导致更严重的动荡。即使只考虑核威胁，那也有很大的可能性（或许是 50%）发生一次天翻地覆的灾难，导致我们的文明倒退。

而事实上，除了核威胁以外，还存在很多新兴威胁。在过去的一个世纪中，不仅科技进步的速度远超从前，其广度也在不断增加。截至目前，根据所有历史记录来看，一直保持不变的，只有人的本性和人类体质；尽管科技和环境都在变，人类本身却并未变。在这个世纪，人类将开始改变自身。随着基因工程的发展，科学家们开始使用靶向药物，甚至靠移植大脑来增加脑容量。这些看起来像科幻小说里的情节，都开始一一实现。很多基础领域的发展，像生物科技、纳米技术、人工智能，开启了一个更加激动人心的新世界。但或许同时也打开了一个潘多拉魔盒，我们必须面对潜在的社会危害甚至灾难。

想通过这些新技术获益而避免灾祸，我们无疑要十分慎重。就近期来说，最严重的威胁可能来自生物科技和基因工程的发展。根据美国科学院发表的一份非常权威的报告，随着基因工程的发展，越来越多的人可以接触到这项技术，并利用它改造某些病毒，而使目前某些已有的应对疫苗失效，导致流行病扩散。

而我意识到的最可怕的事实是，完成这个工作并不需要一个庞大的恐怖组织，类似纵火犯这种心术不正的人就可以完成。他们可能会利用某些病毒。一旦这种病开始流行，也许可以将其限制在发生地城市之内，但根据SARS期间的经验来看，传染病将会很快扩散到全世界，而只要它到达某些第三世界国家的大城市，就如脱缰野马一样再也无法被人类控制。美国《连线》杂志曾经有过这样的预言，20年后，一例生物学差错或者一次生化恐怖袭击将会导致死伤上百万人的灾难。这并不是过度悲观：只需要一个怪人向第三世界国家投放一个病毒。这是一个让人深感恐惧的可能性，因为根据目前的技术水平，这是完全可能发生的事情。这种技术需要的仪器尺度非常小，要控制它也是不太可能的。由于这些技术会被应用于有着良好目的的实验中，所以除非完全停止药物和生物科技的研究，否则这种威胁将一直存在。

可以预见，一旦这样的事情在美国发生一例，之后会发生什么。假设有一种传染病，虽然不会造成大量人员死亡，但是这种传染病是由某些怀有恶意的人或者无意的人释放出的经过基因改造的病毒所致。所有人都知道，这种事情可以发生一次，那就可以发生第二次。唯一可以防止再次发生的方法，就是将每个拥有这项技术的人都登记在册，对他们进行监视和管理。所以一旦发生这种事件，一些研究者的基本人身自由将被限制，对科学产生强大的“后坐力”。这是近期我最为担心的一个问题。

作为一个宇宙学家，并不会使我对明天、下周甚至明年的担心少于其他人，但确实给了我另一种看待问题的方式，因为宇宙学家了解在遥远的未来将会发生什么。大多数受过教育的人都知道，人类是自然界百万年来演化的产物。经过约 40 亿年的自然选择，我们才从最初的微生物进化而来。但尽管如此，大多数人都认为或者潜意识中认为，人类是生物进化的顶端，是自然选择的最终结果。

任何一个学天文学的人都知道，太阳目前只度过了其一生的 1/2，而我们的宇宙是无穷无尽的。自然界继续向前进化的时间至少和进化至今的时间是相等的，所以后人类阶段的进化时间至少等于从单细胞生物进化至人类的时间。因此你可以仅仅通过阅读科幻小说，就可以得到这样的结论：地球上的生命将继续进化，甚至更有可能散播到地球之外；如果时间足够长，或许地球上的生命可以遍及整个银河系。而事实上，这样长的时间的确存在。

作为一个宇宙学家，我深知，如果我们在这个世纪毁掉地球目前的环境，我们对未来的长期预测终将成空。这种观点给我们以更大的动力，来珍惜这个宇宙中非常脆弱的蓝色小点。因为在遥远的未来，她将承载那些可以走出地球的生命。

我已经在宇宙学领域工作了 35 年，而其中最能使我保持初心的一个原因是，宇宙学发展的脚步从未停滞或减缓。20 世纪 60 年代是一段非常令人激动的时期。在那段时间内，天文学家们第一次找到了大爆炸发生过的证据。也是在那段时间内，人们发现了第一个高红移类星体、第一次发现了黑洞和中子星存在的证据，等等。20 世纪 60 年代，作为一名年轻的宇宙学家是十分幸福的，因为这些新发现，老天文学家们经验的适用度大打折扣，所有的一切都要从头开始。

而在过去三四年间发生的事情与我印象中的任何时期一样，令人激动不已。在宇宙学中，我们不仅有许多奇思妙想，像宇宙如何开始、复杂结构如何发展、额外维度不同可能性的作用等，我们也有了很多新的证据来限制宇宙的某些重要参数。我们都知道宇宙是平直的，原子构成了人类、恒星、行星以及星系，这些普通物质总共占了宇宙的 4%；宇宙中 25% 是为星系提供引力束缚的神秘暗物质；剩下的 71% 则更加神秘，它们是潜藏在真空空间的暗能量。解释暗物质对物理学家来说是一个挑战：它可能是大爆炸后残留下来的某些粒子。

解释暗能量则更使人沮丧。超弦理论学家认为这是对他们理论的最大挑战。因为暗能量的存在意味着，我们生存的空的空间中或者说真空中，并不是如我们认为的那样平淡无奇，它存在一种有明确定义的能量和张量。而这种暗能量又影响了整个宇宙的动力学特征，使宇宙的哈勃膨胀是加速的。

另一个非常重要的进步，是对宇宙结构的理解。将这个问题放在整个宇宙的演化中，我们可以想象宇宙从一个炽热的火球开始，不断膨胀，温度降低，辐射减弱，波长增长。在大概 50 万年后，宇宙进入了所谓的“黑暗时期”，因为温度的降低，辐射转移到红外波段，在可见光波段进入黑暗时期。黑暗时期一直持续到第一代恒星形成，重新点燃整个系统。

我试图弄清这一切是如何发生的，并将此作为一项长期兴趣。近期依靠某些地面大型望远镜以及 WMAP 卫星，我们从观测上得到了一些新的线索，并且可以通过计算机来模拟宇宙中第一个结构是如何形成的。我们试图通过将理论和观测相结合的方式，来搞清星系的形成阶段，从比星系小很多的结构开始，第一代恒星如何形成，它们如何聚集在一起形成星系。像氢、氦一样的简单原子，如何在第一代恒星中变形成碳、氧、硅和铁这些重元素，而它们同时也是组成行星和人体的元素。

我们也需要了解多久之后第一代行星出现，多久之后第一个潜在生命出现，多久之后这些亚结构才会形成大的星系。通过观测数据，我们获得了越来越多的线索。而这些观测数据无一不是利用目前世界上最为先进的望远镜得到的，其中最大的一个是欧洲南方天文台（ESO）在智利建造的甚大望远镜（VLT）。这个望远镜由4个子镜组成，每一个口径都为8米，4个望远镜可以连接到一起作为干涉仪使用，以提高观测精度。

这些巨大的望远镜让我们可以探测更加微弱和遥远的天体。你看到宇宙中越远的地方，你就追溯到了越久远的时候。目前的目标是看得足够远，这样我们可以直接看到星系的形成时期，甚至看到星系形成之前第一代恒星的形成时期。

这种可能性是建立在我另一个研究领域——伽马暴之上的，这是宇宙中最为强烈、能量最大的爆炸。伽马暴实际上是某种特殊的超新星以一种极其激烈的方式，结束自己的一生时所产生的爆炸。由于其能量非常高，所以我们甚至可以探测到第一代恒星产生时期的伽马暴。如果某些第一代恒星死亡时产生了伽马暴，那我们可以利用它们来探测星系形成的最早期阶段，也即黑暗时期如何结束以及宇宙中的结构如何建立。这些大型望远镜可以给我们一个机会来窥探宇宙过去不同时期的样貌。

目前天文学领域在研究宇宙结构方面已经取得了惊人的成就。但是如果让我再提出天文学另一个激动人心的进展，毫无疑问我将会谈到我们对大量行星系统的发现。1995年，天文学家才第一次发现了在类太阳恒星周围存在行星的证据，而现在类似的行星系统已经发现100多个。一种非常可能的猜测是，我们在天空中看到的恒星，大多数周围都存在行星系统。

10年或者20年之后，“仰望天空”将是更加有趣的体验，因为我们不只能看到恒星在闪烁，还可以了解关于其周围行星的一些性质，比如它们的质量、运行轨道，或许还可以看到最大行星的地表地形。这会使夜空变得更加有趣，宇宙变得更加丰富多彩。虽然大多数行星并不宜居，但天文学家会找到其中与地球更为相似的伙伴。这就会引发人们对宇宙地外生命的关注。我们可以分析来自这些类地行星的光，去探索这些行星的大气层中是否存在臭氧层，而臭氧层是生物过程存在的一个重要标志。对于其他行星上是否存在生命，这也给了我们一定的线索。当生物学家通过实验或者计算机模拟了解了生命的起源之后，这种设想或许可以实现。我非常看好在未来 20 年内，我们会充分理解生命的起源，我们会知道地球上的生命是否可以遍及宇宙，我们或许也可以指出围绕某颗恒星的行星上可能存在生命。

还有另外一个问题：简单的生命是否都可以进化到我们所称的智慧生命或更复杂的生命呢？这个问题非常难回答。有些人说，从简单生命进化到复杂生命的过程中要经历很多障碍，而地球上的生命非常幸运地冲破了这些障碍。还有一种观点认为，无论怎样，生命都会找到自己从简至繁的方法。在我的朋友和同事中，就存在这种观点的差异。

作为一个天文学家，我经常问这样一个问题："我们总是试图在不同程度上解释庞大的星系或者距离我们十分久远的大爆炸，无论我们对自己的看法很自信或者持怀疑态度。我们这样做是不是有些放肆？"我对这个问题的看法是，使事物变得难以理解并不是因为尺度有多大，而是因为结构过于复杂。对星系或者大爆炸来说，它们有一些共同的特点，例如它们不像昆虫一样具有层层叠叠的复杂结构。所以，理解生命的复杂性相比于大尺度的星系或者小尺度的原子来说，难度更大。

有趣的是，这个宇宙中最复杂的人类，却是非常明确的，他们处于原子和恒星的尺度之间。很多很多人的质量加起来才相当于太阳的质量，而一个人又是由大量原子组成的。有一个非常精确的表述：质子和太阳质量的算术平均值约为 55 千克，与人类的平均体重处于同一量级。这是一个出乎意料的巧合，但意料之中的是，最复杂的结构就是在这样一个介于宇宙宏观世界和微观世界之间的尺度上。任何一个复杂的事物都由大量原子构成，并且有层叠的结构，与原子相比它的尺度要非常大。另一方面，这也存在一个上限，因为任何结构一旦过大就会被引力扭曲。地球上不可能存在身高为 2 000 米的生物，这个道理从伽利略时期就已经被提出了。而那些拥有恒星或者行星尺度的物质内部在引力的作用下，不会留存任何结构。所以结论非常明晰，复杂的结构必然存在于中间尺度上。

展望下一个 20 年，我期待对大爆炸的研究会更进一步；通过计算机模拟和观测之间的结合，我期待对宇宙结构及其产生能有更深刻的了解。我们或许可以尝试整合计算机模拟、观测以及生物技术，来探究行星的形成以及生物圈的进化过程。

宇宙学仍旧保持其活力，我仍旧对其充满热情。不仅因为其发展迅速，还因为其正面的形象不会对公众产生任何威胁。这使它与其他高收益的科学，如基因技术和核技术，都不一样。而且天文学是一个拥有广泛群众基础的科学。如果我只能对几个专于这方面研究的人诉说我的研究结果，那我对自己的满意度将会大大降低。对天文学来说，大众对宇宙起源的兴趣就像额外福利。就像 20 世纪的进化论一样，宇宙学和基础物理学目前也成了大众文化的一部分。达尔文试图了解地球上的生命如何进化；我和其他宇宙学家试图将地球放在整个宇宙中，追寻组成它的原子的来源，也就是回到大爆炸时期。大众对一切如何开始十分感兴趣：宇宙是否有起点，又是否有终点？

作为研究者，我们十分幸运，因为我们在解决大众好奇的问题。这让我们可以从大的地方着眼。我的意思是，在科学研究中，我们一般都会关注于自己可以解决的一小部分问题，只有那些“怪人”才会试图一次性解决一个大问题。如果你问一个科学家在做什么工作，他们并不会回答说自己在“试图治愈癌症”或者在“试图了解宇宙”，他们会指出非常具体的问题。而每一种进步都是为了每次解决的一个小问题。虽然这样的方法没有错，但有些时候，一味这样下去，会让人失去全局意识。而大众总会提出一些大问题，一些非常重要的大问题，这帮助我们看清，只有通过这些小努力在向解决终极问题一步步迈进的情况下，这些努力才是有价值的。

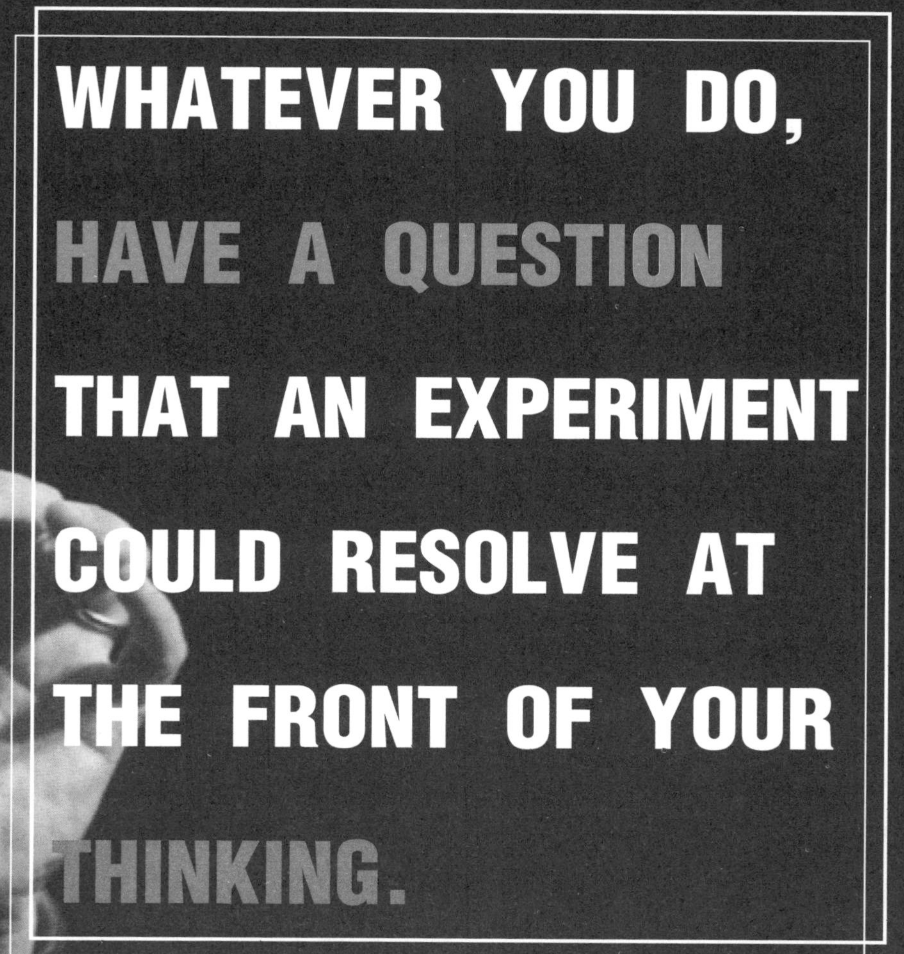

无论你做什么，你所提出的问题都必须能通过实验来解决，并且要先于你的思考。

——《从思考本质着手》

09

Think About Nature

从思考本质着手

Lee Smolin
李·斯莫林
加拿大圆周理论物理研究所创始人之一，理论物理学家；著有《时间重生》

我总会问自己这样一些问题，宇宙学是一个将万事万物都集合起来才可以解决的问题，那么如何进行研究？如何提出一个可以将宇宙作为一个整体来研究的理论？目前这个时代被称为宇宙学的黄金时代，从观测角度来说，这是毋庸置疑的。但从理论角度来看的话，这个时代简直可以说是宇宙学的灾难性时代。我们脑中尽是一些疯狂的想法。我总是试图回到最基础的地方，去研究基础理论、基础法则，试图通过物理学理论来描绘整个世界。

数学目前又扮演了怎样的角色呢，数学如何被引入物理学之中？时间的本质是什么？这是两个关系非常密切的问题，因为数学表述一定是与时间无关的。从 20 世纪 80 年代到现在，我的想法发生了巨大的转变，今天我所提出的观点，与我的起点已是背道而驰。我将一点一点地介绍我的思想转变过程，并介绍在这一过程中我所面临的困难和问题。

最初，我们从一个非常简单的物理情境开始，我将它称为“盒中物理学”，或者称为小孤立系统理论。我们解决这种问题的方式是去计数，或者列出一个表格，在上面记录这个系统的所有状态。这个系统如何存在？可能的分布方式有哪些？可能的状态有哪些？如果有一瓶可口可乐，那么瓶中原子的位置和状态都有哪些可能？一旦得到了这个“表格”，我们是否就可以继续发问“状态之间怎样转化”？

在回答上述问题的时候，有一种潜藏的原子论观点，它由德谟克利特和卢克莱修提出，那就是，物理学只是关于原子在空间中的运动，原子本身并不会发生变化。原子具有某些特征，比如质量和电荷，这些特征是不会随着时间变化的。而原子运动的空间，根据过去的观点来说，也是不会随着时间变化的。所以空间是固定的，原子在其中以一定的规律运动，这个规律最早由笛卡儿和伽利略提出，由牛顿将其完善。直到近代物理学产生，当我们用量子力学来描述粒子，这些规律依旧不变。当我们知道所有原子在某一时间点的位置，那么根据这些规律，就可以推得这些原子在之后任一时间点的位置。这就是我们进行物理研究的方式，我们将它称为牛顿范式，因为这是由牛顿发明的。

在牛顿范式背后隐藏的观点是，这些自然规律全都是依赖于时间的。它们作用于系统，举个例子来说，从系统外作用，从过去演化到现在再到未来。如果你知道任意时刻的状态，就可以推测另一时刻。这就是物理学研究的基本框架，目前来说是比较成功的。当然，当其作用于宇宙的一小部分时，它的正确性毋庸置疑。

而我指出的问题，在我看来是植根于我们目前所有工作的根本问题，同时也是困扰了当代物理学家和天文学家的问题：我们并不能直接将这种方法应用于整个宇宙这样大的尺度上。如果你这样做了，就会得到一系列你无法回答的问题。你最终得到的结果也只能是个谬论或者某些愚蠢的观点。无法解决的其中一个原因是，当面对宇宙学尺度的问题时，我们想知道的不再只是“规律是什么”，而是“为什么是这些规律在主导，而不是另外一些？这些规律从何而来？是什么使其发展至今”。如果这些规律是被植入到这些方法中的，那么利用这些方法将无法解决以上问题。

同样，如果给出宇宙某一时刻的状态，利用这些规律我们可以预测之后某一时刻的状态。但是，初始时刻的状态是由什么导致的呢？根据之前的观点，当然是初始时刻之前发生的某些事情导致的，所以我们要追溯到更久远的时候。而那一刻的状态又是由什么导致的呢？就这样，我们不停地向回看，最终回到了大爆炸时刻。我们为什么现在坐在这个房间中？为什么地球以目前的轨道围绕着太阳公转？解释这些问题的所有方式都是不停地向前追溯，利用这些规律，达到一切的最初始状态——大爆炸。

那接下来我们就会问了，为什么我们会选择目前这些事件作为初始状态？它们有什么独特之处吗？现在我们将采用另一套理论体系来回答这些问题，不再讨论例子和牛顿范式，我们利用量子场论。但是，问题依旧未变：初始状态如何被确定？当我们将这些初始状态与建立在牛顿范式上的方法相结合，就无法利用这种方法来解决这个问题。所以如果我们想提出一些宇宙学问题，如果我们真的想解释宇宙中的事物，那我们需要另外一套方法、一个全新的起点。而如何寻找这种新的方法，从 20 世纪 90 年代初开始就成了我的“心头大患”。

目前，关于这个问题的思考已经不新鲜了。美国哲学家查理斯·桑德斯·皮尔士（Charles Sanders Peirce）在 19 世纪后半叶就提出了我之前提到的问题。但是他的想法并没有对大多数物理学家产生影响。事实上，在我接触到皮尔士的文章之前，就已经思考过关于规律演化这个问题。但是在他的观点中，有很多我用很长时间去思索、我认为很重要的结论都被一笔带过，比如，如果想解决规律如何被选择这样的问题，我们就不得不假设规律是可以随着时间变化和演化的，它存在一个动态的过程。所以我开始尝试去找寻，并对这种动态过程提出一些假说，因为目前的现状是：我们要么成为所谓的神秘主义者，说“规律就是这样”，然后终止我们的研究；要么就要解释这些规律。

而如果想解释这些规律，我们就需要这些规律变化的历史、演化进程以及动态变化的情况。

这对许多人来说是比较难以接受的。事实上，虽然从 20 世纪 80 年代到现在，我一直在思考这个问题，对我来说这也是一个新奇的观点。但如果你往回看，其实是可以看到一些先例的：在保罗·狄拉克（Paul Dirac）的某些手稿中，你会发现他提到了宇宙的某些规律在更早的时候和现在可能存在差异，所以它们必然存在变化。甚至费曼也提到过。我在网上找到了费曼的一段录像，他说：“这是我们所说的规律，可是这些规律如何随着时间的发展变为它们现在的样子的？或许物理学中真的存在所谓的历史因子。”你看，他其实是认为物理学与其他科学是不同的。因为物理学不像生物学、系谱学、天体物理或其他科学那样，存在历史因素。但他的话却以“或许物理学中真的存在历史因子”结束。在之后的采访中当被问到“如何处理这一问题”时，费曼的回答是：“不不，这太复杂了，我无法想象。”

所以在听过这些话之后，我发现说自己“从 20 世纪 80 年代到现在一直在思考这个问题”，实际上有些厚颜无耻了。

我开始思考规律演化这一问题的原因非常值得一提，其实是因为我的朋友安迪·斯特罗明格（Andy Strominger）对弦理论的一个评价。斯特罗明格是美国一位非常著名的弦理论学家。我印象中大概在 1988 年，斯特罗明格刚刚完成一篇论文，内容是关于找到了存在大量弦理论的证据。一开始，只有 5 种，这还是可以接受的。但是之后却产生了成百上千种额外维度卷曲的方式。之后斯特罗明格找到了另一种可以产生更多种可能的方法。他对我说：“将这个理论与实验对应起来完全没有意义，因为无论物理实验的结果是什么，总有一种弦理论与其对应。”

为了得到与斯特罗明格同样的研究结果，很多人花费了很长时间，直到 2000 年以后，这个观点才被广泛认同。但是那次对话深深地震撼了我。之后我开始思考：你如何创建一种理论，从大量的备选规律中选择对的那个？不只这个问题，规律为什么是它们现在的样子？这个问题还存在很多谜团，因为从某些角度来看它们是有特殊之处的。其中一个特殊之处是，它们被选择的原因是因为它们可以构建出宇宙中的各种结构。宇宙中的结构有各种尺度，从分子和生物分子，到生物系统，再到地球上所有的结构和其他行星，再到星系，到星宿团，这些结构的尺度就可以组成一个非常大的集合。

无论你从哪一个尺度来观察宇宙，都不会乏味。这是为什么呢？解释这个问题有两个相互关联的理由，其中一个是因为规律的特殊性。特殊性的一个方面是，它们中都存在参数，我们并不知道这些参数取某些固定值的原因。这就像不同基本粒子的质量，比如电子、中微子、夸克以及基本力的强度。我提到的这些例子已经将由实验得到的 30 个参数值加入到了理论中。之后我们就得到了一个模型也即标准模型，与事实十分贴合。但我们却不知道为什么要取这样的 30 个值。所以我开始想象一种情境，在某些剧烈事件中，这些值发生了变化。或许大爆炸并不是时间的起点，而只是某次剧烈的事件，在这次事件中，我们目前的宇宙从旧的宇宙中产生，这些参数才拥有了目前的数值，使宇宙产生了与之前宇宙不同的现象。

我开始以这种角度来看待问题，试图搞清楚如何利用自然选择规律对我们目前的宇宙作出预测。这些预言将验证自然规律是否会沿着某些特定的方向变化。从这个过程中，我明白了一件事情：已经存在关于多重宇宙或者说我们的宇宙只是众多宇宙之一的这种假设，也已经有人猜测是人择原理选择了我们今天的宇宙。但是我意识到，我们不能在假设我们的宇宙只是众多宇宙之一的这个基础上来继续进行科学研究，因为我们并不能观测到任何有关证据。虽然我一直这样认为，但很多人似乎并不能洞察到其中的问题。

做科研并不是写小说，不会像哈利·波特一样讲述一些有极小可能会发生的神奇事件。科学必须是可以验证的，你提出的假说必须是可以被验证并且证实的。如果你提出的假设是我们的宇宙和许多其他宇宙同时存在，而我们和他们之间并没有任何联系，你并不能验证这些假设。但是如果你提出的假设是关于我们的宇宙如何从过去演化到现在的话，你的假设是关于过去实际发生过的事情，这是可以验证的。所以通过这些思考，我得到了一个结论：自然规律必然随着时间演化。这也是关于宇宙学和自然选择的结论。

同时，我目前的工作重心也停留在将引力量子化上。在量子引力中，我们将量子力学带入爱因斯坦的广义相对论方程中，然后我们得到一个不存在时间项的理论。这个结论曾由霍金和朱利安·巴伯等人通过不同的方式得到过。时间变量，即一切物理过程对时间的依赖。当我们将量子引力应用于宇宙学时，产生了量子宇宙学。在这个学说的基本方程中，时间变量不复存在。而时间在宇宙尺度开始增加时才显现，类似于温度被用来描述分子随机运动所具有的能量，压力被用来描述原子与壁碰撞时所有力的和。

时间在量子宇宙学的基本方程中是不存在的。我对量子宇宙学的研究已经进行了很多年，一开始时是与泰德·雅各布森（Ted Jacobson）合作，后来是与卡洛·罗韦利合作。我们解出了这个方程的一组解，而这是我研究量子引力的根基。所以在很多年间，我有两个研究方向在同时进行：一个是规律是随时间演化的，另一个是时间是从规律中显现出来的。而后一个观点实际上是说明了，规律中是不存在时间项的。

第一项工作实际上只是副业，我只是时不时地在我主要工作的间隙思考这个问题，所以经过很长时间我才发现，原来这两个研究方向之间是存在冲突的。虽然提到这个问题让我觉得有些羞愧，但是将其摊在桌面上来说，对我之后的讲述是有好处的。之后发生了一些事情，让这两者间的冲突更加明显，也帮助我找到了解决方法。

第一件事情是关于量子引力本身的。如果想重现在无时间项的量子宇宙学中时间出现的过程，我们会面临很多技术方面的问题。虽然我不应该在这篇文章中提到很多有关技术方面的问题，但是我一直抱有这样一个观点：如果一个技术问题存在了很长时间，而经过很多人的研究依旧没有解决，这个时候我们或许应该检查一下这个问题背后的理论。之后或许会发现这并不是由技术不足导致的，而是基本概念上存在问题，甚至是哲学方面的问题。

这个观点是当我还是研究生时，费曼对我讲的。我不知道为什么自己总在引用他的话，但这也没什么不好。他曾说：“有些事情是所有人都相信，但没人可以证实的，如果你投身于这样的事情中，你的科学生涯可能会变得没有意义。”事实上，他说得更加直白：“如果你投身于这些很多人相信，却没有人可以证实的事情上，就是在浪费你的时间和生命，因为当这么多优秀的人都没办法证明的时候，有很大的可能性说明你也无法证明。或者你也可以提出一个新假设，来证明所有人固守的理念都是错的。”我常常会想起费曼说这些话时的语气和神态。在那个时候，他正在试图验证量子色动力学（QCD）中的限制条件是错误的，虽然这种想法本身可能不正确，但是他的确做了很多努力来自证。

所以我开始思考，或许我们对量子宇宙学中时间产生于规律的想法是错误的。我想到一个新的观点：在量子宇宙学中，或许时间是本质量，而空间则是从某些基础结构中诞生的。这就是第一件事情。

第二件事情是关于规律演化的，它伴随着所谓景观理论的形成。最初我参与研究这个理论的时候，只是一小部分人的想法而已，但是在大概 2003 年左右，随着越来越多的弦理论研究者得到同样的结果，这个理论才逐渐被重视。整个理论研究工作主要在斯坦福大学展开。这个理论的产生对弦理论有一定的促进作用，使弦理论与正暗能量、正宇宙学常数和真空能结合起来。

斯坦福大学的这些合作者们发现，他们仅仅通过存在很多弦理论这一先决条件，就可以得到一个正的真空能。所以，事实上，他们的工作又与安迪·斯特罗明格 1988 年的想法不谋而合。然后突然之间，很多关于景观理论的讨论，或者关于景观理论动态和变化的理论开始涌现，当然伦纳德·萨斯坎德在这之中扮演了重要角色。而在这种状况下，我开始有些动摇了：如果所有人都将这个理论纳入考虑范围，那我是不是也该认真思考一下这种可能性？

第三件事情是我开始同一位哲学家进行交流。巴西哲学家罗伯托·昂格尔（Robert M. Unger）也曾从自己的角度思考过规律演化的问题。这段对话大概发生在六七年前，他带着责备的语气说了以下内容：“你已经对规律随时间的演化作了大量思考和计算，但是你从来没有深入思考过这个过程对我们理解时间有什么意义。如果规律可以随时间演化，那么时间必然是基础。”

我回答说:“是的。”但他继续说:“你并没有深入思考，并没有认真思考。”所以在这段对话之后，我们开始一起工作和讨论。

大概发生在五六年前的这三件事情，促使我开始重新思考，并且将规律随时间演化的问题与在量子力学中空间和时间的性质一起进行研究。我开始有了一个新观点，那就是，在量子引力中时间可能是最为基础的存在。

这个新的想法改变了我的研究方向，在过去的一年间，我工作的重心都在思考规律随时间演化的不同方式、不同假说，思考如果我们了解时间的性质可以得到怎样的结论，思考如何提出可以验证的理论和假说。这些事情仅通过思考就有很多种可能，于是为了限制这些可能，我主要集中于那些可验证的假设。

费曼曾对我说过:“如果你要研究量子引力，就必须做一些疯狂的事情。但无论你做什么，都要考虑其自然属性。如果你讨论一个数学公式的性质，你就只是在做数学，而没有联系实际。无论你做什么，你所提出的问题都必须能通过实验来解决，并且要先于你的思考。”所以我一直遵循这句话。

我要事先声明一点，宇宙自然选择理论的确提出了一些预测，而那些预言目前看来还是站得住脚的。让我来谈一些更新鲜的观点。

举几个例子来说，因为宇宙的自然选择发生在很久之前。有一个法则我称其为优先原则（principle of precedence），我认为它非常有趣，由于它源于量子力学，所以用量子力学的观点来描述。优先原则源于对量子力学基础的思索，这是我偶然会思考的另一个问题。我们选取一个量子系统，我一直认为量子系统是宇宙中我们可以操纵、测量或对其进行实验的那一小部分。我们经常对量子系统做些处理。我认为在量子宇宙之下不会存在除此之外的任何东西。

我们假设有一个量子系统，一些离子处于离子阱中，我们想测量它们的量子力学性质，所以我们将其放置在初始状态。通过改变它们或使它们与外部作用来使其发生演化，例如外加磁场、电场或者利用不同探针来探索它们，然后进行测量。因为是量子力学，所以我们并不知道确定的实验结果，每个结果都有不同的可能性。

我们来考虑一个经过多次研究的系统。在过去对这个系统的多次实验中，我们已经知道了结果的统计分布。如果再次进行实验和测量，那么必然会得到过去已出现过的结果中的一个。如果我们继续重复多次实验，又将得到一个统计分布规律。这次分布必然同之前得到的相同。就算明年甚至100年、10亿年之后再做这个实验，我们也会非常自信能得到同一个分布规律。这种自信从何而来？因为我们都有一种形而上学的观念，就是这些规律并不会随着时间而变化，所以由这些规律导出的结果也不会随着时间而变化。规律现在以这样的方式作用于这个系统，过去也是这样作用，未来一年、100万年、10亿年都会以这种方式作用，结果不会有任何变化。自然会重复它自身，由于自然规律的不变性，实验也是可重复的。

如果你细细品味，就会发现这真的是一个非常古怪的想法，因为它包含了很多非物理学性质的神秘主义和形而上学的想法，包含了不属于这个世界的一些状态：某些系统外的不变量使系统发生了变化。每每想到这个问题，我都认为这是宗教思想的残余，就像有人认为我们的世界之外存在上帝，上帝操纵了一切一样。

让我们来尝试另外一种假设。如果当我们设定了系统的初始状态，使其发生改变，然后对其进行测量，自然会不会用其本身的方式去回顾过去，然后想："过去有没有发生过类似的事情？如果有，那就从之前发生过的事情中随机选取一个，然后重复一下就可以了"。这就是自然的习惯。自然会回顾过去有没有发生过类似事件，如果有一次，那可不可以直接给出同样的结果；如果有很多次，那就从里面随机选择一个，给出对应的结果。这样的方式也会给出我们与过去一样的统计分布规律，因为从根本上来说，你只是在对过去的整体取样，所以根本不需要什么不随时间变化的规律。只需要我刚刚提到的优先原则，当你进行实验的时候，自然会回想过去然后给出过去的结果。

那现在你可以说，这其实也是一种形而上学的思想，因为自然需要接触到它的过去，当相似的事件或测量发生的时候，还要鉴别出来。的确是这样，但是这种形而上学的观念与之前提到的规律作用于系统外部的形而上学观念不同，并且也会导致完全不同的结论。当我们选取这种观点时，就可以在不考虑规律与时间之间关系的前提下，重现标准量子力学的预言。

你能验证这个观点吗？就像我提到过的，我只对可验证的理论感兴趣。所以，你当然可以验证它，目前有很多人都在研究量子技术，在制造一些之前没有任何先例的新系统。

例如，在滑铁卢大学量子计算研究所（Institute for Quantum Computing），雷蒙德·拉弗莱姆（Raymond Laflamme）、大卫·科里（David Cory）和他们的同事们正在制造一个全新的系统。我和他们交流过，我说："你们在做的这个全新系统之前并没有先例。或许它并不会得出你们预计的结果，因为它并不知道如何做，所以你们会得到一些完全随机的输出结果。"他们笑了，我问他们这有什么可笑的。他们回答说："当我们第一次做实验的时候，当然会得出一些完全随机的结果，因为实验必然会存在一些设计方面的问题，还有一定的实验误差。当我们第一次设计好这个实验并在实验室里首次进行的时候，我们从未得到过预期的结果。"

"这正是我想要的回答。是不是最终实验结果会稳定下来，然后开始输出重复的结果？"我问他们。他们的回答是肯定的。所以我继续发问："那么当实验结果稳定下来时，你如何区分是因为你的实验成功导致的，又或许是由于我的假设——自然已经养成了'习惯'所导致的？"他们只是给出了模棱两可的回答。所以我们继续对区分这两种原因的可能性进行讨论。

所以目前，就像大多数理论一样，它虽然有可能是错误的，但却是可以验证的。对于我来说，这就已经证明了它是科学的。

目前的状况让人稍稍有些担忧。在过去的20年间，一些非常聪明的人都在试图发展理论物理学，我们目前处于一个比较尴尬的境地。因为20世纪70年代中期已经基本建立的粒子物理学以及80年代早期的宇宙学，已经被目前的实验多次验证，并且不断提高精度，但却没有新的发现。

在粒子物理学方面，大型强子对撞机证实了希格斯粒子的存在。这种粒子的性质类似于希格斯粒子的标准模型，但除此之外没有其他新发现。没有任何关于超对称结构、额外维度、新一代的夸克或者亚结构的证据。这些不同的观点，有些比较流行，有些虽然不太被大多数人认可，但至少已经被拿来讨论。无论流行与否，这些处于标准模型之外的理论，目前没有一个被实验及观测证实。在宇宙学中，普朗克卫星给出的结果看起来与暴胀理论的观点是一致的。这是标准模型和暴胀模型的胜利。

保罗·斯坦哈特有一个非常有趣的观点，他认为普朗克卫星的结果不应该用来证实暴胀理论。我非常尊敬甚至崇敬斯坦哈特，但是对这个观点我却并不能轻易接受。当然，从比较单纯的层面上来说，宇宙就是暴胀理论所描绘的样子，这是提出暴胀理论的人该为之自豪的方面。但是这种情况导致了一个难题，就是我们没有任何证据来证明任何超出这个模型范围的事物存在。

在我研究的量子引力领域，有一部分人对这样一个观点感兴趣：某些天体物理学实验应该可以看到空间和时间结构的分解，而时间和空间结构是从广义相对论得到的，并且这些天体物理学实验可以从伽玛暴的传播或某些宇宙射线中给出量子空间和时间的证据。我们等待量子时空的信号已经等待了10多年，而截至目前并没有得到任何可靠的结果。这令我们非常受挫。

还记得我引用过的费曼的话吗？当很多非常聪明的人在某一假设下，进行了很长时间的研究却没有得到任何正面的结果时，或许我们应该重新评估所做假设的可靠性。而事实上，费曼本人当时所做研究的基本观点都已经存在很久了。这段话的意思并不是说每个人都要去质疑，这是一部分人应该去做的事情。而我自己正在做，因为我的研究历程，我一部分的研究是针对量子引力，还有一部分是关于宇宙自然选择，而剩下一部分原因是我的个人喜好，因为我曾经学过一段时间哲学。虽然我的博士专业是物理学，但我在本科阶段的确曾投身于哲学，并一直对哲学抱有很大的兴趣，且一直对物理学基本问题的研究历史有很深的兴趣。所以我开始对一些假设进行重新评估。

对于结果我们可以拭目以待。

我得到的结论在我看来并不模糊，而是可以一一明确列出的。第一个就是我曾经考虑过的问题，这种通过固定的规律得到的，作用于固定空间状态的方法，是自我限制的（self-limiting）。而性质不随时间变化的原子根据同样不随时间变化的运动规律，在空间中的运动也是自我限制的。当然这种方法在作用于宇宙的小部分时，是正确的。但当我们将其作用于整个宇宙或者考虑更加深层次的问题时，它就不再适用了。

我给出一个利用这种方法失效的例子，就简化法好了。简化法是一个非常好的解决问题的方法，并且已经存在了上百年。它的内容大概是：当你想了解一个由部分或材料组成的系统的性质时，可以通过解释每一部分或者组成它的材料的性质来解释。这是一种常识，很多科学的成功都可以归功于与常识的一致。

那当你想了解基本粒子的性质时，采用这个方法会怎么样呢？基本粒子有其自身的性质。它们有质量和电荷量，并且受到不同的作用力而运动。但根据目前的观点，它们是不可以再细分的。就算可以，你只是在重复以上问题，因为一再细分下去，你总会达到某个不拥有子结构的结构。

是否还有其他方法可以解释基本粒子的性质？当然不是通过简化法。所以我们需要一种新的方法论。这就是我得到的第一个结论：我们所信奉的、已经经过百年验证的物理学定律并不是错误的，而是在到达某个节点的时候就会失效而已。当你想解决极小问题的时候，简化法不再可用。同样，当你推之另一个极限，不断用其来解释更大的系统，直到到达整个宇宙的时候，这一方法同样无效。

虽然我已经提到过其失效的多种原因，其实还有更多。我只再多说一个：当对宇宙的小部分做实验时，我们会一次次地重复实验。这是科学方法的一部分，你不断做实验的目的是为了重现实验结果。而通过这一次次的实验，你成功地将规律的影响和初始条件的影响分开了。你可以从不同的起点开始，来观察那些在结果中保持不变的现象，这些就是由规律导致的。所以你可以非常清楚地区别规律和初始条件相关的性质。

而当我们面对的是整个宇宙时，就不能这么做了。因为我们只有一个宇宙，而宇宙只有一条时间线。我们不能对其进行任何设定，因为不是我们“启动”了它。而事实上，这在宇宙学或者暴胀理论的研究中，是一个很严重的问题，因为我们不能分别检验对基本规律的假设和初始条件的假设，由于宇宙只存在一个初始条件，而我们正处于这个初始条件导致的结果中。这就是一些研究方法失效的另一个原因。所以我才会说我们需要一个新的方法论。

找寻这个方法的一个非常好的领域就是与之相关的旧观点。而这个旧观点是由莱布尼茨、马赫和爱因斯坦提出的，即时间与空间和基本粒子的性质不是本征的，而是与时间相联系的。这就是我所得到的第二个结论。

第三个结论是，时间必须是最基本的量。时间是一直存在的，而不是突然出现的，并不只是个大概现象，当然也不是一个推论。这就是我所得到的结论，而我最近的工作也是建立在这些结论的基础上的。

我应该将自己置于一个怎样的位置上呢？与我工作紧密联系的两个领域：一个是量子引力，另一个是宇宙学。在量子引力领域中，目前有很多研究项目都在进行，而其中我最为关心的就是圈量子引力论。圈量子引力论目前得到了比较好的结果，我会花上一点时间来介绍，因为我们之前并没有涉及。

圈量子引力论是一个比较有争议的研究项目。它直接将量子力学应用于广义相对论，不再考虑对额外维度、粒子和自由度的假设。这其中利用的广义相对论的特殊形式与规范场论相近。它与杨 - 米尔斯理论（Yang-Mills theory）也很相近。这种形式是由阿贝 · 阿希提卡（Abhay Ashtekar）提出的。目前这是一个非常繁荣的研究领域。

每隔两年，我们都会举办一个国际会议。今年我是会议的组织者之一。今年的会议在加拿大圆周理论物理研究所举办，时间定在 7 月，会议有几百人注册。这种方式与20世纪80年代时我与卡洛·罗韦利、阿贝·阿希提卡坐在一起讨论问题，并且将其记录在笔记本上的方式非常不同，虽然我本人非常喜欢那种方式。作为某些事情的倡议者是一种非常好的体验，所以我时常回忆起那个美好的时代。

圈量子引力论给了我们量子几何在普朗克尺度上的微观结构，它大概比原子尺度要小20个量级。圈量子引力论必须要面对的一个关键问题是：我们目前所看到的周围的时空是怎样从量子图景中出现的？广义相对论方程是如何出现并用于描绘大尺度时空的动力学特征的？在过去5～10年间，回答这些问题的理论物理学家们已经取得了一定的进步。所以这个项目依旧是一个充满活力的项目。

然而，这个项目还面临着两大挫折。其中一个是，理论不能与实验相结合。我和其他人曾经希望可以直接测量到时空的几何量子结构。这些天体物理学实验目前还没有任何量子结构的迹象。另一个是，圈量子引力论对宇宙小部分结构的处理是非常成功的，但我不认为当考虑广义相对论方程后，并将其作用于整个宇宙时，它还依然有效，因为这样做之后，时间项就会消失。而我认为时间是基础项。但圈量子引力论仍旧是一个非常有前景的理论，因为它不断在前进。虽然不能说明它的正确性，但是这说明它正在不断解决需要解决的问题，这就是真正的科学。

目前有很多优秀的年轻人在这个领域工作，他们非常有天分，经常给我一些惊喜，这对我来说是一种享受。对于这个研究领域，我其实是一脚门里，一脚门外的，因为我对宇宙学的兴趣以及对时间本质的兴趣将我拉出了这个领域。但我很多好朋友依旧在那里，我依然会参与一些会议。而我所做的部分工作也与圈量子引力相关，所以作为这个领域的一分子，我感到非常开心。虽然不再处于中心区域，但目前的领导者比起我来更适合那个位子。

而另一项我所参与的工作，弦理论，虽然也非常有前景，但目前也存在一部分停滞。我们不再常常听到弦理论学家讨论弦理论或M理论的基本构想，而这是我最感兴趣并且曾尝试去做的部分。我们也不再听到弦理论学家提到一个非常“跃进”的观点，即弦理论是解释一切的理论，虽然我认为仍旧有很多人相信这个论点。

而弦理论在两个领域有非常不错的表现。其中一个是数学领域，与其相关的数学或数学物理学都是非常漂亮的。通过 ADs/CFT 对偶（或称为马尔达希纳猜想），弦理论能应用于一些普通的系统，比如液体、流体或某些固体系统。弦理论也可以推导出某些实验现象。虽然这对完成弦理论没有任何帮助，但是它在这一方面的确发展得比较好。还有一些其他项目，存在因果动力三角论（causal dynamical triangulations）、量子引力、因果集等一些少部分人在做的事情，这些人支持景观的观点。

在宇宙学中，暴胀理论和宇宙学标准模型与实验结果是十分符合的。但是我十分同意尼尔·图罗克和保罗·斯坦哈特所提出的一个非常重要的观点。他们假设，暴胀理论是正确的，在这一前提下，如果不处理奇点的话，就没有办法解决初始条件的问题，或者以我的观点是解决自然规律的问题。奇点指的是，在暴胀之前，宇宙处于高密状态，在某段有限时间内广义相对论失效的状态。

一个必要的假设是，大爆炸并不是时间的奇点，而只是一个事件、一次转变。在这次转变之前，可能存在一个性质和物理学定律与现在完全不同的宇宙。所以大爆炸变成了一次相转变，类似于之前宇宙中形成的黑洞。因此应该存在一个可以形成黑洞的奇点，然而这个奇点被量子效应抹平了，这就是我们所说的反弹。也就是说，当一颗恒星开始坍缩，当其达到无穷密度时，量子效应将其反弹并使其再次开始膨胀。这就形成了新的时间和空间区域，也就是新的宇宙。

这是关于大爆炸只是一次转变的假设，而图罗克和斯坦哈特有一个完全不同的假设，整个宇宙都要经历这样一个相转变。量子引力领域的人们有不同的假设。他们说，如果目前我们所知的空间性质像一块冰，那么当宇宙通过大爆炸的时候，空间将融化为液态并再次冻结。大爆炸就类似于一次短暂融化后的大面积冻结。这个假设对我来说是非常必要的，因为它解释了初始条件，而这是暴胀理论所没有做到的。在这一假设中，其初始条件是可信的，或者说解释了为什么宇宙早期非常特殊。

而无论图罗克和斯坦哈特的循环宇宙理论会怎样发展，我认为他们的假说、他们对暴胀理论的评论是正确的。不论暴胀理论正确与否，我认为他们所提到的相转变都是存在的，这样宇宙早期的性质就要追溯到大爆炸之前了。

这当然就要与我在量子引力方面的兴趣有一定的重叠了，因为在相转变发生的尺度上，量子引力的作用是十分重要的。而在量子引力领域，我们有量子宇宙学模型，也就是所谓的圈量子宇宙学模型，这是由马丁·波乔瓦尔德（Martin Bojowald）、阿贝·阿希提卡以及很多此领域的研究者共同发展的理论。这一模型显示，反弹是会发生的，而奇点将总会被反弹抹平。

因为宇宙学标准模型的成功，宇宙学仍旧是一个发展良好的学说。但我们面对的问题和粒子物理学家相同：为什么是这样一个特殊的宇宙？我们已经测量了宇宙的各种性质。无论暴胀理论正确与否，我们所在的宇宙都是一个特殊的宇宙。所以，为什么是这个宇宙？为什么不是一个根据已知物理学定律所给出的一个更加典型的宇宙？

这是关于初始条件的问题。我的一个很主要的观点是，我们不能在某些已经建立并使用很多年的方法论的基础上，来得到这些问题的答案。我们需要一套新的物理方法论，其中，规律是随时间演化的。

有没有与我有同样想法的人呢？有，也没有。同时在做宇宙学和量子引力研究的人并不多。举个例子，我的朋友卡洛·罗韦利，在某些领域，比如圈量子引力论，我们非常有共同话题。但是即便我们经常互相讨论，他却依然信奉不随时间变化的量子引力和量子宇宙学。

在哲学领域中，我所做的并不新鲜也不那么令人意外。我提到过的罗伯托·昂格尔，我们的合作就像毕加索对他与布拉克的合作的描述一样：就像偶尔在山上一起跳绳似的。与昂格尔一起工作是一种非常美妙的经历，一起提出某些新的观点，然后再互相否定。我们曾在讨论中回到了美国实用主义的传统思想中，回到了查理斯·皮尔士的想法。在这种时候，我的任何想法都不再新颖和独特。所以哲学家对此怎么看并不是十分清晰，但是我会坚持我的看法：时间是真实的，自然规律是随时间变化的。这个问题他们已经讨论和辩论了大概一个世纪。

我总是试图用自己的观点去说服其他人，因为我的思考过程并不是一蹴而就的，我现在得到的结果也并不是计划之内的。我并不喜欢和自己的想法作对，也不像我提到的其他人一样享受矛盾和冲突。我觉得我的工作只是提出一些观点，然后不断完善，以使它们变为科学的观点而不是哲学的。毕竟发展哲学观点是哲学家们的任务。

我还要提到另一个有关时间是真实的而不是幻觉的观点。热力学第二定律早就被完全建立了，并且在微观尺度是完全正确的。不规则度增加，熵就会变高，我们身边的大部分过程都是不可逆的。时间是支箭，有非常明确的指向性。我们不能回到过去。我们出生、长大、变老，然后死亡。如果我们将可乐洒在地毯上，无论怎样都不能再将其完全装回杯中。婴儿的出生是不可逆的。对朋友无意中在言语上造成的伤害也是不可逆的。生活中的很多事情，大部分事情都是不可逆的。这很大程度上是由热力学第二定律决定的。

19 世纪晚期，玻尔兹曼成功地证明了热力学并不是基础科学，因为物质是由原子组成的。他提出，热力学可以由原子的行为来解释，所以热力学定律是由原子的基本定律决定的。温度并不是基本量，只是分子热运动的平均动能。熵也不是基本量，只是原子分布的不规则程度。

玻尔兹曼是正确的，但是当时的人们在他的解释中却发现了悖论。虽然对目前来说这是很大的冲击，但是在 19 世纪原子假设还没有那么流行，物理学家们对原子理论还没有统一的观点。所以反对他的人说：“你根据牛顿的基本运动理论推导出了有时间指向性的理论，但是牛顿的理论本身对时间却是可逆的。”如果你将原子在空间中的运动和相互作用拍成照片或短片，你可以将短片倒回，根据牛顿的理论，同样的事情依旧会发生。所以这是一个悖论，因为玻尔兹曼也可以通过牛顿的理论非常简单地证明反热力学第二定律：熵在过去高于将来。

事实上，这些反对者说的并没有错。正确解决这个悖论的方法是利用埃伦费斯特定理。这个定理是由爱因斯坦的两位好友，保罗·埃伦费斯特（Paul Ehrenfests）和塔季扬娜·埃伦费斯特（Tatyana Ehrenfest）建立的。他们搞清了玻尔兹曼证明的问题是对时间对称的。他证明的问题是，如果你找到这样一个系统，在某个时刻它的熵很低，那么很有可能它的熵在将来会增大，因为当事物随机运动时，其不规则性会增大。但是也有可能熵在过去比较大，你所看到的现象只是一个意外,玻尔兹曼将其称为波动。所以问题不再是“什么可以解释热力学第二定律”，而是“什么可以解释初始条件”。

要解释热力学第二定律，你需要假设初始条件是可改善的，所以系统才会以比想象中更加规则的方式开始。这对玻尔兹曼来说是一个更大的谜团。因为他并没有活在20世纪，所以他只能假设宇宙由牛顿定律所统治，并且宇宙是永恒的。玻尔兹曼只能假设我们生活在一个巨大的波动中，而宇宙有很大可能是平衡的，也即熵最大的状态，宇宙大多数时间都处于平衡态，而由于波动，偶尔会偏离一些。这些偏离形成了太阳，形成了我们所生活的世界。从目前来看，这种想法毫无疑问是错误的。

所以如果物理学定律都是对时间可逆的，那么为什么时间有如此强的指向性？罗杰·彭罗斯有一个想法我认为是非常值得探究的，它分为两个部分。第一个在他1979年的一篇文章中提到过。他提出，如果我们想通过观测宇宙来解决时间的指向性，那我们只能假定大爆炸的初始条件是极度特殊并且发生的可能性极低。我非常同意他的观点，而这个观点和我的谈论主题也不谋而合了。

所以，要解释目前规律的可逆性和大量观测事实的不可逆性之间矛盾的重心，就转移到了宇宙学上，宇宙学家需要解释为什么初始条件是这样一个可能性极低的事件。而作为一名宇宙学家，就我目前所知的是，没有任何一个宇宙学家在研究这个问题。因为他们有足够多的工作要做，有属于自己的问题要解决，所以更别提解释什么自然的不可逆性和热力学第二定律问题了。

而目前，彭罗斯提出另一个观点，基础规律可能是关于时间不对称性的，而那些关于时间对称的规律则是衍生的和近似的。所以那些我们对部分宇宙拍摄下来的影片，如果将它们倒回重放的话，可能并不能说明大爆炸开始之后的真实宇宙的发展历史。让我来举个例子。

当环顾四周，我们看到了来自过去的光。当然通过望远镜，我们可以看到更久之前恒星发出的光。我们从未看到过来自未来的光，从未看到过来自未来恒星发出的星光，也从未看到过未来超新星爆发传出的辐射。但是光传播所遵循的规律即麦克斯韦方程组对时间是可逆的。它的解包括来自未来的光以及来自过去的能量和信息，解的个数和我们用到的解相同。所以这个规律对时间是对称的，但将其应用于实际情况时，我们却舍去了大部分解，只要其中有任何从未来到过去的项。

彭罗斯会说："或许麦克斯韦方程组背后的真实理论是只能从过去向未来传递信息和能量，这样就不会存在问题和悖论。"我同意这个观点，这有可能是真正的量子引力理论。而之后这就成了一个挑战。我们是否可以提出一个假说，来说明这些基础规律如何对时间不对称、不可逆，并且了解目前这些规律如何变得可逆。我和我的一个同事玛丽娜·科尔特斯（Marina Cortes）正一起研究这个问题。

所以这是另一种方式，我们目前在基础物理学和宇宙学领域碰到了巨大的障碍，而这些哲学方面的批评对我们理解这些障碍是非常必要的，它们也成为我作为一名科学家不断进行研究的动力。之后这个工作将通过标准的科学方式来进行检验，那就是，它是否能引出一个可以由实验验证的假说？

注：李·斯莫林，著名理论物理学家，在圈量子引力论领域成就卓越，被誉为"现今最具原创力的理论学家之一"。其著作《时间重生》对如何统一相对论与量子力学、当代物理学的危机、宇宙的未来等一系列重要问题进行了深度思考。该书中文简体字版已由湛庐文化策划，浙江人民出版社出版。

WE SIMPLY

LIVE ON THE

PLANET THAT

WE CAN

LIVE ON.

我们就生活在我们能生活的星球上。

——《我们的宇宙只是宇宙景观的一个角落》

10

The Landscape

我们的宇宙只是宇宙景观的一个角落

Leonard Susskind

伦纳德·萨斯坎德

弦理论之父；斯坦福大学费利克斯·布洛赫（Felix Bloch）理论物理学教授；
著有《量子力学》《理论中的最小值》

约翰·布罗克曼的导言：

对有些人来说，宇宙是亘古存在的。而对于我来说，它还是件新鲜事。2003 年，我与弦理论的提出者伦纳德·萨斯坎德进行了一次谈话。因为被他引人入胜的故事吸引，等他走后我才想起来我忘了问他“宇宙里有什么新鲜事”。于是，我又给他发了封邮件。下面是他的回复。

21 世纪的开端是现代科学的一道分水岭。我们对宇宙的认知将被全部改写。正在发生的事情远不止发现几个新现象或者新方程那么简单。这是历史上少见的几个时期之一。在这些时期，整个物理学和宇宙学的认知、我们的思维框架和世界观都发生了剧变。宇宙的年龄大概为 100 亿年、横纵大概为

100亿光年，具备一系列独一无二的物理学定律，20世纪狭隘宇宙观正让步于更为宏大的全新理论。新的可能性孕育其中。

物理学家和宇宙学家渐渐认识到，我们这100亿光年，只是一个巨大得惊人的多重宇宙中巴掌大的一个地方而已。与此同时，在理论物理学家提出的新理论中，我们的一般自然规律只是一幅在数学上具有无数可能性的宏大景观中，一个不起眼的角落而已。

这一可能性景观是一个数学空间，它代表着理论上可能存在的一切环境。每一个可能的环境都具有自己的物理学定律、基本粒子和自然常数。有些环境与我们这一角相似，只是稍有不同。它们可能也具有电子、夸克和其他所有常见粒子，但引力却可能比我们强10亿倍；也可能，它的引力跟我们差不多，但电子却比原子核重；还有可能这些都与我们的世界类似，但却存在剧烈的斥力作用（称为宇宙学常数），使得原子、分子乃至星系分崩离析。就连空间维度也不是一成不变的了。这一景观的不同区域可能具有五维、六维直至十一维的空间。20世纪的老问题，“宇宙中会发现什么”正在变成“宇宙中不会发现什么”。

宇宙景观的多样性与空间的多样性相辅相成。作为我们目前发展得最完善的宇宙学理论，暴胀理论正引导我们走向多重宇宙的概念。用暴胀理论之父阿兰·古斯的话说，多重宇宙由数不尽的“口袋宇宙”填充而成。有些口袋很小，且永远没有机会变大；有些则可能像我们所处的这个一样大，但却空无一物。它们都存在于宇宙景观的一个个小角落里。

人类在宇宙中的地位也在经受重新审视和挑战。一个多样化的多重宇宙不太可能在它膨胀产生的这一小片区域之外的地方存在智慧生命。我们过去常思考的一些问题，比如“为什么自然常数是这个数而不是其他数”，会有许多让物理学家始料未及的答案。根据数学一致性，并不会有什么独一无二的值被选出来。因为宇宙景观允许巨量的可能值。上述问题的答案可能会是：“多重宇宙中的自然常数有些地方是这个数，有些地方是那个数。而我们这一小片的数是恰恰与我们这样的生命存在相匹配的数值。就这样，没其他答案了。”

这种“如果不是这样，就不会有人的存在来问这个问题”式的答案，被称作人择原理。大多数物理学家对这种答案由衷地憎恶。它被视为一种妥协，放弃了对真理的高贵追求。但物理学、天文学还有宇宙学中空前的新发展，使得这些物理学家不得不重新审视他们对人择原理的偏见。这一巨大变革主要有四大理论支撑。其中两个来自理论物理学，两个来自实验和观测。

理论方面，诞生于暴胀理论的永恒暴胀理论认为，多重宇宙充满了子宇宙，也被称为口袋宇宙。这些口袋宇宙就像打开的香槟冒出的泡沫一样，在暴胀的空间中诞生着新的口袋宇宙。同时，作为我们最有希望的统一理论，弦理论提出了一个宏大的景观。根据这一理论，大约有 10^{500} 种不同的环境可能存在。

最新的一些天文发现与新的理论恰好匹配。关于宇宙大小和形状的最新天文数据证实了，暴胀就是宇宙早期的正确演化理论。几乎没什么好疑虑的，我们的宇宙是镶嵌在一个巨大得多的多重宇宙中。但最引人注目的是，在我们这个口袋宇宙中，臭名昭著的宇宙学常数并不像我们想的那样为零。这一发现引起了巨大震动，唯一合理的解释似乎就是那饱受轻视的人择原理。

我不知道在探索这一巨大景观的过程中，我们的观点会经受多么匪夷所思的颠覆。但我知道，当22世纪到来时，那时的哲学家和物理学家将以怀旧的目光审视现在，并称之为宇宙学的黄金时代。在这个时代，20世纪的狭隘宇宙观让步于更宏大、更完善的多重宇宙观，随之诞生的是一个大到烧脑的宇宙景观。

下面是伦纳德在2003年11月的Edge论坛上就人择原理和弦理论早期历史的发言记录。

我常常思考世界是怎么变成现在这样的。物理世界中有很多未解的谜题。有些很艰深，有些很奇怪，我想要搞懂它们。我想知道是什么让这世界运行的。爱因斯坦说，他想知道上帝创造世界时在想什么。他不是一个有宗教信仰的人，但我明白他的意思。

我现在想搞明白的是，为什么宇宙是恰好适宜人类生存的？这事很奇怪。问题的关键是，为什么物理学定律中的常数是那些数。是巧合吗？它们的取值极端精确，如果差一点，人类可能就不会存在，这会是巧合吗？

举例来说，宇宙学常数是一个确定的数。如果这个数稍作变化，宇宙中可能就不会诞生星系、恒星、行星等天体。它是恰好取了这个数，才诞生我们所见的宇宙的吗？又或者说，宇宙形成方式的某些特征使得创造生命成为必然？

这听上去不可思议，以至于大多数物理学家认为是胡说八道。但我可以举一个例子。假设我们处在一个由于太多云雾而看不见外界的行星上。我们会想知道为什么这颗星球上的温度刚好适宜我们生存，既不会把我们烤熟，也不会把我们冻死。是巧合还是故意？知道答案的人会说，如果看向外太空，就会发现各种各样的行星、恒星和空旷区域等。有些太热、有些太冷，有些温度适宜却没有水。有各种各样的行星存在着。

答案是，我们就生活在我们能生活的星球上，因为条件恰好合适。并不是我们生活在一个精心准备、适合我们生活的环境中，而是环境就是如此，只不过恰好适宜我们生存罢了。并不是有什么自然规律要求所有的星球都适宜居住，已知宇宙中大约 10^{20} 颗行星，这一庞大数量使得其中总有那么一些处在适宜的温度与气压下，并有水的存在，等等。这就是我们生活的地方，我们无法在其他地方存活。

那么问题来了，更广义地来看，我们的环境，也就是我们的物理学定律、基本粒子及其相互作用力，是在宇宙中的一个特殊部分区别存在的，还是说整个宇宙都完全相同？如果是区别存在的，那不同部分之间的环境可能会变化很大。我们感兴趣的一些子问题将得到解答。因为事情就是这样，否则我们也不会存在来问这些问题。环境必须是适合我们生存的。

另一方面，如果宇宙各处从头到脚都是相同的，那我们就不明白了，为什么就得恰恰好、差一点都不行地适合我们的存在呢？这其中蕴含着物理学领域的一大争论：我们所知的自然规律仅仅只是数学理论推导出的结果，还是说可能随着不同位置而发生变化呢？这是我想要搞清楚的。

美国的物理学家一点都不喜欢人择原理，而英国人却对它喜爱有加。令人吃惊的是，在美国，当我说起人择原理，像我一样对理论、数学问题感兴趣的物理学家，比宇宙学家更能接受这一理论。人择原理很大程度上是起源自英国宇宙学家，比如马丁·里斯和约翰·巴罗（John Barrow），还有生活在美国的俄罗斯人安德烈·林德和亚历克斯·维连金，不过他们却不是我要说服的对象。

我要说服的对象是高能物理学家和弦理论学家，包括布赖恩·格林们、爱德华·威滕们、大卫·格罗斯（David Gross）们等。原因是，在过去几年中，我们发现弦理论允许多得不可思议的环境多样性存在。弦理论的解是如此多样，简直无法想象是什么选了其中一种置于宇宙中。更可能的情况是，弦理论宇宙有着众多具有不同属性的子宇宙，即古斯所说的口袋宇宙。当然了，它非常大，但又有一小块是这个环境，一小块是那个环境。

大多数物理学家不喜欢人择原理，他们希望自然常数可以从数学理论的对称性中导出。而现在像我和乔·坡钦斯基这样的人却在告诉他们，宇宙中的环境是因地而异的。这里、那里的环境是不同的，具有特定属性的质子、电子、中子也不总是可以求出的。因为在那部分宇宙，它就不是那个样子。

物理学家总是希望答案是唯一的。尽管这一答案有些特别，但我认为唯一答案是蠢人才会坚持的事。有些人相信存在一些非常基础、强大、简单的理论，一旦明白并求解方程组，就可以独一无二地确定电子质量、质子质量以及其他所有自然常数的值。如果这是真的，那么各处就应具有完全相同的自然常数。如果存在求解后显示世界就是我们看到的那种基础方程，那么其他所有地方也应该是一模一样的。

另一方面，也可以有一个包含许多不同环境的理论。这一理论中，各处的环境中都将有不同变化。在过去几年中，我们发现弦理论容许巨大数量的解也即无比的多样性，允许各式各样的环境存在。许多数学理论工作者都想要否认它。他们不愿意承认其合理性，始终相信存在一个优雅和谐的唯一宇宙。但实际并非如此，它在这里是一个样子，在那里又是另外一个样子，在另外的地方又像一个鲁布·戈德堡机械[1]。这导致了一些物理学家否定这一理论事实的情绪。但这一理论终会成功，而妄图否定它的物理学家将一败涂地。

鲁布·戈德堡（Rube Goldberg），美国犹太人漫画家。鲁布·戈德堡机械是一种设计精密而复杂的机械，以迂回曲折的方法完成一些其实非常简单的工作，比如倒一杯茶。鲁布·戈德堡机械因戈德堡在其漫画中创作了这种机械而得名。——译者注

这些人可不是闹着玩的。比如大卫·格罗斯，他就坚定地反对这种多样性的观点。他认为世界应该是独一无二的，他希望弦理论学家将所有东西都算出来，发现世界的特殊性，具有独一无二的属性，一切都是可以从方程中求解出来的。格罗斯认为人择原理放弃了寻找独一无二性的希望。他引用丘吉尔的话对年轻人说："永源，永源，永源，永源不要放弃。"[2]

原文为："Nevah, nevah, nevah, nevah give up"，此处为模仿丘吉尔的口音，所以此处故意译作了别字。——译者注

爱德华·威滕也很不喜欢这一想法，但据说他很担心这个想法可能真的是正确的。他为此不太高兴，但我想他知道事实就是如此。乔·坡钦斯基是世界上真正伟大的物理学家之一，也是提出这一想法的人之一。在弦理论领域，他是最早意识到多样性存在的人之一，并完全赞同这一想法。斯坦福大学的人都在朝这个方向努力着。我想布赖恩·格林也在考虑这一点。一定程度上，布赖恩从硬弦理论转移到了宇宙学。他是位非常优秀的物理学家。布赖恩考虑了一些非多样性的其他想法，但都没有奏效。保罗·斯坦哈特也讨厌这个观点，而阿兰·古斯显然更容易说服，正是他提出了"口袋宇宙"这个词。

弦理论具有如此多样性的原因是，这个理论具备大量我称为移动组分（moving parts）的东西由人摆弄。正如布赖恩所说，建立一个弦理论模型时，其中会涉及布赖恩赖以成名的内部紧致空间（internal compact spaces）。拟合它们要用到大量变量，摆弄它们又需要更多。这许多的变量造就了巨量的多样性。很久之前，弦理论并不是作为万物理论、量子引力理论或万有引力理论而存在的。它被提出是用来理解强子的。强子包括质子、中子以及在质子间飞舞产生作用力的介子。这些都是那个时期实验室中发现的基本粒子。

曾有一群极具数学头脑的物理学家建立了一个散射振幅（scattering amplitude）公式。这一公式决定了两个粒子碰撞时可能发生的事情。物理学家研究粒子的方法颇有点蠢，有人形容说，这就像为搞清楚一块表的内部构造，就用大锤子狠狠地砸这块表，看看有什么零件飞出来。物理学家就是这样研究基本粒子内部构造的。不过你必须对飞出来的东西所对应的粒子结构有所了解。由此，1968 年，一位非常年轻的物理学家，加布里埃利·韦内齐亚诺（Gabrielli Veneziano）构造出了一个数学公式。该公式描述了两粒子相撞时在不同方向产生各种不同东西的可能性。这是一个完全基于数学性质的纯数学公式。不具有物理学含义也不清楚其描述的景象如何，仅仅是个数学公式。

那时我还是纽约一个非常年轻的教授，研究领域不涉及基本粒子，而更倾向于我感兴趣的量子光学。某次，我的同事赫克特·鲁宾斯坦（Hector Rubinstein）狂喜地来拜访我和我的朋友亚基尔·阿雅诺夫（Yakir Aharonov）。他说：“全都搞定了！我们把所有事情都搞清楚了！”

我说：“你说什么呢，赫克特？”

上蹿下跳好一会后，赫克特终于在黑板上写下这个公式。我看过之后说道：“这事也没那么复杂。如果就是这样，我就可以搞清楚这是怎么回事。我不用担心过去的粒子物理学理论。我只需要用简洁明了的数学说明这个公式就可以了。”

我研究了它很久，消磨了不少时间，最终意识到它其实是在描述两个弦环凑到一起时会发生什么。它们接触、轻微震动然后又飞散开。这是一个可解的物理问题。可以解出不同事情发生的可能性，与韦内齐亚诺所写的恰好匹配。这实在是令人激动不已！

我感觉我是这广阔世界中唯一一个知道这件事的人！当然，这只持续了两天。然后我就发现，芝加哥的一位物理学家，南部阳一郎（Yoichiro Nambu）恰好也有相同的观点。而且巧合的是，我们差不多在同一天得出了相同的结论。那时候还没有弦理论呢，我称其为橡胶带而非弦。我兴奋不已，我心想："我要成功了！我将会成为著名物理学家。我将成为爱因斯坦、成为玻尔，所有人都会关注我！"我在手稿里这样写道。

那时，我们没有计算机，也没有电邮，所以要手写文稿然后交给秘书。秘书将其打出来，然后你要再看一遍秘书打错的方程，进行修正。尽管研究工作都做完了，需要做的只是写出来，这个过程却要耗掉大约两周，才能将论文准备好。然后就是把论文装进信封，通过慢悠悠的邮政系统寄给《物理评论快报》（*Physical Review Letters*）的编辑。《物理评论快报》现在是一个非常浮夸的期刊，它们声称只发表顶级的论文。当他们开始这么办事后，结果是只有最差劲的论文才在它那发表。因为当标准变得太高，没人愿意费这个劲了。大家都把论文送到更容易发表的地方去了。

我把论文发给了《物理评论快报》，然后你懂的，我准备、打印论文用了几个周，我变得越来越紧张，担心有人会发现它。我跟朋友们讨论我的论文，后来还把手稿寄了出去。等它到达期刊后，期刊又要再次用慢悠悠的邮件将它寄给同行评审。审稿人看完后再把它寄回去。这前前后后要花掉几个月。结果如何呢？他们这么说的："这篇论文不是太重要，没有预言任何新的实验结果，我们认为不适合发表在《物理评论快报》。"

轰！我感觉好像被一个垃圾桶砸中头顶，非常非常沮丧。我回到家，焦虑而沮丧。我的妻子拿着镇定剂跟我说："吃完去睡觉。"我吃了然后去睡觉了，等我醒过来，有朋友来看望我。我们喝了几杯酒，我不仅喝醉了，还晕了过去！我的一个物理学家朋友不得不把我从地上拖到床上。那真是一段非常难受、不愉快的经历。

当然我不打算就这么算了。我把文章又发回去,要求“再找一个审稿人”。他们又给我发回来说:“我们不会再找审稿人。”我又发回去说:“你们必须再找审稿人，这很重要！”他们又发回来:“不，我们不会再找的。”最终我把论文发给了《物理评论》(*Physical Review*)，不像《物理评论快报》，人家立马就接收了。

弦理论的发现一般归于我和南部阳一郎。此外还有另一个略微不同的版本，尽管发展得不够完善，但大体意思是对的。它的提出者名叫霍尔格·尼尔逊（Holger Nielsen)，是一名在尼尔斯·玻尔研究所（Neils Bohr Institute）工作的丹麦人。他对相关概念也非常熟悉。在之后不久，他给我发了封邮件解释他的观点，实际上是非常相似的。

论文发表之后并未被接受。人们对图景式建模的看法还非常保守。他们喜欢方程，不喜欢在事物背后存在一个可以描绘出来的物理系统的想法。对那时的人来说这还有些奇怪。那是 1974 年或 1975 年标准模型问世的 5 年前。

我首先意识到，这不是一个关于强子的理论。我知道原因，但我也意识到这一理论的数学太优秀，不可能不蕴含什么意义。事实确实如此，它不是关于强子的正确理论，尽管也非常接近正确了。这理论被当成关于强子的理论有两三年之久。我知道的更多,但没打算公之于众,因为我还有其他事要忙。我压根儿就没被当回事。成了局外人，并未被广泛接受。

等我崭露头角，又是一个新的故事了。

已经是业界传说的默里·盖尔曼（Murray Gell-Mann）在科勒尔盖布尔斯（Coral Gables）的一场大讨论会上发表了演讲，当时我也在场。他的演讲与我的工作毫无关系。他的演讲结束后，我们都回到了汽车旅馆，进了同一部电梯。电梯卡住了，里面只有我们两个人。

盖尔曼问我:“你做哪方面的工作？”我回答道:“我研究的理论认为强子

就像是橡胶带一样的一维弦状物。”然后他就开始笑个不停。我当时恨不得找个地缝钻进去。我被圈内名人的评论狠狠打击到了，无法继续这个话题。于是我说：“那你的工作是哪方面的呢，盖尔曼？”他理所当然地说道：“你没听我的演讲吗？”谢天谢地，电梯这时候终于开始动了。

直到两年后我才再次见到盖尔曼。费米实验室（Fermilab）举办了一次大型讨论会，约有 1 000 人到场。而我依然还是个默默无闻的小人物。而盖尔曼正一如既往地与理查德·费曼竞争世界最伟大物理学家的名号。

当我与我的一群朋友谈话时，盖尔曼走了过来，一瞬间就改变了我的职业生涯。他打断了我们的谈话，在我的朋友和同事们面前向我说道：“我要向你道歉。”我不知道他还记得我，所以我问他：“为什么？”他回应说：“为那次在电梯里嘲笑了你。你在做的工作意义重大，简直太了不起了！我要在我的会议总结演讲中介绍你的工作，只讲你的，不讲别的。会后我们找个时间好好谈谈你的工作，你要给我解释清楚，这样我才能正确理解。”

惊喜突如其来，我有点飘飘然了。在接下来的三四天，我到处跟着盖尔曼：“现在可以吗，盖尔曼？”然后盖尔曼说：“不，我得去跟一个重要的人谈话。”

在某些时候，会上会有很多人排队联系旅行代理。因为我打算去以色列，于是不得不改签我的机票。我花了 45 分钟才排到前面，接下来你可能也猜到了。盖尔曼走了过来把我从队伍里拉了出来：“我现在想谈了，开始吧。”我当然不会拒绝盖尔曼，所以我说：“好的，我们谈吧。”他又说道：“我只有 15 分钟，你能在 15 分钟内给我讲清楚吗？”我说可以，然后我们开始坐下谈。

前 14 分钟就是这样的。他问我：“你能用量子场论解释吗？”我说：“好的，我试试，我用部分子的形式给你讲。”然而我不知道的是，1968 年左右，费曼提出质子、中子和强子是由更小的粒子组成的。他不清楚具体如何，但他可以从数据中准确地看出质子是由更小的基础粒子构成的。当用质子散射电子后，剩余的物质就好像被打了一堆小点点。费曼称其为部分子。他不知道它们到底是什么，部分子只是他起的名字，意为部分质子。

接下来你就要知道盖尔曼和费曼的竞争有多激烈了。盖尔曼跟我说："部分子？！部分子？！上火，上火，你真让我上火！"我心想："怎么回事？"我实在是说错了话。他最终说道："这些部分子具有什么属性？"我说："它们有动量、有电荷。"他又问道："它们有 SU（3）吗？" SU（3），即三阶特殊酉群，是粒子的一种属性，就像电荷一样，它是中子和质子的区别所在。它能将一些非常相似的粒子区分开。它是由盖尔曼和尤瓦尔·尼曼（Yuval Ne'eman）在 20 世纪 60 年代早期发现的，盖尔曼也因此声名鹊起，而且它直接指向了夸克的概念。我回答道："有的，它们可以有 SU（3）。"他听后说："哦，你说的是夸克！"14 分钟之中他都在力图使我说出他的"夸克"，而非费曼的"部分子"。14 分钟就这样过去了，然后我用 1 分钟解释所有事情。接着他看了下表，说道："抱歉，我得去和一位重要的人谈话了。"

我就好像在坐过山车。升上去又掉下来，上、下、上、下、下、下、下、下。我心想："盖尔曼根本没明白我在说什么。他不感兴趣，也不会在报告中提及我的工作。"然后我就在某个角落看到盖尔曼站在大约 15 个人前面，滔滔不绝地谈论我告诉他的事情，并对我赞不绝口："萨斯坎德这样说，萨斯坎德那样说，我们要听萨斯坎德说的。"而且，他在会议结束时的报告中全都是"萨斯坎德这样、那样说"。就是从那时起，我才真的算崭露头角。我欠盖尔曼实在太多。他是一位正直、追求真知的人，同时也是一位个性极为有趣的人。

我职业生涯的这一次飞跃发生在 1971 年左右。当时我在叶史瓦大学贝尔弗科学研究所（Belfer Graduate School of Science）任教，离住宅区很远。曾几何时，那是一个无与伦比的地方，有着一群世界上最棒的理论物理学家。那地方后来破产了，我不得不搬到斯坦福大学。当时，我是一个基础粒子物理学家。我只对这东西的数学结构感兴趣，也由此对基础粒子产生了兴趣。有人开始意识到，我的理论并非正确的强子理论，尽管很接近了。

我应该往回退一点。这理论有很多地方错了，但不是错在数学理论，而是错在不应与自然、与强子相比较。约翰·施瓦茨和安德烈·内维尤（Andre Neveu）等一群极具数学头脑的弦理论学家，精巧地修正了其中一部分，并提出了一系列新版本。这些新版本恰好就是发现弦理论不可思议的多样性的开始。每一个新版本都略有不同，我们总希望其中一个看起来恰好能解释质子、中子和介子等。但始终不能成功。这个理论存在致命缺陷。

一个问题是，这个理论只在荒诞不经的十维空间中才有意义。这对生活在四维空间的人来说可不是好消息。后来这一点得到修正，看起来也不那么糟糕了。另一个问题是，这一理论求解后，它包含了粒子间像引力一般的作用力。这理论不像是核物理学领域的，倒像是牛顿引力理论。粒子间的作用力不是让质子和中子聚在一起的那种，而是让太阳系聚在一起的那种。

我有点对它失去了兴趣，因为我那时对引力没什么兴趣。约翰·施瓦茨和包括乔尔·舍克（Joel Sherk）在内的其他几位物理学家看出了其中蕴含的机遇。他们说:“别把它想成是强子理论，把它当作引力理论。”为免于一败涂地，弦理论被从强子理论转变成引力理论。而我那时对引力不感兴趣，了解得也不多，于是我继续研究基础粒子物理学。那时的基础粒子物理学家都对引力兴趣乏乏，而对引力感兴趣的人又对弦理论缺乏兴趣。所以，只有一小群孤立的科学家，比如约翰·施瓦茨、迈克尔·格林（Michael Green）、皮埃尔·雷蒙德（Pierre Ramond）等人，继续做着相关研究。

后来我因为黑洞而对弦理论再次产生了兴趣。霍金对黑洞的研究发现，它们会辐射、有温度、有溢流，还可以发出光。我在沃纳·埃哈德（Werner Erhard）旧金山的家中阁楼里见到了霍金和杰拉德·特·胡夫特。埃哈德是西德尼·科尔曼（Sidney Coleman）的粉丝。理查德·费曼、我以及大卫·芬克尔斯坦（David Finkelstein）则是他的精神导师。当然了，我们对他那傻兮兮的生意毫无兴趣，不过他那里的雪茄、美酒和食物都非常棒，他本身也很有意思，而且可谓聪慧无比。

霍金来了，向我介绍了他对黑洞的看法。其中之一就是落入黑洞的事物会从宇宙中彻底消失，永不返回，不管以什么形式。信息是不应该丢失的，这可以说是一条物理学基础。这意味着你总可以对事物进行足够精确的观察，通过逆推来无限精确地发现过去发生的一切。

而霍金所说的是，当东西落入黑洞，它们就会彻底丢失，永远也无法重建是什么掉了进去。这违反了一系列量子力学的准则，我和特·胡夫特都呆住了。其他人都没注意，但我们俩是真的呆住了。我记得我和特·胡夫特就那么站在那盯着黑板，足足有 15 分钟一句话也没说。我和特·胡夫特都确定，霍金错了。而霍金确信自己一定是对的，信息在黑洞中永远消失了。

我时不时地会想起这个问题，想了有 13 年。直到 13 年后，我意识到，在弦理论中就有这个问题的答案。所以我对弦理论再次燃起了兴趣。我不得不回过头读自己的文章，因为我试过读别人的，但看不懂。

在中间的这些年，大量数学被运用到弦理论中。我觉得有些枯燥，因为几乎全是数学而少有直觉的、物理的图景。主要的进展包括发现了 5 个新版本，还找出了除掉额外维度的窍门。不是真的除掉它们，而是将其卷曲成小的维度。具体内容可以去看看布赖恩·格林的著作《优雅的宇宙》（*The Elegant Universe*）。这么做实际上是件不错的事。

约翰·施瓦茨、迈克尔·格林与其他几个人一起精细求解了这一理论中复杂的数学问题，并得出结论，这个理论与人们所想的并不一致。当他们证明数学计算可信后，爱德华·威滕非常激动。一旦威滕开始研究这一理论，他就成了真正的数学发动机，支配了整个研究领域。威滕写过许多著名的文章，但其中最重要的是 1990 年前后写的那篇。他和他的合作者研究出了卡拉比 - 丘流形的数学开端。

威滕也是一位物理学家，他非常想让弦理论成为基本粒子的真实理论。他没能成功，但在研究过程中他发现了很多漂亮的数学形式。我觉得有些枯燥，因为没有提出我感兴趣的那一类物理问题。对我而言数学太多了。我更倾向于少一些数学、多一些图画的形式。

那时我还没有真正深入了解这一课题。我还对黑洞抱有兴趣，直到 1993 年我才开始怀疑在弦理论中就有解决霍金谜题的原材料。所以那时我就决定真正投入其中。我开始思考弦理论与黑洞之间的联系。弦理论是关于引力的理论。有引力就会有黑洞，所以弦理论必须把黑洞囊括在内，它应该有这个问题的答案。经过几年的工作，它确实给出了答案。事实上，结果表明霍金错得十分离谱。但当一个人开始研究这种层次的问题时，不管他是对是错，都会对这一课题产生深远影响，霍金就是这样一个人。

我研究出一些简化的方法来思考这一问题，结论是黑洞不会丢失信息，东西落入黑洞不会消失，最终还会再出来。它们都混在一起，但不管怎样总是会出来的。我开始写文章说明我的看法，也就是在弦理论中东西不会在黑洞中丢失。这一观点还激发了弦理论研究群体开始考虑黑洞。新的论文不断涌现，其中包括我的、乔·坡钦斯基的、安迪·斯特罗明格的、库姆兰·瓦法（Cumrun Vafa）的……真真切切地把这个问题解决了！我们解决了黑洞、理解了黑洞。那时候，弦理论真正解决的物理学问题就是黑洞。它引发了一些具有革命性的奇怪想法。

到目前为止，弦理论对宇宙学没作出什么解释。没人明白弦理论与大爆炸、暴胀以及宇宙学其他方面的联系。我常去有弦理论学家和宇宙学家参加的会议，通常弦理论学家的报告总会向宇宙学家致歉，抱歉还没有什么有趣的东西能与宇宙学家分享。局面很快会有所改变，因为人们已经意识到了弦理论所包含的巨大多样性。

大家还在试图走老路。他们试图用弦理论去做他们本应用更早的理论去完成的事，这没什么意义。他们应该着眼于弦理论独一无二、与众不同的地方，而非它与旧的理论有哪些相似性。弦理论最独一无二、最特别的性质就是它所具有的这种多样性，它引出了一个不可思议数量的各种环境的存在，物理学就蕴含在这些环境中。

注：萨斯坎德的著作《量子力学》《理论中的最小值》中文简体字版即将由湛庐文化策划出版，敬请期待。

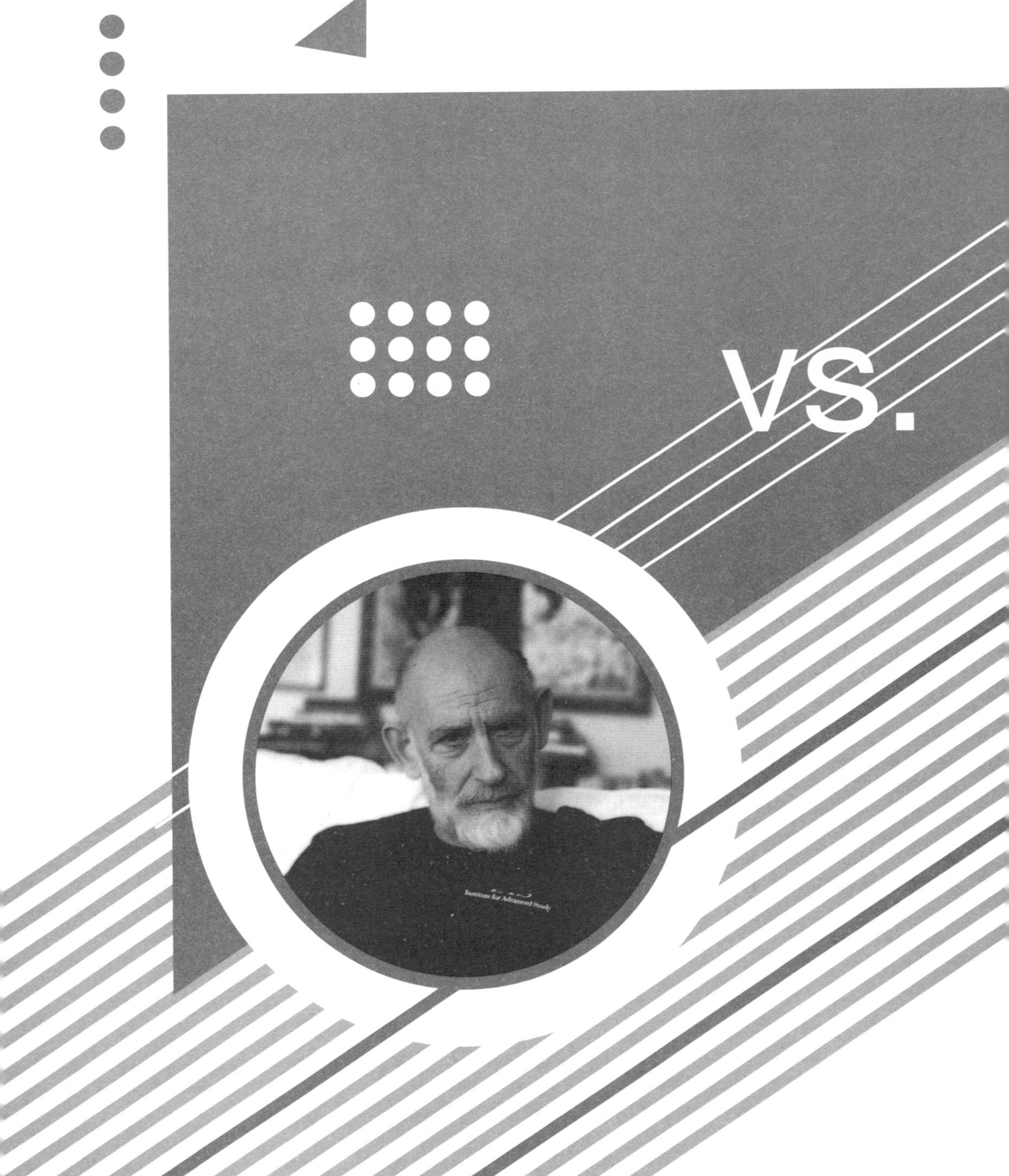
VS.
Institute for Advanced Study

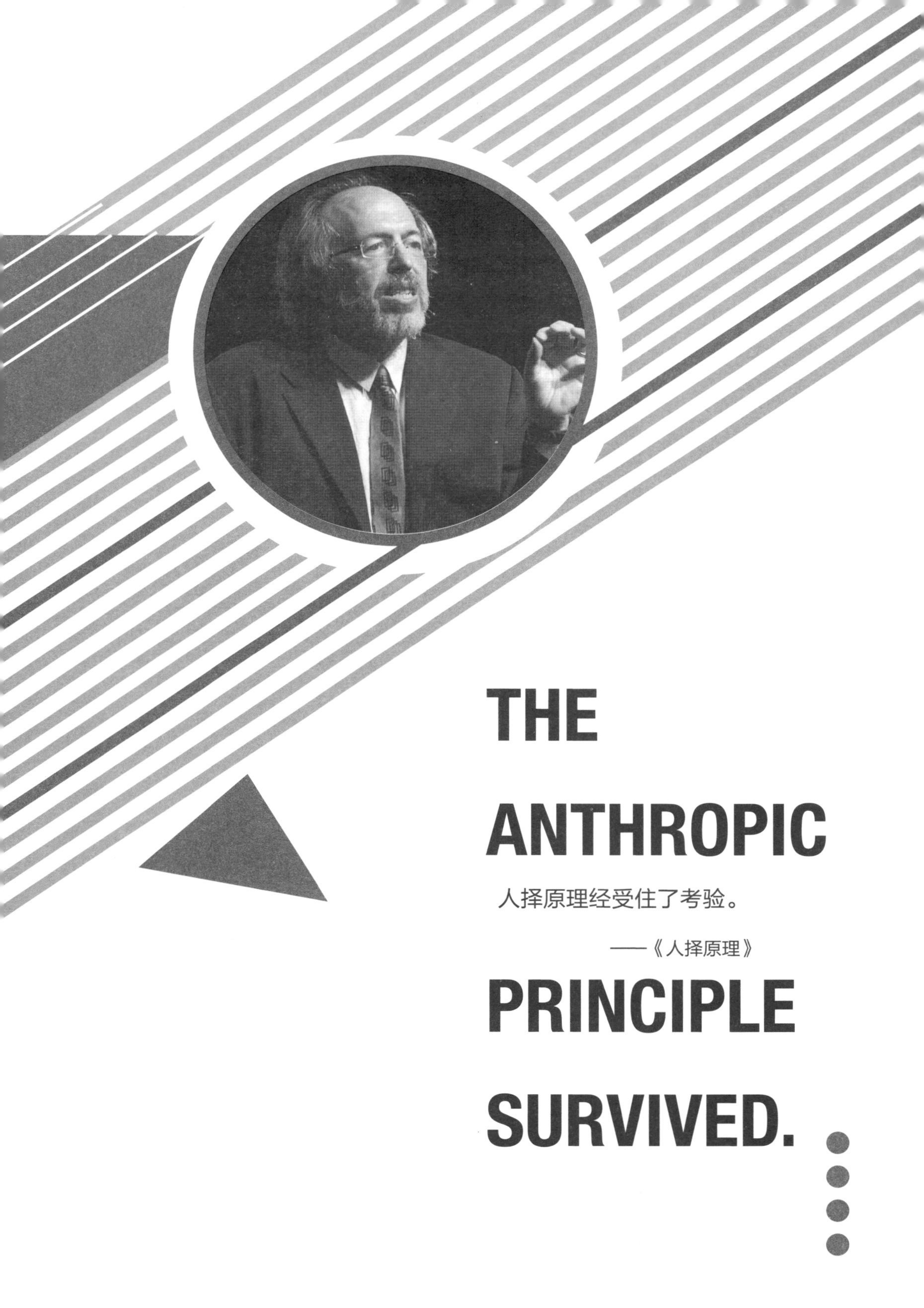
THE
ANTHROPIC
人择原理经受住了考验。
——《人择原理》
PRINCIPLE
SURVIVED.

11

The Anthropic Principle

人择原理

Leonard Susskind

伦纳德 · 萨斯坎德

弦理论之父；斯坦福大学费利克斯 · 布洛赫理论物理学教授；著有《量子力学》《理论中的最小值》

Lee Smolin

李 · 斯莫林

加拿大圆周理论物理研究所创始人之一，理论物理学家；著有《时间重生》

约翰 · 布罗克曼的导言：

2004 年的夏天，我收到了一封伦纳德 · 萨斯坎德发给一个科学家小组的电邮副本，还带着一份名为“答斯莫林”的附件。一场学术争鸣的序幕就此拉开。斯莫林认为，“人择原理不能得出任何可被证伪的预测，因此不能称之为科学”。就此，萨斯坎德与其展开了激烈的辩论。

阅读了两位物理学家的数封邮件后，我问他们是否愿意将部分内容分刊登在 Edger.org 上，同时写一篇新的最终版“回信”公开发表。

他们都表示同意，但有几个条件：第一，每人最多一篇；第二，彼此都不能事先看到对方的文章；第三，事后不能更改。一局定胜负。

对 Edge 的读者来说，这样一次物理学家之间的对话无疑是十分有意义的。了解科学是怎么来的，了解真理越辩越明的过程，对我们的思考极具启发意义。最后，这还是一个很好的例子，展示了 Edge 所关切的，作者们分享其研究领域前沿、同行相处体验以及应对挑战、批评和洞见时的态度。隐喻变幻莫测，自觉棋高一着，知识分子们乐在其中。Edge 所做的，就是吸引更多人关注知识分子们生活的方方面面。

2004 年 7 月 24 日，李·斯莫林发表了一篇名为《人择原理的替代科学理论》(*Scientific Alternatives to The Anthropic Principle*) 的论文。他后来发邮件给萨斯坎德，征询他的意见。由于事先没有机会阅读这篇文章，萨斯坎德请斯莫林做一个总结。以下是斯莫林的电邮全文。

斯莫林答萨斯坎德

亲爱的伦纳德：

非常感谢，很乐意为你做概括。我将从我的主要论点开始这封信。

我认为史蒂芬·温伯格（Steven Weinberg）和加里加（Garriga）以及维连金的观点是错误的。其中的微妙之处在于，他们的观点与其他一些观测事实结果包装在一起。他们在已经是正确的东西之上，添加了人择原理的内容。也正因如此，人择原理只不过是一个正确观点上的附加之物，算不上什么真正的科学论点。

让我们从结构形成理论（theory of structure formation）讲起。这一理论认为："太大的正 Λ 值会妨碍星系的形成。"

而我们确实观测到了星系的形成。因此我们预测，宇宙学常数不会太大。这是合理的观点，也与实际观测相符。

温伯格和其他人的错误之处在于，将人择原理与这一正确的论点糅合在一起。由于其中一个论点确实是正确的，因而这一错误很难被发现。人择原理的加入与这一论点其实毫无干系。

他们的论证逻辑是：A 推出 B；B 是观测结果；B 与理论 C 一起推出 D。

A 代表任何形式的人择原理以及平庸原理（principle of mediocrity），与先验的假设、宇宙的概率分布等一起，再加上我们自身的存在，得出结论，我们应该观测到 B。

B 代表星系已经形成。

C 代表结构形成理论。

D 代表不太大的宇宙学常数。

谬误之处就在于，他们没意识到，第一行的存在根本无关紧要，没了它，D 的预测依然坚实可信。要证明这一点，我们可假设 D 的预测未实现，那么我们会去质疑理论 C（因为观测结果 B 是毋庸置疑的），而不会去考虑 A 的正确性或者 A 能否推出 B。

这跟霍伊尔关于碳的谬误如出一辙。因为碳一定是在恒星中形成的，他从碳在宇宙中的丰富存在轻易地推论出，一定存在特定能量的共振现象。后来的观测证实了这一点。但他错误地将其归因于生命的存在，而这两者之间并不存在必然的联系。

在我的论文中，我指出，人择原理在物理学或宇宙学中的应用要么是犯了以上谬误，要么是含糊不清地想要什么结论都行。通过混乱的假设，它可以与任意观测结果相符。

之后我解释了一个多重宇宙理论要如何提出一个与多重宇宙密切相关的可证伪预测。我给出了可行条件，并指出我们的旧版自然选择思想就可以满足这些条件。

因此，人择原理对我们的科学工作并无帮助，还有不少应对多重宇宙的其他方法。

李

2004 年 6 月 29 日，萨斯坎德就斯莫林的宇宙自然选择理论（theory of cosmic natural selection）写了一篇名为《斯莫林宇宙自然选择理论浅谈》（*Cosmic Natural Selection*）的论文。全文如下。

萨斯坎德回应斯莫林

斯莫林宇宙自然选择理论浅谈

伦纳德·萨斯坎德 斯坦福大学物理系

摘要：我就斯莫林的宇宙自然选择理论谈了一些想法。

在一篇未发表的文章（电邮“答斯莫林”）中，我批评了斯莫林的宇宙自然选择理论［1］[1]。他认为，我们生活在所有可能宇宙中我们最适应的那一个。斯莫林所指的“适应”意为可再生。我在批评中举了永恒暴胀理论的例子，这一理论就具有极高效的可再生机制。如果将斯莫林的逻辑应用到这一例子，那将会得出结论，我们生活在具有最大宇宙学常数的宇宙中。事实显然并非如此。

[1] 此处保留了萨斯坎德在原论文中的文献引用符号。——编者注

斯莫林提出，真正的可再生机制是，跳跃的黑洞奇点导致在黑洞视界之后新的宇宙形成。由此，斯莫林认为自然规律由宇宙中黑洞的最大数量决定。

斯莫林还认为，包括小值宇宙学常数在内的物理参数使得黑洞形成最大化的观点，也没有明显错误。要使这有意义，就必须假设存在一个非常致密的可能性连续集（discretuum of possibilities），换就话说，就是弦理论所支持的那种丰富景观［4］［5］［6］［7］。

斯莫林的估算中涉及的天体物理学细节十分复杂，至少对我来说是这样。但我们还是可以对其基本的理论假设进行评估，尤其是在弦理论所知景观和黑洞知识的前提下。

如我所说过的，有两种机制对再生有主要贡献，一是永恒暴胀，二是黑洞形成。在斯莫林的理论中，黑洞必须占主导地位。考虑到我们宇宙中黑洞的低密度和指数级暴胀的超高效率，这让我们很难相信黑洞可以胜过永恒暴胀，除非因为某些原因，永恒暴胀不可能发生。

斯莫林辩称，我们对永恒暴胀几乎一无所知，但对黑洞我们却了解不少，尤其是它确实存在。这有点不老实。尽管努力许久［8］［9］，但我们了解最少的就是黑洞的求解和宇宙奇点。与之相反，假真空中的永恒暴胀只基于经典的引力理论和半经典的科尔曼-德卢西亚气泡核合成理论（Coleman-De Luccia bubble nucleation）［2］［3］。

虽然有关，但这里的问题不在于通常的唯象暴胀理论是不是永恒暴胀一类的理论。发生在景观中任意假真空最小值内的永恒暴胀，按斯莫林的意思，将偏爱最大宇宙学常数。但为了论点考虑，我同意先忽略永恒暴胀作为再生机制之一。

到底有多少黑洞诞生呢？答案仍然含混不清。如果两个黑洞合并成一个呢，这算一个还是两个？严格地讲，既然黑洞是用球面几何定义的，那这就只算一个黑洞。如果所有恒星最终都落入星系的中央黑洞中了呢？这肯定会大量减少黑洞的数量。所以我们得假设，黑洞越大，可能就涵盖了越多的黑洞。一个巨大的黑洞可能包含 10^{22} 个小一些的星际黑洞。

这带来了一个问题：黑洞到底是什么？我们在过去10年中学到的最深刻的一课就是，基本粒子和黑洞之间没有根本区别。就像特·胡夫特反复强调的，黑洞是基本粒子谱的自然延伸［10］［11］［12］。这在弦理论中尤为明显，黑洞就是高度激发的弦状态。这是否意味着我们要把所有粒子算作黑洞？

首先，斯莫林的理论不仅要求黑洞奇点处于跳跃状态，还要求宇宙学常数之类的参数在这种跳跃中只有微小变化。我有很多理由相信这不太可能。弦理论的连续集确实允许非常密集的宇宙学常数、数谱的存在，但景观中临近的假真空一般不会有非常接近的真空能。就像大山包围的峡谷，彼此之间的样貌深浅不会是一个样的。

其次，斯莫林假设，黑洞的跳跃状态中的能量密度是普朗克式的。就算他的理论说得通，那新诞生的宇宙也应该是普朗克式的能量密度。而斯莫林想要最终的真空能密度值与初始时相同。这就好像从山谷中向山上滚保龄球，到顶后不指望它滚回来，却要滚到 10^{120} 个具有差不多相同能量的其中一个山谷中去。我觉得这不太可能。

最后，我在过去 10 年间已经发现，黑洞不会丢失信息。这是霍金也同意的［13］。这意味着［14］，如果黑洞内部存在着宇宙创生，那新诞生的东西将具有完全独特的量子态，并与初始状态毫无联系。这就使得斯莫林所期待的缓慢突变率（mutation rate）不再可能。

斯莫林似乎认为，他的奇点革命理论即将得到重要证据，也就是他所说的圈量子引力论就差临门一脚。也许吧。但它要么是信息守恒的（新创生的东西对母体没有记忆），要么不是。如果不是，那圈量子引力论就是前后矛盾的。

作者：阿兰·古斯，伦纳德·萨斯坎德，待发表。

参考文献：

［1］ Lee Smolin, Scientific alternatives to the anthropic principle, hep-th/0407213.

［2］ S. R. Coleman and F. De Luccia, *Phys. Rev. D* 21, 3305 [1980].

［3］ S. K. Blau, E. I. Guendelman. and A. H. Guth, “The Dynamics of False Vacuum Bubbles,” *Phys. Rev. D* 35, 1747 [1987].

［4］ Raphael Bousso, Joseph Polchinski, Quantization of four-form fluxes and dynamical neutralization of the cosmological constant, hep-th/0004134, JHEP 0006 [2000] 006.

[5] Shamit Kachru, Renata Kallosh, Andrei Linde, Sandip P. Trivedi, De Sitter vacua in string theory, hep-th/0301240.

[6] Leonard Susskind, The anthropic landscape of string theory, hep-th/0302219.

[7] Michael R. Douglas, The statistics of string/M vacua, hep-th/0303194, JHEP 0305 [2003] 046; Sujay Ashok, Michael R. Douglas, Counting flux vacua, hep-th/0307049; Michael R. Douglas, Bernard Shiffman, Steve Zelditch, Critical points and super-symmetric vacua math. CV/0402326.

[8] G. T. Horowitz and J. Polchinski, *Phys. Rev. D* 66, 103512 [2002][arXiv:hep-th/0206228].

[9] L. Fidkowski, V. Hubeny, M. Kleban, and S. Shenker, The black hole singularity in AdS/CFT, JHEP 0402, 014 [2004] [arXiv:hep-th/0306170].

[10] G. 't Hooft, "The unification of black holes with ordinary matter." Prepared for Les Houches Summer School on Gravitation and Quantizations, Session 57, Les Houches, France, 5 Jul–1 Aug1992.

[11] L. Susskind, Some speculations about black hole entropy in string theory, arXiv:hep-th/9309145.

[12] G. T. Horowitz and J. Polchinski, "A correspondence principle for black holes and strings," *Phys. Rev. D* 55, 6189 [1997] [arXiv:hep-th/9612146].

[13] *New York Times* 7/22/04.

[14] G. T. Horowitz and J. Maldacena, The black hole final state, JHEP 0402, 008 [2004] [arXiv:hep-th/0310281].

2004 年 6 月 29 日，斯莫林回应了萨斯坎德的批评。

斯莫林再次回应萨斯坎德

亲爱的伦纳德：

感谢你能够花时间回复我的邮件。我将尽可能简短地做一些回应，因为最关键的要点都已经在我的论文《人择原理的替代科学理论》中呈现出来了。另外，在我的书《宇宙的生命》（*The Life of the Cosmos*）中以及早前的一些论文中也有详述。

简明起见，我在论文的 5.1.6 节中概括了温伯格论文的两大论点。我在总结中对其中之一进行了批评。你举出另一论点对此进行了回应。实际上，这一论点我也在论文中批评过，只不过在我发给你的总结中并未提及。

第二个论点基于加里加和维连金版本的人择原理，叫作平庸原理。他们为发展这一理论付出了不懈的努力。他们声称，“我们的文明在全宇宙的文明集合体中十分典型”。

我在论文的 5.1.5 节和 5.1.6 节中详细讨论了这个观点。我认为，平庸原理不能得出任何可证伪的预测，因为它建立在一个集合体的定义之上，在这个集合体中我们的文明是一个典型。同时它还依赖概率分布的假设。上述观点的得出结合了一般的看法和温伯格的特例。

如果温伯格的预测如你所说是正确的，那这还对吗？事实上，温伯格的预测并不那么尽如人意。按照他所说的样子，预期的宇宙学常数将比实际观测到的大一些。根据集合体的不同选择和概率分布的不同假设，Λ 如观测结果般大小的可能性在 10% 到万分之几之间。实际上，看上去不太可能的值反而更合理，因为它们得自于密度扰动尺度 Q 可以变化的集合体。在这方面我不是专家，从我阅读到的结果看，似乎是若要使现在宇宙学常数值的概率大到 10%，必须假设 Q 的值由基础理论固定。很难想象，理论中的其他参数不断变化，Q 却保持不变的样子。因为它就是依赖暴胀潜能中的参数的。

但是，由于存在太多变数，缺乏严格的可证伪的预测，任何人都可以继续使用人择原理，随意调整假设，提高概率分布的可能性，使真空能的观测值从 10^{-4} 提高到现实值。没人能说他们不对，这也正是问题所在。

我坚信可证伪性的重要性，因为只有这样才能避免理论学家任意地调整理论使其与数据相符。

萨斯坎德在他的论文中精心论述的观点我很不放心，弦理论真的可以得出我们现如今的情景吗？我因此提出了宇宙自然选择理论并出版了我的第一本书。我的动机是，避免不同理论学家群体间的隔膜，各信各的而不是基于证据的辩论而达成共识。

宇宙自然选择理论的提出不只是为了它本身，也是为了证明人择原理可以用可证伪的理论代替。这个理论同样可以解释所有人择原理所宣称的事情。我选用了弦理论中“景观”这一术语，目的是提出“适应性景观”（fitness landscapes）。这一术语来自一个解释了为什么自然选择理论可证伪的数学模型。

正因为宇宙自然选择理论是可证伪的，所以它欢迎如你一般的科学家进行批评。我简单提一些。

首先是最近的。你认为生命在宇宙的集合体中是一个例外。宇宙自然选择理论不这么认为。在我的论文 5.1.4 节和 5.2 节中描述的逻辑模式，贯穿宇宙自然选择理论的始终。我提出，多重宇宙理论可以得出可证伪的预测，只要宇宙的分布不是随机的。宇宙自然选择得出的分布在参数空间的一个小区域内达到峰值。所以在这种分布中，典型的宇宙在任何随机选取的集合体中都将是极为特殊的。我详细说明了其具有可证伪性的理由。我还说明了为什么黑洞再生作用可以得到一个多重宇宙，在这个多重宇宙中，生命存在的条件十分普遍。尤其是这些生命条件，比如充足的碳元素，也能促进足以形成黑洞的大质量恒星的形成。

其次，永恒暴胀的再生机制与黑洞跳跃的再生机制的说服力大不相同。它源自这样一个事实，任何选择机制只能作用于对再生率有极大影响的调制参数。鉴于标准暴胀理论作用于大统一尺度，永恒暴胀理论的微分再生率只对大一统理论尺度中的参数和真空能敏感。因此，永恒暴胀无法解释任何低能参数的值，比如光夸克和轻子的质量。这意味着它无法解释为什么有许多长寿恒星或处于稳定核束缚状态中的复杂化学过程。

黑洞的再生作用解释了低能物理学的一切谜题和巧合，因为碳化学和年老的恒星等对大质量恒星，也就是后来变成黑洞的那些恒星的形成，至关重要。这能解释一系列已经观测到的事实，并给出了很多可靠的预言。这些内容都在论文中进行了介绍和总结。

至于宇宙自然选择和宇宙学常数，如果两种再生机制存在，那么它们之间就将有一场竞争来决定这个常数。正如你所说，永恒暴胀理论，更倾向于大一些的宇宙学常数。但根据温伯格的第一条论据，如果 Λ 太大，就不会有星系,黑洞也就更少。据我所知,尚无人尝试对这两种机制展开深入的探讨。维连金指出，如果 Λ 太小，会使得旋涡的并合更加常见，进而影响单一宇宙中黑洞的形成率。这一点在我论文第 6.2 节中简单探讨过，我提出，观测值可使黑洞的形成最大化。但我的这一想法还未被仔细研究过。

当然，如果再生的唯一机制就是永恒暴胀，那么宇宙自然选择理论就是错的。但我们知道，有黑洞存在，而且我们有可靠的理论证据证明黑洞奇点的回弹现象。马丁·波乔瓦尔德（Martin Bojowald）和他的同事曾用于研究宇宙学回弹的方法，基于此，我想明年我们就可以有可靠的量子引力学结果来解决这一问题。所以，通过黑洞再生作用的结果，似乎很值得探索。不仅如此，由于恒星和黑洞的形成已被观测到，并可由我们所知的物理学和化学知识来解释，因此我们的研究是牢靠可信的。

我们对永恒暴胀还知之甚少。我们无法观测到它发生与否，也难以单独检验其支撑理论的可靠性。因为与之类似的早期宇宙理论，比如暴胀理论，可以与所有的宇宙学数据匹配，但不会经由永恒暴胀得到再生过程。

我不知道宇宙自然选择理论是不是得到可证伪多元理论的唯一方法，但我只能想到这个。10 多年来，我一直强调，宇宙自然选择理论可以被证伪，如果人们能受此启发，发展出更多可证伪的理论来解释观测参数，那就再好不过了。目前宇宙自然选择理论还未被证明是错误的，但我每天都会阅读天体物理学方面的前沿论文，看看是否有可以否定这一理论的超大质量中子星的被发现。

我很高兴你给这些问题带来了更多的曝光度。但如果弦理论学家最终接受了可预见性问题，妥协于不能产生可证伪理论的困境，那就太糟糕了。不可证伪理论的关键就是无法证明它是错的。如果我们同行中的大多数人都能接受一个无法被证伪的理论，那科学的发展就会受阻。那么就可能会导致出现错误却不能被证伪的理论主导科学界的局面。

祝好

李

萨斯坎德的“最终回信”

当我被问起是否愿意在Edge网站上继续与斯莫林争辩时，其实我是拒绝的。原因是，一般大众听起来最容易理解的答案往往不是最正确的。门外汉会说：“我懂了，为什么那家伙说得这么麻烦呢？”好吧，这是因为那些你听得懂的简单答案往往带有极深的技术漏洞，而正确的答案又往往很难用几句话解释清楚。像我这样的人能说的只有：“相信我。我知道我在做什么，那个人可就未必了。而且，还有谁谁谁同意我的观点。”这容易给人留下不好的印象。大家可能会不欢而散。那我为什么又同意了呢？可能是因为我爱物理学，但主要是……我也不知道为什么。简而言之，以下是斯莫林所质疑的物理学和宇宙学观点：

（1）在遥远的过去，宇宙暴胀到了极大尺度，要比我们现在看到的这部分大许多个数量级。大部分宇宙存在于宇宙视界之外，无法被直接观测到。

（2）暴胀机制的结果是一个填满了阿兰·古斯所称的“口袋宇宙”的多样性宇宙。我们就处于其中一个。有些人称这个超级宇宙为“多重宇宙”，我则更喜欢“超宇宙”（megaverse）这个词。这种口袋宇宙的不断生长和增殖被叫作永恒暴胀。

（3）弦理论包含了一个口袋宇宙中局域自然规律可能具有超量可能性的情况，我们将这种局面的总和称为“景观”（Landscape），而种种可能性则叫作“环境”(environments)。大多数环境与我们所处的环境差别很大，并且不允许生命存在。至少是不允许我们所知的生命存在。

（4）结合（1）（2）（3），宇宙就是一个由巨量局域环境组成的超宇宙。对我们而言，这个超宇宙的绝大多数环境是绝对致命的，也有一小部分可能比较宜居。我们就生活在那一小部分里。

仅此而已。

结合理论与实验物理，我们有充足的理由相信（1）~（4）条。实际上，我想没有人会不同意（1）。假设（2）并非（1）的伴随结果，但在传统暴胀理论中很难避开（2）。

这其中用到的物理学知识与量子场论和广义相对论中运用的方法很相似。这种极为可靠的方法叫作科尔曼 - 德卢西亚半经典瞬子隧道效应。这一方法源自业界泰斗西德尼·科尔曼和他的合作者弗兰克·德卢西亚（Frank De Luccia）的一篇著名论文。它从 20 世纪 30 年代就被用来解释放射性原子核的衰变。

对于（3），弦理论学家对它是好是坏有分歧，但几乎没人质疑其正确性。只有一个人曾认真地挑战过它，但结果是他错了。不管怎么说，我和斯莫林是都同意（3）的。我们应该也都同意，大部分“景观”对于我们来说都是致命的。最后说到（4），问题来了。在我看来，第 4 条就是将前三条的简单汇总。但斯莫林有别的想法，（4）的存在与之格格不入。

就让我们先假设这 4 条都是对的。那我们所处的环境是由什么决定的呢？换句话说，为什么我们是处于这样的口袋宇宙中，而不是在其他宇宙中？为了搞清问题所在，我们用更熟悉的背景做一下替换，将（1）~（4）类比替换为众所周知的宇宙。

（1′） 宇宙很大，半径大约为 150 亿光年。

（2′） 宇宙的膨胀导致了大量致密天体的诞生，最少有 10^{23} 个太阳系统。

（3′） 从寒冷的星际空间到炽热的恒星内部，行星、卫星、小行星和彗星点缀其间。引力定律、核物理学、原子物理学、化学以及热动力学综合作用的结果是环境的丰富多样性。即使是行星，环境的多样性也十分明显，正如从水星到冥王星那样。

（4′） 宇宙中充斥着各种各样的环境，大多数是不适宜生命存在的。但宇宙是如此之大，从统计上讲，是可能存在一个或更多宜居行星的。

我想没人会质疑上述几点。但是什么决定了我们处于哪种环境中呢？尤其是，是什么决定了我们星球的温度处于冰点和沸点之间？答案是，没什么能够决定。宇宙环境的温度跨度从接近绝对零度到几百万摄氏度。没什么能决定我们所处的环境，只是因为我们存在，才有人去问这个问题！介于冰点与沸点之间的温度是因为生命需要液态水。仅此而已。没有其他解释［1］[①]。

此处保留了萨斯坎德在原论文中的注释符号。——编者注

这种缺乏想象力、老生常谈的逻辑有时被称作人择原理。要强调的是，我说的人择原理是种很浅显的东西。我可不是说一切物理学定律都可以从生命存在条件中得出，只有那些存在于局部环境中的生命必须条件才是如此。

我们假设地球是完全被云覆盖住的，或者我们生活在海底。一些不喜欢我们观点的哲学家可能会反对说，我们的（1′）~（4′）条假设是不可证伪的。他可能会说既然不能穿透云层观察到那些不宜居住的环境，那这个理论就是不可证伪的。在他看来，这是一名科学家所能犯下的最大罪过。他可能会这样说：“科学意味着可证伪性。如果一个假设不能被证明是错的，那它就不能算是科学。”他甚至可能引用卡尔·波普尔（Karl Popper）来作为权威。

在我们看来，那些迷糊的可怜同行是可笑的。如果都明白这是正确的事，谁还关心它能不能证伪。

更过分的是，就连可证伪性，他说的也不对。这就有个办法，不用穿过云层也能证明人择原理是错误的：假设以无与伦比的精度测得地球的平均温度是 T=50.000 000 000 000 000 000 000 000 000 000 000 000 000 000 000 000 000 000 000 000 000 000 000 000 000 000 000 000 000 000 000 000 000 000 000 000 0 摄氏度。换句话说，温度恰好处于冰点和沸点的中间，精度高达小数点后 100 位。那我们就会认为人择原理的背后还有其他事物在起作用。生命的存在无法解释平均温度如此对称地处于冰点和沸点之间。所以发现这样一个温度可以颇为肯定地知道生命的存在并非是温度处于 0℃～100℃之间的原因。

斯莫林对（1）～（4）的批评集中在它们的不可证伪性。但人择原理其实不难想到证伪的方法。比较有名的就有温伯格的预言，如果人择原理是对的，那宇宙学常数就不应正好是 0，这与我举的例子非常相似。温伯格试图对人择原理进行证伪，他失败了。人择原理经受住了考验。在温伯格的《终极理论之梦》（*Dreams of a Final Theory*）一书中对此有详细介绍。

斯莫林说的“不可证伪的”大概是指，其他口袋宇宙永不可能被直接观测到，因为它们都被不可穿透的面纱，也就是宇宙视界遮挡在后。根据我多年的科学研究经验，我听过太多的优秀理论被不可证伪性所纠缠。所以我现在都觉得只有招来这种批评的理论才是真正的好理论了。我举一些例子来说明。

在心理学中，你可能会觉得，大家都同意潜意识的存在。斯金纳（B. F. Skinner）就不这样想。他是行为主义科学运动的领袖，将一切不能直接观测到的东西都斥为不科学。行为主义者认为，心理学唯一有效的课题就是外部行为。关于情绪或者病人大脑的看法都被指责为不可证伪。现在，大多数人都会说这实在是愚蠢之极。

在物理学领域，在夸克理论发展早期，众多反对者斥其为不可证伪的。夸克在质子、中子和介子中被永恒地禁锢在一起。它们永远不可能被分开而单独检验。因为它们就好像藏在另一种面纱之后。进行指责的物理学家都有自己的理论，而夸克的存在与其不符。但到了现在，就没有人再质疑夸克理论的正确性了。它已经是现代物理学基石的一部分。

另一个例子是阿兰·古斯的暴胀理论。1980年，要回溯暴胀时期找到这一现象的直接证据是不可能的。因为有一层叫作“最后散射表面”（surface of last scattering）的不可穿透面纱阻碍着对暴胀进程的任何观测。我们很多人确实担心没有合适的办法检验暴胀理论。有些人，通常是那些有着竞争性观点的人，宣称暴胀理论是不可证伪的，因此不是科学。

你可以想象拉马克学派的人批评达尔文的样子：“你的理论是不可证伪的，达尔文。你不能回到过去，回到自然选择发挥作用的百万年里。你最多只能有一些旁证和不可证伪的假设。与之相反，我们的拉马克理论就是科学的，因为它可以证伪。我们只需要造一群人，让他们每天去健身房举重几小时。数代之后，他们后代刚出生时就会肌肉发达。”

拉马克派学者说的没错，他们的理论确实被轻易地证伪了，但这并没有让他们的理论比达尔文的更好。

有些人用地质构造、同位素形成、恐龙骨头来声称世界创始于6 000万年前。绝大多数科学家都会指斥说：“它不可证伪！”我相信斯莫林对此会表示同意的，我也一样。但它的对立面，宇宙并非这样形成，也同样无法证伪。事实上，创世论者也正是这样声辩的。根据僵硬的证伪性教条，“创世的科学”和科学的科学都是不科学的。我希望这荒谬的情景还没把读者弄糊涂。

好的科学方法不是哲学家指定规则的抽象集合。它是由其自身和创造它的科学家所限定和决定的。对一个在20世纪60年代探测到独立粒子的粒子物理学家来说科学的证据，对现在的夸克物理学家并不适用。因为夸克是不可能被单独拿出来的。我们不要本末倒置，科学就是那匹背负着哲学缰绳的骏马。

夸克、暴胀理论、达尔文进化论，在我所举的每一个例子中，指责者都犯了同一个错误，他们都低估了人类的创造性。高精度的间接检验夸克的理论没管用几年。做实验确认暴胀理论用了 20 年，对达尔文理论的决定性检验则用了 100 多年（有些人甚至觉得还需要验证）。100 年后的生物学家所能采用的科学手段是达尔文及其同辈人无法想象的。那些指责不可证伪性的人，实际上是他们自己缺乏验证那些理论的想象力。我们有可能对永恒暴胀和景观理论进行验证吗？反正我觉得有可能，尽管可能像夸克那样，只能间接验证，而且包含不少理论性，可能不为某些人所喜。

最后我要指出，提出不可证伪指控的人都有着自己的目的。斯莫林有他自己的理论，基于黑洞内部的一些想法。这当然没什么错，斯莫林完全可以这么做。

斯莫林相信，在某种意义上，宇宙可以再生，母宇宙可以孕育子宇宙。就这一点，我和大多数宇宙学家也是同意的。现在需要谈谈语义学了。“Universe”这个词在英文中就是为了表述所有一切存在集合的，所以它不应该有复数。但现在物理学家和宇宙学家们已经习惯这个语义学错误了。有时我们说的是一切存在集合，但有时我们说的是具有特定属性的一个膨胀空间。比如，我们可以说，在我们的宇宙中电子比质子轻；在某些更远的宇宙，电子比质子重。阿兰·古斯的“口袋宇宙”用在这里可能更妥帖一些，但就是不太好听。

虽然我们都同意某种形式的宇宙再生过程可以发生，但其机制存在分歧。一般的膨胀就是一种形式的再生。比如，如果宇宙的半径加倍，那你可以想成 1 立方米拉伸成 8 立方米，或者也可以认为是原始的 1 立方米产出了 7 立方米。暴胀是空间的指数级膨胀。可以将它理解成区域群的指数级增殖。还有，根据绝对标准原理（absolutely standard principles），这些后代的环境可以与上代有所不同。在这个意义上，一群口袋宇宙以指数级的形式随着暴胀再生着。

现代永恒暴胀理论认为，上宇宙永远在暴胀，不断产生新的口袋宇宙。这可以类比为生命之树。任何物种最终都会灭绝，但树却在不断萌发新的枝丫。同样，一个口袋宇宙最终会走向死亡，但永恒暴胀还会继续前进。就像有机生命的族群，在数量上处于统治地位的是那些再生最快的生物（细菌），空间的体积主要会被暴胀最快的环境占据着。这种环境，我认为是完全致命的。如果永恒暴胀是对的，那我们这种局部环境就不可能是典型的。典型的应该是具有最大宇宙学常数的那种。斯莫林的再生机制要想成功，永恒暴胀就不能发生。

斯莫林提出的再生过程发生在黑洞内部。他相信在黑洞的深处，奇点是新宇宙的源头。无限压缩、加热的物质收缩、反弹而后膨胀成新的宇宙。根据这种机制的假设，一个新的宇宙就在黑洞的内部诞生了。这意味着新的宇宙可以隐藏在母体之后，视界之外，膨胀、生长成一个真正的宇宙。还有，按照斯莫林的宇宙自然选择理论，子宇宙还必须具有与母宇宙不同的性质。随机突变必然存在。

斯莫林根据生物学范式又追加了一条假设。在生物学领域，孩子会通过基因遗传父母的特征，突变的影响只有一点。斯莫林必须假设后代宇宙与前代宇宙的差别非常小。更精确地说，他假设子宇宙中的物理学常数与母宇宙中的相差无几。自然选择理论必须要有这条假设才说得通。

那这条假设有什么用呢？因为在生命进化中，只有再生能力最强的会传承下去。由此，斯莫林认为黑洞形成能力最强的口袋宇宙将占大多数。所以斯莫林认为我们的宇宙中物理学定律和自然常数就应该是调成了能够最大化黑洞形成的情形。斯莫林认为，因为不需要人择原理，所以他的理论更“科学”。

这个想法真是棒极了。你可以在网上查阅斯莫林的论文。登录 http://www.arxiv.org，物理学家们会在这个网站上发表他们近期的工作。在“广义相对论和量子宇宙学”分类中，查找 gr-qc/9404011。这是斯莫林提出宇宙自然选择理论的第一篇论文。他 1994 年的这篇文章写得不错，读起来也赏心悦目。但却没有吸引多少物理学家或宇宙学家关注。当我查询这篇论文的后续文章，看看有没有新进展时，我发现这篇论文只被引用了 11 次，其中 4 次来自斯莫林自己，还有两次是对它进行反驳（其中之一我认为是错误的）。

我不知道为什么斯莫林的想法没引起多少关注。我真的认为它不应如此。但我知道我为什么持怀疑态度。有两点理由，一点比较偏技术，另一点为非技术原因。

首先说非技术原因。坦白讲，我很怀疑我们的法则使得我们宇宙中的黑洞数量最大化了。假设我们这个口袋宇宙中每颗恒星都会最终坍缩成黑洞，那么目前观测到的宇宙部分中黑洞的数量最终会达到大约 10^{22} 个。但随着时间流逝，一个给定星系中的所有黑洞都会落入星系中心的中央黑洞。那最终黑洞的数量将会是星系的数量，即大约 10^{11} 个。斯莫林希望黑洞越多越好，因为根据他的理论，我们宇宙的黑洞要比其他可能存在的宇宙多。但根据严格的黑洞定义，较小的那个数才是对的。我再大方点，用一个宽松的黑洞定义，将那些临时看起来像黑洞的也算在内。但要按这个规则，那么物理学定律简单改动一点，就会有比现在多很多的黑洞存在。

比如，如果宇宙早期的分钟密度反差不那么小，小到不自然的 10^{-5}，那么宇宙就会被小黑洞所占据。这些黑洞可能会合并成大一些的黑洞，但我说了要大方一点，把这些都算在内。

密度反差的增加再结合引力强度的增加以及快速暴胀的背景，将会得到巨量的黑洞。如果引力变得尽可能大，那么除了光子和引力子之外的每一个基本粒子都将成为黑洞！

我与斯莫林的观点正好相反。如果宇宙被黑洞占据，那么全部质量都会被吸进去，生命也不可能存在。在我看来，很显然我们居住的世界令人意外得平滑，无须担心那些饥不择食的怪物吞噬我们的生命。我认为黑洞的缺少正是人择原理的一个标志。

现在，我再来说更严格、更具有科学意义的技术性理由，这个理由我觉得很关键，但门外汉看起来可能没什么大不了的。斯莫林的观点与霍金的旧断言紧密相连。霍金曾声称，信息在落入黑洞后会被困在视界之后。斯莫林认为母宇宙在跳跃的奇点传递给了子宇宙大量的信息。但近10年的黑洞物理和弦理论研究已经表明，没有这么传递的信息。

部分读者看到我正在说的这个话题可能觉得熟悉。任何看过最近丹尼斯·奥弗比（Dennis Overbye）在《纽约时报》上发表的文章的人都知道，关于落入黑洞的信息的最终命运这一课题，已经争论不休了很多年。霍金、我本人，还有著名物理学家杰拉德·特·胡夫特以及许多其他的著名物理学家都参与其中。霍金曾认为信息会消失在视界之后，也许是进了子宇宙。这与斯莫林黑洞中的后代宇宙观点相一致，子宇宙多少会保留一些母宇宙的信息。而我和特·胡夫特则认为什么也不会损失。有趣的是，就在一两周前，关于宇宙自然选择理论的辩论之时，同一个话题引起了媒体的注意。霍金改变了他的看法，收回了自己的观点。

从斯莫林提出他的观点到现在，在过去的10年间，黑洞争论已经基本解决了。黑洞不损失信息已经成为共识。这里我列举一些颇具影响力的文章，你可以自己查阅：hep-th 9309145，hep-th 9306069，hep-th 9409089，hep-th 9610043，hep-th 9805114，hep-th 9711200。这6篇文章的引用数总和已接近6 000次。其中一篇的作者最近还与其他人联合发表了一篇文章（hep-th 0310281），直接攻击斯莫林的论文。我提醒过你，我会说“除此之外，谁谁谁也同意我的观点”，但你至少自己先看一下。

这些论文的推论是，没有信息能在黑洞中心无限剧烈的奇点活动中幸存。即使这个子宇宙真的存在，也不会与其母体有任何特别的相似性。鉴于此，宇宙的自然选择进化史实在是无稽之谈。

尽管引用数众多，我肯定还有物理学家觉得上述文章不够令人信服。他们完全有权保持怀疑，但本文的读者应该明白，他们是在逆流而行。

最后我引用一段斯莫林的评论，我觉得很有启发性。他说：“萨斯坎德在他的论文中精心论述的观点我很不放心，弦理论中真的可以得出我们现如今的情景吗？我因此提出了宇宙自然选择理论并出版了我的第一本书。我的动机是，避免不同理论学家群体间的隔膜，各信各的而不是基于证据的辩论而达成共识。”

首先，“不同理论学家群体间的隔膜”作为提出一条科学假设的理由是非常荒谬的。

但让我更加迷惑不解的却是，斯莫林倾向于让自己成为好科学与坏科学的裁判。那些认为人择原理值得认真对待的人都是些著名的物理学家和宇宙学家，他们有着杰出的科学研究经验和成果。这些人包括：史蒂芬·温伯格［2］、乔·坡钦斯基［3］、安德烈·林德［4］以及马丁·里斯先生［5］。这些人可不是傻瓜，他们也不需要被教导什么才是好科学。

注释：

［1］当然你可以说，是地球与太阳之间的距离决定了温度。但这只不过是换了个问题：“为什么我们的地球就恰好处在这么一个距离上？”

［2］得克萨斯大学物理学教授，1979 年诺贝尔奖获得者。

［3］卡弗里理论物理学研究所（Kavli Institute for Theoretical Physics）物理学教授。

［4］斯坦福大学物理学教授；众多奖项和荣誉获得者，包括狄拉克奖（Dirac Medal）和富兰克林奖（Frankin Medal）。

［5］英国皇家天文学家。

斯莫林的“最终回信”

非常高兴萨斯坎德能花时间回应我关于人择原理的论文《人择原理的替代科学理论》，并讨论了宇宙自然选择理论。对我而言，萨斯坎德是他那一代基本粒子物理学家中最具启发性的人物。实际上，圈量子引力论的最初想法就来源自我将他关于规范场论的工作应用于量子引力理论的过程之中。20 世纪 90 年代末，因为他的几篇论述狭义相对论与弦理论相容的论文，我再次开始研究弦理论。

因此，当萨斯坎德开始讨论我以前提出的一种弦理论观点后，我是非常高兴的。但我也有些困扰，他和其他弦理论学家是认可人择原理的，而我在再三考虑后认为，它不是一个成功的科学理论基础。

为了提出更好的理论，我构造了一些条件，得到了一个基于真实科学理论景观的理论。也就是我提出的宇宙自然选择理论。这些都已囊括在我的书《宇宙的生命》中。

萨斯坎德就这些问题所写的文章使我进行了重新思考，检查是否有新发现能够改变我的想法。因此我写了一篇文章，小心讨论了人择原理和它的替代原理［a］[1]。开始时存在了一些误解，萨斯坎德的回应是针对一篇总结而非文章全文。不过我的主要观点也都体现出来了，并没有什么需要修改的。这封回信是针对萨斯坎德在我们讨论期间发表的一篇文章的回应，他在文章中对宇宙自然选择理论给出了一些批评［b］。

[1] 此处保留了斯莫林在原回信中的文献引用及注释说明符号。——编者注

我们在若干重要问题上能够达成共识。比如，在基础物理学领域，我们都同意一系列可能理论组成了景观；在宇宙学领域，大量像我们的宇宙一样的区域共同组成的多重宇宙理论。我们主要在一件事上存在分歧：多重宇宙的再生机制。

我的主要看法是，如果再生主要是通过黑洞，就像宇宙自然选择理论论述的那样，那么弦理论会更有说服力。这是我非常想说服萨斯坎德和他的同事的一点，因为我认为他们依赖的人择原理和永恒暴胀理论是不堪一击的。

萨斯坎德认为永恒暴胀才是再生的模式。但就算萨斯坎德所认为的永恒暴胀和弦理论景观都是对的，会发生什么呢？

温伯格、维连金、林德等人认为，这样真空能的值就可以得到解释。因为是真空能决定了在永恒暴胀中有多少宇宙产生以及每一个宇宙有多大。

然而更细致的检验暴露出两个问题。第一，目前该理论作出预测的方法存在逻辑漏洞，或者说含混不清，可以任意设置假设而得到不同的预测。这一点在我的论文的 5.1 节有详细论述。第二，即使第一点勉强通过，这一理论也无法解释除了真空能之外的更多东西。正如我在我的论文 5.1.4 节讲到的，这是因为统计学选择机制只作用于那些强烈影响宇宙形成数量的参数。这种永恒暴胀理论中选择机制涉及暴胀，所以它发生在极大尺度之上。那么那些低能参数，比如光子质量和轻子，则对宇宙形成数量没什么影响。

为了协调低能参数，就必须有一个选择机制对低能物理学敏感。那么，哪种多重宇宙中的宇宙再生机制里的宇宙诞生数量，是对光夸克和轻子质量敏感的呢？我的回答是，应该在弦理论景观中寻找答案。

而我唯一能想到的答案就是通过黑洞的再生机制。它之所以有效，是因为黑洞形成的多少牵扯到大量低能物理学和化学机制。

萨斯坎德抱怨说这太复杂了，但不复杂不行。我们面对的问题很奇怪，正如那些发明了人择原理的人所说，低能物理学似乎都调整好了，以产生碳化学和长寿恒星。宇宙自然选择理论可以解释这一切，因为质量大到足以形成黑洞的恒星的形成，就依赖于碳以及较长寿命恒星的存在。

因此，如果你因为永恒暴胀理论能够解释真空能的数值，那你应该更喜欢宇宙自然选择理论。因为它更具说服力，它可以提供目前唯一一个能根据弦理论对低能物理学参数作出解释的理论。还有，正如我在论文中所说，宇宙自然选择理论中的选择机制是可证伪的，而永恒暴胀理论提出的那些却是含混不清的，难以给出一个清晰的预测。

不止如此，在这种选择机制中低能物理学和化学占据主导作用，所以我们对它的了解比永恒暴胀理论更充分。其中的动力学、参数我们了解很多，我们还可以用检验相对充分的天体物理学模型，来研究参数的微小变化对宇宙数量的影响。这些都是永恒暴胀理论无法实现的，它有一大堆可以符合观测的模型，但是却都可以根据永恒暴胀给出不同的预测。

当然也有可能两种机制都起了作用。这个研究很有意义，目前还没有人进行。说萨斯坎德所谓的永恒暴胀是宇宙再生的主导机制，还言之尚早。我们的宇宙中“仅”有 10^{18} 个黑洞，但宇宙自然选择理论中的总数要远远大于这个数值，如果不是这样，这个机制就无法成立。

萨斯坎德对自然选择理论的直接批评很容易回答，其实我早就考虑过。

他就每个黑洞能产生多少新宇宙提出了疑问。在最初的自然选择理论中，我认为是一个，但后续的估算显示，这个数值可能是变化的。我在《宇宙的生命》的第 320 页就此进行了讨论，读者可以查阅。我的结论是，如果宇宙创生的数量随质量的一次幂以上增加，那么这个理论就很容易被证明是错误的。虽然尚未发生，但并非不可能，这也是证伪宇宙自然选择理论的方法之一。这并不是坏事，因为一个理论越乐意接受证伪，就越是一个好的科学理论，而且一旦它经受住了考验，我们就会更重视它。

宇宙自然选择理论有一个假设：新的宇宙诞生时，低能参数的平均变化很小。萨斯坎德说他直觉上对这一假设在弦理论中能否成立表示怀疑。如果萨斯坎德是正确的，那么宇宙自然选择理论和弦理论就不能共存。但我对他的直觉并不认同。要解释这一点我得用很多专业术语，不过你要知道的就是，目前还没有精细的计算对此作出定论。但现状很快会改变，如在前面提到的，圈量子引力论中的方法可以解决这一问题。这些方法也许可以帮助我们研究新理论中的奇点是怎么回事，还可以提供一个更好的框架来理解永恒暴胀。

接下来是萨斯坎德对黑洞的论述。他说：“我在过去 10 年间已经发现，黑洞不会丢失信息。这是霍金也同意的。”他由此得出结论：“这意味着，如果黑洞内部存在着宇宙创生，那新诞生的东西将具有完全独特的量子态，并与初始状态毫无联系。这就使得斯莫林所期待的缓慢突变率不再可能。”

关键问题来了，萨斯坎德认为，在不违反量子理论的准则和弦理论的前提下，黑洞无法起到它在宇宙自然选择理论中的作用。我很确定他错了。这个问题的关键要落在量子引力理论上，而那些粒子物理学出身的弦理论学家可能很难理解。

关于黑洞“丢失信息”的讨论涉及黑洞形成和蒸发的过程。霍金在 1974 年推测，在这个过程中，宇宙初始状态信息会丢失。萨斯坎德等人对此一再反驳，认为这会违反量子物理学的基础定律。

霍金最初提出这个问题时，认为黑洞会完全蒸发，宇宙与原来的样子相同,但少了些信息。这确实是个问题,但不是我们现在要讨论的。现在说的是，黑洞奇点处于跳跃状态，在其位置上产生新时空区域的情况。那时会存在两个空间区域，原来的和新的。如果是这样，那么部分进入黑洞的信息就会到达新的空间区域。在原宇宙的人看来，信息就好像是丢失了，但它们并没有被摧毁，它们只是留在了新宇宙。

首先要说明的是，如果事实如此，就并没有违反量子力学的定律。我们所知的量子力学中可没有不允许观测者无法看到全局的情况。多数的量子信息理论和量子密码学都是这个情况。应用于此情况的一般量子理论也早有提出，能量守恒、概率守恒等基础性质也得到了保留。马可·波罗和他的同事就利用这种量子信息论中的方法，构造出即使观测者无法得到全部信息来识别量子态，也能成立的量子宇宙学 [c]。信息从未丢失，只是并不是所有观察者都能看到。

所以没什么好担心的：子宇宙在黑洞中创生，而部分原宇宙信息留在其中并不会对量子物理学理论有什么大影响 [d]。

其次，我们有理由相信，在量子引力中，由于缺乏理想时钟，本地观察者看到的信息是零碎的。在粒子物理学中，是以理想的方式处理时间的，时钟被假定存在于量子系统之外。但当将量子物理学应用到全宇宙时，我们就不能这么假设了。时钟必须作为系统的一部分研究。正如米尔本（Milburn）[e]以及甘比尼（Gambini）、波尔图（Porto）、普林（Pullin）三人[f]分别独立指出的那样，这将会导致信息丢失。这是因为，在读取时钟的过程中，存在量子力学的不确定性。因此我们无法得知指针的移动对应了多少物理时间。所以我们若想知道时钟有确切读数时的量子态，就会有随时间增加的附加统计不确定性混杂其中。（尽管如此，能量和概率还是守恒的。）但是，正如甘比尼、波尔图和普林所说，即使使用最好的时钟，黑洞中困住的信息也会被这种不确定性左右。这意味着，即使信息在黑洞蒸发中丢失，也没人能用一个真的物理时钟做实验，并将其展示出来。

我相信这些可以回答量子力学的担忧，但我其实还没说到萨斯坎德的断言，“我在过去 10 年间已经发现，黑洞不会丢失信息”。

我发现，要想清楚、客观地考虑弦理论中的问题，就需要先将假设与事实区分开。因此，在过去的几年，我一直在认真阅读，了解弦理论关键假设的进展。研究结果发表在两篇论文中[g]。

鉴于此，我不得不说，在弦理论中，真实的结果而非目前尚未被证实的假设，并不像萨斯坎德说的那样支持他的断言[h]。

弦理论中关于量子黑洞有两类结果。一类涉及特殊黑洞的熵，这种黑洞有着接近最大值的电荷和角动量。这种特殊类型的黑洞令人印象深刻，但在结果发表后差不多 10 年间，大家都无法将它们囊括到典型黑洞的范畴中。弦理论成功解释的黑洞具有一个天体物理学黑洞不具有的属性：它们有正比热（positive specific heat）。这意味着当加入能量时，它的温度会上升。但多数引力束缚系统和大多数黑洞有着相反的属性：加入能量，温度降低。弦理论中用到的方法目前看上去只对具有正比热的系统有效，因此还不能对典型天体物理学黑洞作出结论。

另外一些结果则与胡安·马尔达希纳的一个假设有关。根据这个假设，具有负宇宙学常数的时空中的弦理论，与一种没有引力的普通量子系统相同。这种普通量子系统叫作规范场论，是电磁学的一般化应用。即使马尔达希纳的假设是正确的，存在使观测者在很长时间内看不到部分原宇宙信息的子宇宙也是不合理的。只有不同区域真正能够随机接触，那么在有限的时间内，也是有可能接收到进入子宇宙的信息的。

但马尔达希纳的假设毕竟还未被证实。有大量证据表明两个理论间存在联系，但目前所有结果与两理论间的弱关系都比马尔达希纳假设更一致。这个较弱的联系最初是威滕在论文中提出的，就在马尔达希纳假设提出后不久。除了个别情况，所有证据都与威滕的较弱假设相一致。那些特殊情况也可以用特殊对称性来解释。在这里我们要介绍一条基本逻辑规则，当一系列证据可以由两套假设来解释，一个强一些、一个弱一些，那么只有弱的那个才能被认为是有证据支持的。

但是威滕的假设只要求两个理论中有部分近似的联系。它并不反对子宇宙的存在或是黑洞的信息丢失。比如，威滕展示了如何用其他理论中的结果研究某些黑洞，但这些黑洞又是非典型的正比热黑洞。

讨论涉及全息原则（holographic principle），它由特·胡夫特提出，并由萨斯坎德引入弦理论。萨斯坎德提出了全息原则的一种强作用形式，并认为一个系统的完整描述存在于它边界的自由度之中。他将马尔达希纳假设作为范例。在这里，我依然相信与马尔达希纳假设相反的较弱形式，根据这一形式，面积与信息存在关系，而边界则不需要具备对它内部情形的完全描述［i］。

我还要对萨斯坎德的另一段话表示怀疑："就像特·胡夫特反复强调的，黑洞是基本粒子谱的自然延伸。这在弦理论中尤为明显，黑洞就是高度激发的弦状态。这是否意味着我们要把所有粒子算作黑洞？"

如我所说过的，弦理论相信它所描述的黑洞只是非常特别的一类黑洞。只有在这种情况下，它们才间接地与弦理论描述的状态相关，但它们实际上并非是弦理论中的激发态，反而是一种叫作 D 膜的东西。那么萨斯坎德肯定把弦理论的任何状态都叫作“一种高度激发的弦状态”。但在这里，这种论辩空洞乏力，因为恒星、行星以及人也是“高度激发的弦状态”。无论如何，除非弦理论中有对典型黑洞的详细描述，否则评价萨斯坎德和特·胡夫特的假设正确与否，还言之尚早。

萨斯坎德还试图借用霍金的权威。没错，霍金曾声明了他改变对这个问题的看法。但他到现在也没发表一篇论文，他最近的转述演讲也没提供足够的细节，我们难以判断他对这种改变的认真程度。

接着，萨斯坎德提到了一篇霍洛维茨（G. T. Horowitz）和马尔达希纳的论文，他就此声称：“这意味着，如果黑洞内部存在着宇宙创生，那新诞生的东西将具有完全独特的量子态，并与初始状态毫无联系。这就使得斯莫林所期待的缓慢突变率不再可能。”

我阅读了那篇论文，并与其作者取得了联系。萨斯坎德误解了它的推断。实际上那篇论文并没有证明黑洞中不存在信息丢失。它只是假设其成立，然后提出了一种信息不会丢失的机制，作者本人也承认这完全是猜测性的，并非得自理论。他们并没有排除信息进入子宇宙的可能。实际上，马尔达希纳还回信给我说：“如果黑洞真的能跳跃成第二个大区域，那我也认为我们的提议是错误的。”［j］

最后，萨斯坎德说，除非圈量子引力论同意他关于黑洞的假设，否则它就是自相矛盾的。我必须强调，目前已经有足够严格的结果［k］来构建圈量子引力论的量子几何描述的自洽性。它能否应用于自然或者它对于黑洞奇点的理论还有待验证，不过两方面的进展都比较缓慢。

最后，让我用萨斯坎德和我都同意的一点来作总结，这也是我在研究所时从他那学来的：根据一个叫作弦 / 标尺二象性（string/gauge duality）的想法，以延展物体的形式，规范场（就像电磁学中的那样）具有与量子色动力场等价的描述。对于萨斯坎德来说，那些延展物体就是弦。马马虎虎地讲，我相信这可能是对的，但问题是，我们只知道如何在经典时空几何的情况下让弦理论有意义，因为它给了弦移动的背景。

但广义相对论告诉我们，时空不可能是固定的，它像其他场一样跳跃。所以一个量子引力理论必须是不依赖于背景存在的。那我们要问了，这种二象性是否存在一个没有固定经典背景的版本，这样时空几何就可以进行完全量子力学式的研究了？还真的有，那就是圈量子引力论。不止如此，一条最近的单值定理从根本上证明了［1］，任何自洽的、不依赖背景的二象性版本都等同于圈量子引力论。因此，我认为如果弦理论不是彻头彻尾的错误，那么它早晚会找一种更基础的以圈量子引力论来表达的形式。

实际上，我们在所有问题上分歧的根本在于，量子引力理论是不是不依赖背景的。大多数弦理论学家目前还完全赞同爱因斯坦广义相对论那一套；他们的物理直觉还停留在事物移动于固定的时空背景之中。比如，萨斯坎德想要保存的时间演化观点与固定背景的存在紧密相连。这引导他提出了全息原则的一个版本，它只在固定背景的情况下才有效。马尔达希纳假定量子引力等价于固定背景中的物理学。弦理论对黑洞的研究只是部分成功的，因为它们将黑洞描述为固定背景中的事物。永恒暴胀理论也是一个依赖背景的理论；实际上，它的一些支持者将其视为一种朝着用永恒、静态的宇宙的回归。

另一方面，那些致力于研究量子引力的人，从圈量子引力论和其他方法中学到了如何用不依赖背景的方式进行量子时空物理学研究。在得到大量成功计算之后，我们发现了一种新的物理学观点，它将引导我们对我们正在讨论的问题产生完全不同的新想法。路还很长，但可以确定的是，我们完全不必走回前爱因斯坦时空观。任何想通过讨论事物如何在经典时空背景中运动，来解答物理学问题的人，无论说的是弦、膜或者其他什么，都只是在论述物理学的过去而非未来。

注释及参考文献：

［a］Lee Smolin, Scientific alternatives to the anthropic principle, hep-th/0407213.
［b］Leonard Susskind, Cosmic natural selection, hep-th/0407266.

[c] E. Hawkins, F. Markopoulou, H. Sahlmann, Evolution in quantum causal histories, hep-th/0302111.

[d] 特别是，一旦全域时间坐标存在，全域统一性就自然而然地呈现了。如果无法满足这个条件，一切也就无从谈起了。本地观察者可接收到的量子信息，以密度矩阵的形式存在，遵循能量守恒和概率一致的规则。因为，用完全正向的图描述的另一项较弱属性得以保持。

[e] G. J. Milburn, *Phys. Rev* A44, 5401 (1991).

[f] Rodolfo Gambini, Rafael Porto, Jorge Pullin, Realistic clocks, universal decoherence and the black hole information paradox hep-th/0406260, gr-qc/0402118 and references cited there.

[g] L. Smolin, How far are we from the quantum theory of gravity? hep-th/0303185; M. Arnsdorf and L. Smolin, The Maldacena conjecture and Rehren duality, hep-th/0106073.

[h] 这是弦理论学家们广泛相信的猜想中，尚未被证明的关键情形之一。另一个尚未被证明的猜想则关系到理论的有限性。

[i] F. Markopoulou and L. Smolin, Holography in a quantum spacetime, hep-th/9910146; L. Smolin, The strong and the weak holographic principles, hep-th/0003056.

[j] Juan Maldacena, email to me, 1 November 2003, used with permission.

[k] L. Smolin, An invitation to loop quantum gravity, hep-th/0408048.

[l] By Lewandowski, Okolow, Sahlmann and Thiemann, see p. 20 of the previous endnote.

想观看伦纳德·萨斯坎德的 TED 演讲视频吗？
扫码下载“湛庐阅读”APP，
“扫一扫”本书封底条形码，
彩蛋、书单、更多惊喜等着您！

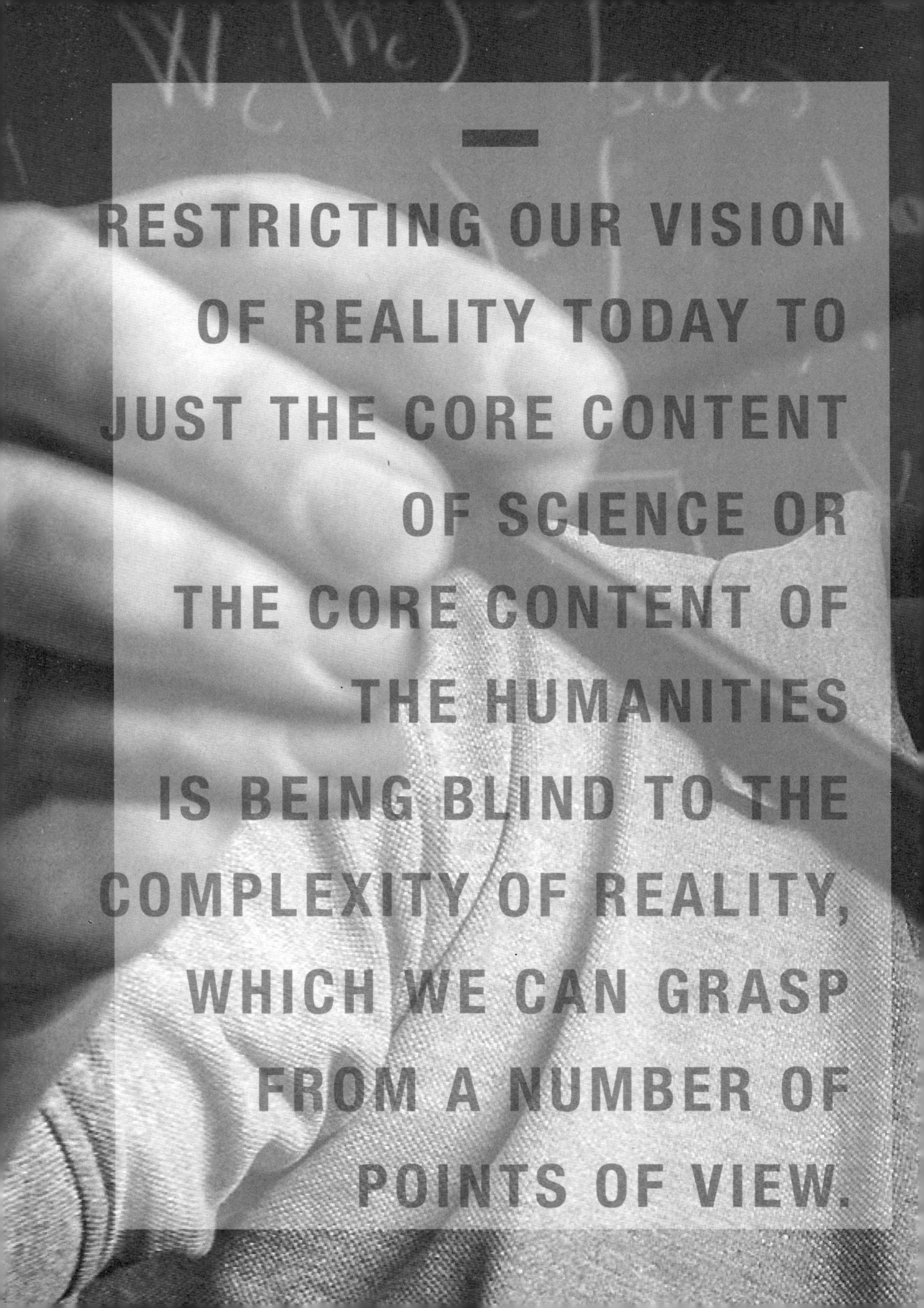

RESTRICTING OUR VISION
OF REALITY TODAY TO
JUST THE CORE CONTENT
OF SCIENCE OR
THE CORE CONTENT OF
THE HUMANITIES
IS BEING BLIND TO THE
COMPLEXITY OF REALITY,
WHICH WE CAN GRASP
FROM A NUMBER OF
POINTS OF VIEW.

将我们对现实的认识局限在科学或人文学科，是对现实复杂性的视而不见。

——《科学与确定性无关》

12

Science Is Not About Certainty

科学与确定性无关

Carlo Rovelli
卡洛·罗韦利
理论物理学家，法国马赛地中海大学教授；著有《第一位科学家：阿那克西曼德传奇》《七堂极简物理课》

李·斯莫林的导言：

卡洛·罗韦利是量子引力理论的主要贡献者之一，同时，他在量子力学基础和时间本质方面的研究成果也具有举足轻重的地位。在获得博士学位后不久，罗韦利就因其工作而被视为圈量子引力论的三大创建者之一，另外两人是阿贝·阿希提卡和我。在过去的 25 年里，罗韦利在该领域内作出的贡献不可胜数，其中最重要的就是提出了叫作自旋泡沫模型（spinfoam model）的量子引力时空模型。过去 5 年，一系列发现使他的理论得到了巨大发展，这些发现强有力地证明了量子引力理论的可靠性。

罗韦利编写的教材《量子引力》(*Quantum Gravity*) 自 2004 年出版后，就一直是该领域最主要的入门书籍。他在马赛的研究组也一直是欧洲在该领域的工作中心。罗韦利的量子力学基础研究方法被称为关联性量子理论（relational quantum theory）。他还与数学家阿兰·孔涅（Alain Connes）一起提出了一种机制，在这种机制中，时间可以从一个无时间的时间内出现，这被称为热时间假设（thermal time hypothesis）。

我们常会对学生说，关于科学，我们还有一些理论。科学是关于假设演绎法的，我们有观测结果、有数据，数据再被组织成理论。这些理论是数据的结果，然后再以数据的方式得到检验。随着时间发展，我们再得到更多数据，理论也跟着演化，过时的被抛弃，更好的取而代之，如此循环往复。

这就是人们对科学的一般看法。这意味着科学是经验主义、注重实证的，科学的真实有趣且最核心之处就在于它的实证部分。因为理论是会变的，只有实证部分才是科学之所以是科学的牢靠所在。

作为一位理论科学家，我为此深感困扰。我觉得我们像遗漏了什么，应该不止于此。我不断地问自己："到底遗漏了什么呢？"我不确定自己是否已经找到了答案，但我想分享一些我关于科学是什么的想法。

这对于今日的科学相当重要，尤其是物理学，因为在基础理论物理学这一领域，过去的30年里都没有什么像样的成果。这样说也许有点过分，但事实确实如此。在标准模型之后的几十年里，理论物理学就一直没有什么大突破。当然想法是有不少，或许有些也是正确的。圈量子引力论可能是对的也可能不是，弦理论可能是对的也可能不是。但我们现在还不知道自然将如何判定。

我认为这可能部分是因为我们对科学的观点存在问题，以及我们的工作方法有问题，至少在理论物理学中是这样，其他科学也可能面临同样的问题。为了更好地说明我的想法，我要讲一个故事。这个故事讲的是我最近在理论物理学之外非常感兴趣的一位古代科学家，他也常被称为哲学家，这个人名叫阿那克西曼德。这个人物令我非常着迷。我试图去了解他的所作所为，对我而言，他就是一名科学家。他的作为正是典型的科学，显示出了科学的一些方面。

在阿那克西曼德之前，这颗星球上的所有文明都认为，世界的构造就是头顶青天、脚踏黄土。上下有别，浊着落于下。事实也确实如此，天上地下，自有其序。直到阿那克西曼德出现，他说："不，并非如此。大地是有限的，它飘浮在空中，不会下落，天空也不只在我们头顶，而是在四面八方。"

他是怎么知道这些的？显然，他观察了天空。你看星星、天空、月亮、行星们，所有的东西绕着我们旋转，很容易就会认为我们之下一无所有，这样想也算合理。但就是从未有人这样想。在一个又一个世纪的古老文明中，从未有人这样想过。中国人直到17世纪才知道，而且是利玛窦和耶稣教会告诉他们的。尽管有研究天空数个世纪的皇家天文学会，印度人也是直到希腊人告诉他们，他们才明白这点。非洲、美洲、澳洲，无人想到这样简单的一件事，明白天空不只是在我们头顶，同时也在我们脚下。为什么呢？

因为假设大地浮于空中并不难，难的是要必须回答为什么它不会掉下去。天才阿那克西曼德对这个问题早有答案。我们从亚里士多德以及其他人那里知道了他的答案。他并未回答这个问题，事实上，他就这个问题提出了问题。他问道："它为什么应该下落？"事物落向大地，大地本身为什么要下落？换句话说，他意识到，大家的普遍想法，即所有重物会落向大地，所以大地自身也会下落，可能是错的。他提出了另外一种可能，事物落向大地，而下落的方向则随大地而改变。

这意味着，上与下变成了相对于大地的概念。这对我们现在来讲很容易理解，因为我们早已学过。但你可以想一下，我们小时候要理解悉尼人在我们"脚下"生活有多难。显然这需要我们在理解世界的结构方式上作出重大改变。换句话说，"上"与"下"在阿那克西曼德的思想革命前后有着不同的含义。

阿那克西曼德通过在我们习以为常的认识世界的方法上作出改变，对现实有了新的领悟。他的所作所为并非建立新理论，而是领悟到在某种意义上永恒的道理。尽管有些消极，但真相由此揭开。他帮我们从偏见中解脱，这种偏见在我们思考空间的过程中早已根深蒂固。

我为什么觉得这很有趣？因为我认为在物理学前进的每一步上，都在发生同样的事情。但我将论文题目交给学生时，这些题目大多都是未解的。之所以未解，往往是因为问题的答案并不在于解答的过程，而在于思考问题本身；在于意识到这个问题本身隐藏着应该舍弃的偏见和假设。

这样来看，数据加理论再加一个理性的人用他的理性、头脑、聪明才智以及概念结构，构造出新的理论这个过程就没什么意义了。因为在每一步上经受挑战的不是理论，而是构造理论和阐释数据的过程中用到的概念结构。换句话说，我们前进靠的不是改变理论，而是改变我们思考世界的方式。

爱因斯坦发现相对论的过程就是一个极好的例子。一边是在实证方面极为成功的牛顿力学，另一边的麦克斯韦理论在实证方面同样不遑多让。然而这两者间却存在着矛盾。

如果爱因斯坦上学时学习科学是什么，如果他读过哲学家托马斯·库恩（Thomas Kuhn）的书，听过哲学家们解释科学是什么，如果他是我今天寻找物理学难题答案的同事之一，他会怎么做？他会说：“好吧，实证是理论最重要的部分。”经典力学中速度是相对的，忘掉它；麦克斯韦方程组，也忘掉它们；因为这是我们知识中不那么牢靠的部分。理论本身必须要改变。不变的是数据，我们要修改理论使它既能自圆其说，又与数据相符。

真实的爱因斯坦完全没有这样做。他所做的正好相反。他很重视现存理论，他相信这些理论。他说：“经典力学如此成功，它说速度是相对的，我们就应该认真考虑，应该相信。麦克斯韦方程组同样是如此成功，我们也应该相信。”他对理论是如此信任，而这些定性的理论部分正是库恩所说的总在改变，我们已经学着不太把它们当回事。正是出于这种信任，爱因斯坦为了使这两个理论相协调，选择了完全不同的挑战。他挑战了我们脑海深处关于时间的看法。

基于对物理学中过去理论的信任，爱因斯坦在改变常识，改变我们看待世界的根本方式。这与今天物理学中的工作恰恰相反。打开今天的《物理评论》，里面充斥着对之前理论的彻底颠覆。那些没有洛伦兹不变性、非相对论性、非广义协变性、非量子力学的理论很可能就是错的。

现在的物理学家们都能毫不犹豫地说："我们过去关于这个世界的知识都是错的。让我们随便选点新想法。"我想，这在长期缺乏成功发现的理论物理学领域并不是少数现象。对世界的新看法要么来自新数据，要么来自对已有知识的深入思考。但思考意味着接受我们所学、挑战我们所想，并意识到我们思考的东西中可能存在需要修正的部分。

在科学研究中，有哪些方面是我认为被低估了，需要提上前来的呢？首先，科学是关于构造世界观的，关于重置概念结构的，关于创造新概念的，甚至是关于改变、挑战先验性公理的。这跟集结数据毫无关系。重要的是我们的思维方式、我们的时间观。在科学的进程中，我们不断探索新的思维方式，不断改变我们心中想象的世界的样子，以此找到看上去更好的样子。

在这个过程中，我们过去的所学是最好的养料，尤其是那些曾经的错误。既然知道了地球不是平的，那么未来就不会再有理论认为它是平的；既然知道了地球不是宇宙的中心，那就不会再有异议。我们不会再走回头路。如果从爱因斯坦那学到了同时性是相对的，就不会再捡起绝对同时性。因此当一个实验测量到中微子的速度超过光速，我们就应该持怀疑态度去检查是否有更深层次的原因。就因为一点异常，所有人就都跳出来说"爱因斯坦错了"，是十分荒谬的。科学从来不是这样。

过去的知识始终与我们同在，它是我们领悟的来源。"我们为什么不假设它可能发生呢？"这种想当然的看法会使我们裹足不前。

我所说的似乎前后矛盾。一方面，我们相信过去的知识；另一方面，我们又总是准备着在概念结构的深层次上去修正它们。这两点其实并不矛盾。矛盾的看法来源于我认为的对科学最深的误解：科学与确定性相关。

事实上，科学与确定性无关。科学在寻找以目前的知识水平来说最可靠的思维方式。科学是极度可靠的，但不是确定的。实际上，它不仅是不确定的，还被不确定性包围。科学观点的可信性不是因为它们是确定的，而是因为它们经受住了过去的种种批判。正因为摆在明面上接受所有人的批评，科学才是最可信的。

“科学地证明”是一种矛盾的说法。没什么是科学地证明了的。科学的核心就在于，深刻意识到我们有错误的观点，我们有偏见，我们有着根深蒂固的偏见。在我们理解现实世界的思维架构中，可能有不合适的、需要改进的部分。所以无论何时，我们都有一套高效的现实观念，它是我们目前所能达到的最好程度，是我们目前最可信的，也是基本正确的。

但与此同时，它仍不是确定的，它的任何一部分都允许改进。我们为什么要不断如此？一方面，我们生来如此，我们的大脑进化了百万年。它使我们能够跑过大草原，能够追赶并吃掉鹿，能够不被狮子吃掉。我们的大脑习惯于以米和小时为单位，而不怎么擅长处理原子核与星系的尺度。我们必须克服这一点。

我认为我们是被选中的，作为在狮子口下幸存的一族，人类走出森林，变得越来越聪明。这种不断改变思维方式，重新适应环境的能力，是人类的天性。我们的头脑并非在自然之外发生变化，这种变化是自然的。

关于科学思维方式，我再说最后一两点。首先，科学不在于数据。科学理论的实证部分并不是最重要的。数据帮助我们提出理论、证实理论、推翻理论。但它只是工具。我们感兴趣的是理论性的那一部分以及这种理论描绘了一个怎样的世界。广义相对论说时空是弯曲的。相应的数据是水星近日点相对于牛顿力学的计算结果每个世纪移动 43° 。

谁在乎呢？谁在乎这些细节？如果这就是广义相对论的全部内容，那它就太无聊了。广义相对论的有趣之处不在于数据，而在于它告诉我们，目前最好的时空结构概念就是弯曲的。相比于牛顿力学，它能将世界更真实的一面展现给我们。我们得知了黑洞的存在，得知了从前有那么一次大爆炸。这才是科学理论的关键内容。地球上的生命有着共同的祖先。这就是科学理论的内容，而非用于验证它的那些数据。

所以科学思维的关键，在于过去那些早先的理论内容，从中我们知道哪些是前人确定无疑的，又有哪些是我们现在能够用目前的概念结构改进的。

我最后要说的，是贯穿了几个世纪的科学思维与宗教思维的矛盾。它常常被误解。有人疑问，为什么我们就不能高高兴兴地生活在一起？为什么人们就不能在安安稳稳地向神祈祷的同时研究这个宇宙？这似乎是不可避免的，不过原因并非人们常说的那个。不是因为科学假装全知全能，而是因为科学不断提醒我们的无知。这是宗教思维无法接受的。他们不能接受的不是有科学家说，“我知道什么什么”；而是有科学家说，“我不知道，你是怎么知道的”。很多，或者说一些宗教是建立与终极真理的存在之上的。这种想法自然就与认为一切都需要不断修正改进的想法发生冲突。

总结来说，科学不在于数据，不在于实证部分，而在于我们对世界的看法；在于战胜我们的局限并不断打破常识。科学是对常识的不断挑战，其核心不在于确定性，而在于持久的不确定性。甚至可以说，其中的乐趣就在于，明白我们今日的所思所想存在大量偏见与错误，同时努力学习以在将来看到一个更大的世界。

我们离这个世界的终极原理还早着呢，在物理学中更是远得看不到边。所有“我们就要完成了，我们解决了所有问题”的指望都是奢望。如若我们抛弃量子力学、广义 / 狭义相对论这样的理论，而随意尝试些新想法，那可就是大错特错。在已知的基础之上，我们应该努力学习更多，同时要形成自己对世界的看法。这个看法可能是目前所能得到的最好结果，但我们仍要去不断地发展它。

我所描述的这种科学方式与我所从事的物理学工作紧密相连。在我看来，现在的基础物理学工作面临着这样几个问题。其一是统一问题，试图构造一个包含一切的理论。更具体一些，就是我所从事的量子引力工作。由于广义相对论，这一工作意义非凡。引力的本质是时空，这是爱因斯坦告诉我们的。那么研究量子引力就是要搞清楚量子时空。而研究量子时空就需要我们用与众不同的方式来思考空间与时间。

现在关于量子引力有两大研究方向，一是我研究的圈量子引力论，另一个则是弦理论。它们不仅仅是两组不同的方程，在一定意义上，它们代表了两种不同的科学哲学。我所研究的这种理论正是基于我前面描述的哲学思想，这也正是我思考科学哲学的动因。

为什么？原因如下：广义相对论是我们目前所知的对时空最完善的解答，量子力学则是我们目前所知的对力学的最好发展。然而它们彼此之间却难以调和。困难也许是因为我们看问题的角度不对。我们对世界的认识都涵盖在这两个理论中。所以让我们尽可能地相信量子力学的正确性，并认真加以考虑。也许把它稍微放大一点，让它变得具有相对论性？怎样都好。我们同样也要认真思考广义相对论。广义相对论有着古怪的特点，特别的对称性、特别的属性。我们要尽可能深入地思索，看看如果将它们稍微改动一点点，它们会不会彼此兼容。也许就会由此给我们一个新理论，即使这个理论可能与我们原先的想法大相径庭。

量子引力理论正是按照这种思路被提出的。这种思路同样也贯穿在圈量子引力论以及我和其他人的工作之中。这使我们能在研究中认准一个方向，并以此得出方程、提出理论。弦理论的方向则刚好相反。它的意思大概是这样：“别太把广义相对论那一套当回事。”就连量子力学，它们也持有怀疑。“让我们假设量子力学可以用完全不同的东西取代，我们来想点新东西出来。”在某些限制下，这种理论可以得出与广义相对论以及量子力学相同的结果。

这种野心令人心有不安，因为我们还没有能力去猜想这样一个宏伟的理论。弦理论是一个很漂亮的理论。它也许有用，但我深表怀疑。因为它不是建立在我们对这个世界已有的知识之上，尤其是它不依赖我认为是物理学主干的广义相对论。

弦理论主要靠猜。物理学从来都不是靠猜的。物理学是一个反向学习如何思考以及学习如何根据新的发现改变我们的思考方式，使得它与旧的知识相一致的过程。哥白尼并没有新数据，也没有什么新的思想启发他，他只是认真研究了托勒密的工作，发现了等分点、本轮、均轮具有特定的关系。只是用不同的角度去看前人的工作，他发现了地球不是宇宙的中心。

如我所提到的，爱因斯坦对麦克斯韦的理论和经典力学都十分重视，由此提出了狭义相对论。圈量子引力论要做的正是同样的事。将广义相对论与量子力学进行统一，由此得出一个新的理论，即使这个理论中没有时间。一方面，这一理论是保守的，因为它源于我们已知的知识；另一方面它又是激进的，因为它使我们不得不对我们的思维方式进行重大调整。

弦理论学家有不同想法。他们说："我们要考虑无穷大，在那里，广义相对论的完整协方差不复存在，我们也能明白时间是什么、空间是什么。因为我们处于一个渐进的、巨大的距离之上。"这种理论更加狂野、更加不同、更加新颖，但在我看来，它还是更多地建立在旧的思维方式之上的。它更多地采用旧思维方式，而非那些旧有理论中已被证实的新思想。我对科学的看法与我的研究进展，即圈量子引力论，相一致。

当然，究竟谁对谁错我们还不知道。我想说的是，我认为弦理论是一群很棒的人作出的很棒的尝试。我只是偶尔听到"我们知道答案，就是弦理论"这种话时，才会很不服气，不过现在这种情况已经越来越少了。这样说当然是不对的。弦理论确实是由很好的想法组成的，而圈量子引力论同样如此。究竟谁对谁错，我们还得走着瞧。

这又让我想到另一个问题，科学家应该考虑哲学吗？现在的潮流是摒弃哲学，因为我们有科学，不需要哲学。我觉得这种想法很幼稚，原因有二，其中之一是历史角度。回顾历史，若不是因为着迷于哲学，海森堡就不会提出量子力学；若非痴迷于哲学，拜读诸位哲学大家，爱因斯坦也不会提出相对论；若非满脑子想着柏拉图，伽利略也不会有他的成就；牛顿也认为自己是名哲学家，是从与笛卡儿讨论开始工作的，有着很多哲学想法。

甚至是麦克斯韦、玻尔兹曼等人，过去所有的重大科学进展都是由那些对方法性、基础性甚至是形而上学式的问题了然于胸的人所推动的。当海森堡提出量子力学时，他脑海中存在一个完全哲学性的框架。他说，经典力学中的一些东西在哲学上是错误的，对经验主义重视不足。正是这种哲学式的思考使他构造出了无与伦比的新物理学理论——量子力学。

这种哲学家与科学家之间对话方式的分歧是不久前才出现的，准确地说是 20 世纪后半段。这种对话在 20 世纪前半段是卓有成效的，因为那时的人聪明绝顶。爱因斯坦、海森堡、狄拉克还有他们的同伴们，将相对论和量子力学放在一起，完成了所有的概念性工作。而 20 世纪后半段的物理学，在某种意义上，只是对 20 世纪 30 年代爱因斯坦、海森堡等人伟大思想的物理运用。

在进行这种运用时，在研究原子物理时，你需要的概念思考要少得多。但现在我们又回来了。当我们研究量子引力时，可不仅仅是应用。那些说他们不在乎哲学的科学家大错特错，他们不在乎是因为已经有人给他们构造了一套哲学体系。他们用的正是科学的哲学。他们正在用着一种方法学。他们脑子里其实都是哲学的观点，只是他们没意识到。他们只是认为理所当然，而事实并非如此。他们持有了一个立场，却不知道还有很多可能更好、更有趣也更有用的立场。

也许我可以这样说，狭隘存在于我许多同事的心中，他们不想了解科学哲学。狭隘同样存在于哲学和人文学科的许多方面，它们的支持者反过来对科学的兴趣寡然。这是尤为狭隘的。将我们对现实的认识局限在科学或人文学科，是对现实复杂性的视而不见。而我相信这两种观点是可以互通有无、彼此增益的。

BECAUSE
IF IT'S
WRONG,
THERE'S STILL
WORK LEFT
FOR THE REST OF
US.

有错误，我们才有进一步工作的空间。

——《空非空》

13

The Energy of Empty Space That Isn't Zero

空非空

Lawrence Krauss

劳伦斯·克劳斯

物理学家；宇宙学家；亚利桑那州立大学“起源”项目（Origins Project）主管；著有《空无的宇宙》

我刚从维京群岛回来，参加了一次令人难忘的活动。我与21位科学家共同在圣托马斯（St. Thomas）组织了一场学术会议。我喜欢这样的小型会议，因为我可以亲自挑选参会人员。这次会议的主题是“直面引力”。我想把关心基础物理学和宇宙学面临的基础难题的科学家们，聚在一起开一次会。而这些基础难题，仔细想来都或多或少与引力牵扯在了一起。会上有人说：“我们还不够了解引力吗？就是东西往下掉啊。”但实际上，现代粒子物理宇宙学的许多前沿问题的症结就在于，我们缺乏如何调和引力与量子力学的知识。

我邀请了诸多宇宙学家、实验学家、理论学家以及粒子物理学家。其中包括史蒂芬·霍金，三位诺贝尔奖得主：杰拉德·特·胡夫特、大卫·格罗斯和弗兰克·维尔切克；一些知名宇宙学家和物理学家，比如普林斯顿大学的吉姆·皮布尔斯（Jim Peebles），MIT 的阿兰·古斯，加州理工学院的基普·索恩[1]，哈佛大学的丽莎·兰道尔；一些实验学家，比如激光干涉引力波天文台的巴里·巴里什（Barry Barish）。我们中有研究宇宙微波背景辐射的观测宇宙学家，还有在欧洲核子研究组织使用大型强子对撞机工作的玛利亚·斯皮洛普鲁（Maria Spiropulu）。10 年前没人能想到大型强子对撞机可以作为引力的探针，但现在归功于额外维度存在可能性的研究，这已成为可能。

[1] 基普·索恩（Kip Thorne）天体物理学巨擘，引力波项目创始人之一。推荐阅读其媲美霍金《时间简史》的宇宙学著作《星际穿越》。该书由国家天文台多位天体物理学科学家权威翻译，并获得了国家图书馆第十一届文津图书奖。该书中文简体字版已由湛庐文化策划，浙江人民出版社出版。——编者注

我打算办一系列研讨会，这样每个人都可以畅所欲言，并有充足的开放讨论时间。这次会议有许多公开讨论和私下讨论的时间，还安排了一些好玩的活动，比如搭乘潜艇潜入海中。这是一次十分难忘的经历，我们也算是用浮力对抗了一把引力。

我从这次会议中意识到，寻找引力波可能会是下一个前沿课题。很久以来，它都萦绕在我的脑海中，因为如果它们真的存在，显然我们也还要很久才能探测到它们。而除了它们会存在，我们对它们有什么了解呢？我不太清楚。作为一名宇宙学家，现在让我忧心不已的是，我们有想法、有参数、有与理论相符的实验，但对其中蕴含的基础物理学却知之甚少。

这让粒子物理学家们深感挫败。甚至有人说这导致了幻觉造成的感官剥夺，也即弦理论。可能确实如此。在目前的宇宙学中，宇宙是如此荒诞不经。我们发现了一个巨大的数量。我们发现了宇宙是平坦的，这一点大多数理论学家都早有预料，因为只有这样，宇宙才是和谐美丽的。但为什么是平坦的？它不但充满了

暗物质，还充满了被称为暗能量的疯狂物质，我们对它一无所知。这在 1998 年左右是一项令人惊奇的发现。

从那之后，每次实验结果都与这幅图景相符，却对背后的本质原因只字不提。相似地，所有的数据都与暴胀理论相符，所有的事情都符合这一预言，然而却都无法证伪。所有事情都与暗能量是个常数这种观点相符，但这实际上什么也没说。这有点微妙，我试着解释下吧。

我们注意到，宇宙中有种奇怪的反引力效应，使得宇宙的膨胀加速。现在，如果拿出广义相对论的方程组来看，能够有这种反引力效应的就只有空无所具有的能量。当我还是研究生时，这就是物理学中的一大难题。这一问题至关重要，我们却从未谈起。当你运用量子力学和狭义相对论时，真空就不可避免地具有能量。问题是，这能量太多了。它比我们所见的一切事物所具有的能量大 120 个量级。

这算得上现在最糟糕的物理学预言了。你可能会问："如果这个预言这么糟糕，那我们是怎么知道真空有能量的呢？" 答案是："因为它充满了时而存在时而不存的虚粒子。当我们计算氢原子中的能级时，如果不把虚粒子算在内，就会得到错误的答案。" 20 世纪最伟大的物理学进展之一就是，发现如果将狭义相对论融入量子力学，就会得到虚粒子。它们出现又消失，改变了氢原子的本质。氢原子不再仅仅是一个质子一个电子，因为每时每刻都会有正负电子对时隐时现。负电子倾向于靠近质子。因为它们带异种电荷，异性相吸，而正电子则会被推向原子的外层。原子的电荷分布也由此而改变，虽然改变很小，但还是能够计算出来。费曼等人计算了这种效应，使得我们能够在理论与观测间得到小于 9 位小数的差异。这可谓是科学中最棒的预测。科学中没有其他地方能从基础原理中计算出一个数字，与实验相比误差如此之小。

然而我们又要问了："如果它们确实存在，那么它们占了宇宙能量的多少呢？" 然后我们就又得出了一个最糟糕的物理学预言。这个预言说的是，如果真空中有这么多能量，人类根本就不会存在。像我这样的理论物理学家们，心里明白答案是什么，但就是不知道该怎么把它推导出来。这让我想起了西德尼·哈里斯（Sidney Harris）的卡通画，我们前有一个复杂的方程，后有相应的答案，得出答案的中间过程则写着“接下来是见证奇迹的时刻”。然后一个科学家对另一个说：“我觉得你得把这一步骤解释得更详细些。”

答案必须是零：真空的能量必须恰好为零。为什么？因为你已经知道这些虚粒子会贡献巨量的能量，那么也就可以想象，自然中潜在的对称性会将它们刚好抵消，且一直都是如此。对称会产生两个恰好彼此相等的数，因为存在着某种潜在方程的数学对称性。因此，对称性会导致真空的能量被恰好抵消掉。但令人不解的是，抵消掉一个巨大的数字，只留下一些比它小 120 个量级的东西。不可能取两个无比大的数，然后期待它们恰好相等彼此抵消，只留下比它们小 120 个量级的东西。但要想得到一个能与真空能的观测上限相当的理论能量值，就必须这样要求。

答案我们心知肚明：存在对称性，能量值也恰好为零。那实际呢？真空的能量不为零！这个发现狠狠地打了传统理论粒子物理学家的脸。这大概是 20 世纪后半叶影响最深远的思维冲击与谜题。而且在 21 世纪前半叶可能依然如此，甚至可能一直延续到 22 世纪。我认为，我们以后也无法通过实验解决这个问题。当我们眺望宇宙，如果暗能量并非真空的能量，而是其他什么东西，那我们就可以对它随着时间发生变化进行测量。然后我们就能知道真空的实际能量恰好为零，是其他一些奇怪的玩意儿假装成了空间的能量。这是众望所归，因为这样就不需要量子引力理论来解释暗能量了。

实际上，弦理论的众多错漏之处中最大的一个就是，它一直无法解释宇宙学常数问题。你会想，如果有了量子引力理论，就能精确地解释真空能是什么。我们没有其他理论能解释这个问题。但如果这东西真的不是真空能，而是其他什么东西，也许你就可以一探究竟，而不需要弄明白量子引力。

问题是，每次当我们把目光投向太空，测量的结果都表明，宇宙中有一种常数能量不随时间发生变化。这就与宇宙学常数或者说真空能的说法相一致。因此如果你的观测结果与此相符，那就还是一无所获。因为它也没说它是真空能，也可能是其他东西隐藏其后。只有观测结果说明它随时间变化，才能得出些有用的结论。这样才能确定它不是真空能。

当我们越来越精确地测定这个值，很有可能它会看起来越来越像真空能，那我们就还是一无所获。解决办法就只能是提出一个新理论，这比实验要难得多。好的想法总是凤毛麟角。我们需要的就是一个好的想法，这需要对量子引力理论有所了解，需要放开思维大胆想象，这正是许多人乐此不疲的。

在维京群岛，我们有个讨论会说的是人择原理，令人吃惊的是，许多物理学家说道："你看，也许答案真的是人择原理。"20 年前，如果你问物理学家们，他们是否希望有一天我们能有一个理论告诉我们宇宙为什么是这个样子，你将会得到众口一词的回答，"希望。"他们全都会说："这就是我投身物理学研究的原因所在。"他们会引述爱因斯坦那句说上帝但非上帝的话，也就是真正让他感兴趣的：上帝在创造世界时有其他选择吗？他这样说的意思是，只有一套协调的法则适用吗？如果你改变了其中之一，将物理事实变动一点，它会分崩离析吗？有很多物理事实是可以变动的吗？

20 年前，绝大多数物理学家会说，基于 450 年的科学发展史，他们相信，大自然只有一套法则行之有效。最终我们会发现其中潜藏的基本的对称性和数学原理，使得大自然必须如此这般。这是科学曾经的思路。但现在，由于真空能令人费解，如果它确实存在，那它的值实在没道理可言。这就使得人们不得不去想，也许这就是我们当前环境下的一个偶然事件，而物理学是依赖不同环境的。这种自然中的基本常数可能就是偶然的，也许有不同的宇宙，它们的物理学定律与我们的不同，我们宇宙中的常数取这些值的原因可能是因为我们在这里观察它们……

这不是智能设计论，恰恰相反，这是某种宇宙自然选择理论。因为我们能在这种环境下生存，所以才有那些取值。不就是自然选择吗？如果我们活不下去，也就没有人在纠结这事了。宇宙也是如此。我们生于这个宇宙，在其中进化，因为它是对生命有益的。可能还有很多不适合生命存在的宇宙，也就没有生命在其中。这就是宇宙自然选择。

我们有权作出任何假设。关键问题是，假设其他宇宙的存在还是个科学问题吗？这也是我们在会议上讨论的问题之一。比如，我在发言中提到，称弦理论是一个理论，是对进化论的侮辱。因为它显然同进化论又或者量子电动力学理论，不是同一个意义上的理论。因为这些理论是坚实可信的，它们能给出严格的理论预言并可被证伪。而弦理论，也许某天能够成为一种理论，但现在还只是徒具其表。当我演讲时，我谈到了科学，有人跟我说："进化只是个理论。"我说："在科学中，'理论'有着不同的含义。"他们又说："你是什么意思？比如弦理论，你能证伪它吗？它至少比智能设计论强。"

我确实认为弦理论和智能设计间有着巨大的差异。研究弦理论的人都在竭尽全力地提出一些可行的想法。持智能设计论观点的人可不会如此。但问题是，它可证伪吗？我们将假设、形式主义称为"理论"，是不是对真正理论的伤害？多重宇宙论算是科学吗？

我有些尖酸刻薄，声称那些弦理论学家抓住"景观"的概念不放，原因是新理论作不出任何预测，一个无法作出任何预测的宇宙实在是太省事了。那好，让我们不那么刻薄。如果你努力用这个想法来做科学工作，你可以作出真正的科学，计算诸多可能性，但无论你做什么，你会发现得出来的全是建议性的论点。因为如果你没有一个深层次的理论支撑，那就永远不知其所以然。

我说道："如果真空能可以随不同宇宙而变化，那我们的宇宙存在真空能的可能性有多大？"这就会得出一些有趣的结果。史蒂芬·温伯格最早指出，真空能的值如果大于它现在的值，星系就不会形成，人类也就不会存在。这就引出了人择原理，也许这就是真空能为什么是它现在这么多的原因。但问题是，你不知道还有没有其他量也在变化。也许还有其他量在改变。不管你怎么做，总是具有一些片面性。你可以为之辩护，但也走不了多远。对我而言，景观的概念疲乏无力。最终它可能会给我们带来些有趣的观点，但真正的进步需要真实有力的新想法。我愿意相信弦理论可能是正确的，尽管没有证据。如果它真是对的，那么这个将形式主义转化为理论的过程中蕴含的方法原理，将会使我们获益匪浅。现在，我们还在苦苦挣扎。

身为一名理论学家，在参加会议时，我往往从实验学的演讲中收获更多，因为理论方面的进展我基本都知道，至少我自己觉得是这样。实验研究的进展让我深受启发。理论上，我们现在能测量到将一把 3 000 米长的米尺改变成不足一个原子长的引力波。我们的技术能做到这个程度实在是了不起。而且要实现对引力波更深层次的研究是没有任何技术困难的。引力波很可能会指引我们走出目前一无所得的困境。这些感想让我记忆犹新。

同时，来自华盛顿大学的艾瑞克·阿德尔伯格（Eric Adelberger）也有一场演讲，他的工作是研究牛顿力学在小尺度上的适用情况。你可能会想："谁会去研究小尺度上的牛顿力学？"但额外维度的假设之一就是，引力在小尺度上有着不同的表现形式。一些似是而非的证据显示，在西雅图的一些实验中，出现了与牛顿理论的偏离。阿德尔伯格谈到了一些精巧的实验。这些实验让作为理论学家的我叹为观止。他给出了一些新结果。这些结果还不是很肯定，表明现在还没有证据能证明偏离了牛顿理论，对此我并不感到意外。

过去 5 ~ 7 年的粒子物理学论文都或多或少地牵扯到额外维度。尽管这个概念令人着迷，但在我看来它并不能让我们的工作有什么实质性进展。与其相悖的实验证据与我所见的理论扩散现象不谋而合，理论破碎又发展成许多不同部分。弦理论正是如此。我看额外维度也有这个趋势。令众多物理学家为之着迷，由这个观点引发的诸多进展，并不是刻意形成的。显然我们需要一些好的新想法。某种意义上，基础物理学正处在十字路口。观测结果证实宇宙是个疯子，但没告诉我们它是怎么疯的。相关理论十分复杂，但始终没有找到突破口。这令人沮丧又激动。对于年轻的物理学家而言，他们迫切渴望着能有让他们兴奋的新想法注入这一领域。

大型粒子加速器是粒子物理学家们的下一个希望所在，可能也是量子引力理论的希望所在。我们已经 30 多年没能有一个新的加速器来窥探亚原子世界的新区域了。本来我们能有的，但被我们目光短浅的立法者所阻挠。要不是他们关停了超导超级对撞机（SSC），我们就已经用它工作了 10 多年了啊！大型强子对撞机的结果可能有两个：要么它会揭示一个神奇的宇宙观测新窗口和一系列新现象，证实或推翻理论粒子物理学中的各种想法，比如超对称性；要么可能什么发现也没有。我不确定哪种结果更有可能。但它至少是个希望，我们能有实证的条件来多少约束一下像我这种理论学家的胡思乱想。

宇宙微波背景辐射研究对暴胀理论带来了冲击性的影响。我在《纽约时报》上读到，“阿兰·古斯笑了”。这次会议上古斯就坐在我身边。当我把这篇文章递给他看，他确实笑了。但他总是在笑啊，我不知道该怎么理解他这个笑。我认为宇宙微波背景辐射研究的这个结果有两面性。确实，就像《纽约时报》所说，它们证实了暴胀概念，不过我想那不过是记者没话找话罢了。

因为如果你看一下新结果的定量结论，就会发现，它与旧结果恰好一致。那也证实了暴胀。它们将误差缩减了两个量级。我不知道这算不算令人吃惊。令我感兴趣的是，当所有事情都与最简单的暴胀模型相符时，还有一处始终成谜。在最大尺度上，当我们看向宇宙深处，好像结构还不够多，没有暴胀预言的那么多。现在的问题是，这只是个统计学巧合吗？

我们生活在一个宇宙中，我们只是一个单一样本。有这一个单一样本，你就有一个很大的样本方差。也许我们就是运气好，恰好生活在这样一个宇宙中。这个宇宙中结构的数量比你预测的要少很多。但当你观看宇宙微波背景辐射图时，你会发现，观测到的结构以某种诡异的方式与地球绕日轨道平面相联系。是哥白尼又卷土重来了吗？这简直是疯了。我们看的是整个宇宙。宇宙的结构不可能与地球的绕日运动有关，这就等于是说，我们是宇宙的中心！这些新的结果要么说明整个科学界都是错的，我们是宇宙的中心，要么就是数据有错。又或许是微波背景的结果哪里很怪，也可能是我们在更大尺度上的理论有错误。当然，作为一名理论学家，我希望是后者，因为我要的就是理论有错误。有错误，我们才有进一步工作的空间。

SO, FOR ME HE'S THE ULTIMATE DISCOVERER. THAT IS MY EINSTEIN.

对于我来说，爱因斯坦是一位终极发现者。

——《我的爱因斯坦》

14

Einstein: An Edge Symposium

我的爱因斯坦

Brian Greene
布赖恩·格林
弦理论学家；著有《优雅的宇宙》《隐藏的现实》

Walter Isaacson
沃尔特·艾萨克森
阿斯彭研究所（The Aspen Institute）主席及首席执行官；著有《爱因斯坦传》

Paul Steinhardt
保罗·斯坦哈特
理论物理学家；普林斯顿大学阿尔伯特·爱因斯坦科学教授；合著有《无尽的宇宙》

约翰·布罗克曼的导言：

2007 年春天，沃尔特·艾萨克森出版的爱因斯坦传记《爱因斯坦传》（*Einstein: His Life and Universe*）冲到了《纽约时报》畅销书榜第一位，并且正巧赶上保罗·斯坦哈特和尼尔·图罗克合著的《无尽的宇宙》一书出版。这个巧合创造了一个非常有趣的契机。

我邀请了艾萨克森、斯坦哈特和哥伦比亚大学的弦理论学家布赖恩·格林参加一个关于爱因斯坦的专题讨论会。他们于 2007 年夏天参与了这次会议。一年前，在《我的爱因斯坦》（*My Einstein*）这本由 24 位主要思想家所写文章的汇编文集中，我曾要求每位参与者回答这样一个问题：爱因斯坦对他们来说意味着什么。而这次我向参会者提了同样的问题。

“对于我来说，爱因斯坦存在于我学习的方方面面。在我初中的时候，有一种理论正流行：相对运动的人和相对静止的人之间，时间流逝速度是不同的，”格林这样说，“而当时我觉得这完全就是疯言疯语。所以我非常想了解这个说法的原理，这个想法促使我一点点学习，最终明白了其中的意义，并且继续深入研究，并想将这一理论向前推进。”

艾萨克森这样回答我：“爱因斯坦就像我的父亲，虽然是个工程师却十分热爱科学，并将这份热爱一点点地灌输给我。我也受到了爱因斯坦本人思想和政治方面的影响。我记得，在我逐渐长大的过程中，他总是在不断问我问题，推动我不断进步。作为一名传记作家，我学到的其中一点，甚至说我首先学到的一件事就是，你笔下人物的初始动力，都与他们的父亲有关。对于本·富兰克林来说，就是不辜负父亲的希望；对爱因斯坦来说在某种程度上也是这样，因为他的父亲是一名工程师。而之后我学到的第二件事是，就算对于传记作者来说，也有一部分动因是父亲，所以这就是为什么我想写一些关于爱因斯坦的故事。我不应该说我的父亲是爱因斯坦，他只是新奥尔良的一个工程师，但是他的工作在他心目中是神圣的，所以我写了这本书，并把它献给我的父亲。”

斯坦哈特的回答和艾萨克森相似：“我关于儿时最早的回忆之一就是，我坐在父亲腿上，听他给我讲科学家及他们的探索故事。父亲并不是一个科学家，他是名律师，但出于某种原因，他经常给我讲关于科学家和他们伟大发现的故事。我还记得关于居里夫人、爱因斯坦以及许多其他人的故事。听过这些人的故事之后，我想成为这些故事人物的其中一员。而我从爱因斯坦身上了解到的另一个让人印象深刻的事情是，他总有一种神秘的魔力，从当时人们学习的众多现象中，挑出一些问题，一些可以回答的问题。你总有很多需要回答的问题，但是了解你是否拥有回答这些问题的技术、数学方法和正确的思路，这在当时那个年代，的确是一种天分。而爱因斯坦拥有的这种惊人天分使他总能挑出问题、解决问题，超越与他同时代的人。所以对于我来说，爱因斯坦是一位终极发现者。”

布赖恩·格林：当我们提到爱因斯坦的时候，都会为他作出的数目惊人的贡献而深感惊讶。就算只有一刻钟，如果能以他那样清晰的视角来看待这个世界，那简直像白日梦一般。

如果我只能问他一个问题，那我可能会选择一个更加实际的问题。他曾经说过一段非常著名的话：当面对广义相对论的时候，在某种程度上，他并没有在等待可以证明它的数据；这个理论太过美好，只能是正确的。所以如果得到数据，并证明它是正确的，他并不会感到惊讶。这段话中最精彩的一部分是之后的内容。他说，如果得到的数据证明广义相对论是错误的，那么他将对上帝感到非常遗憾，因为这个理论是必然正确的。这就是他对广义相对论的信心。

大多数做相关工作的物理学家们，都是在爱因斯坦的馈赠的基础上工作，都在试图寻找他找寻多年却仍一无所获的大一统理论，而最近这些年来，我们都听说了一种方法叫作弦理论。但弦理论完全是建立在理论上的、纯数学的，至今仍未与任何实验数据相联系。所以我的问题是：他对弦理论作为大一统理论有什么看法。他是否也能在弦理论上看出与广义相对论相同的美、相同的优雅，可以给他同样的自信心。

我们并不知道什么时候可以将弦理论与实验数据相结合，所以获得他的看法是一件非常棒的事情。我觉得在我们这个领域中的人，在没有获得实验数据的前提下，谁都没有绝对的自信，所以获得大师的肯定是很棒的：他是否从中嗅到了任何可能，这个理论是否在朝着正确的方向前进。我们大多数人都认为这个理论是正确的，但能够听到他的意见则是锦上添花。

沃尔特·艾萨克森：我也想问格林问的那个问题，但是我会稍微延伸一点。爱因斯坦在他人生最后的 20 多年中，甚至他人生的最后两个小时，躺在病床上，都一直在写方程，试图用非常数学化的方法来得到大一统理论，将各种力与各种场论结合起来。

格林问爱因斯坦是否认可弦理论，我觉得他会的，因为如果你看过爱因斯坦为大一统理论做的12种理论尝试，会发现它们和弦理论在数学以及方法上有很多共同点，包括对额外维度的看法，试图去寻找解释这一切的最优美的数学解。

这就引出了我想问爱因斯坦的另一个问题，在他科学生涯的前半段，容我僭越，是比较成功的那一部分，他并没有过多地依靠数学形式。如果你去看他在1905年发表的所有文章以及1915年左右将他引向广义相对论的主要思想实验，他一直用一种物理学的视角来看待这些问题。事实上，研究广义相对论的人们，把其称为数学手段和物理手段。

很明显，这两者之间并没有很明显的分界线，而是不断重叠着进步，但对爱因斯坦来说，从1905年至少到1914年，他基本上将数学手段视为一种清洁收尾工作，一旦他理解了引力和加速度的等价原理或其他思想实验时，就会自然而然地有人帮助他完成。

如果你看向他后半生对大一统理论所做的一切，他的合作者巴纳希·霍夫曼（Banesh Hoffmann）以及其他人都说，在他们的研究中并没有物理学思想来引导他们，只能朝着越来越数学的方向发展。没有爱因斯坦所说的与实际更加贴合的“光束”来引导着我们，我们只能说，希望不断朝着依靠物理的方向前进。有很多人都这么想，我也是一样，这也是我为什么采纳了这个想法的原因。在1905年到1913年或1914年间，曾经只依靠物理手段和方法，甚至在苏黎世的练习册中，他试图得到广义相对论和正确的万有引力方程，但却找不到头绪。他与德国哥廷根（Göttingen）的一位数学家大卫·希尔伯特（David Hilbert）比赛，这个人非常有希望成为一名更好的数学家，但正是由于数学太过优秀而限制了他成为一名更好的物理学家。希尔伯特并不用担心万有引力在弱场条件下会衰退到牛顿力学的范畴，他只是利用数学的手段引入协方差来得到正确的场方程。爱因斯坦最终采用了希尔伯特的这种方法，这就使他通过数学手段获得了第一次成功，所以他在之后的学术生涯中就更加依靠数学形式，而不再考虑事物背后直观的物理情景。

这是正确的方法吗？弦理论是否发生了同样的过程？这是不是一种更好

的方法，这是否又是你必须采用的方法？就像爱因斯坦在被问到这些问题的时候回答的那样：这是你现在解决问题必须采用的方法，因为我们没有任何新的物理情景。

所以最终一个更大的问题是：首先，我觉得他寻找大一统理论的初衷是因为不能容忍量子力学。当他开始战斗，开始被推向那些在量子力学领域的人的时候，他们反推回来，并且说："我们只是在做你当年做过的事情，我们质疑每一个假设，除非你得到了观测证据，不然没有理由说它存在。"爱因斯坦回答说："的确是这样，但是这种想法现在没有任何意义。"他们回应："你一直都在质疑权威，质疑未被验证的事物，而现在你却在反对我们这样做。"

爱因斯坦说："为了惩罚我对权威的蔑视，命运将我变成了权威。"他想说的是，他不再只是个单纯的"反叛者"了。在他推进大一统理论的过程中，他为什么会开始向传统观点妥协，不再充满反叛精神呢？

■ **保罗·斯坦哈特：**我想问爱因斯坦的问题与格林的相关，但是有一点变化。因为我看到了过去 30 年间理论物理学领域发生的一切，尤其是近几年，这使我看问题的角度有了些许不同。

在过去 30 年间，理论物理学领域大量新观点的井喷，简化了我们对宇宙的理解。其中一个观点是暴胀理论：宇宙曾经有一段极速膨胀时期，使宇宙变得平滑，这也就解释了为什么无论我们看向空间中哪个方向，似乎都是相同的。而这个理论当然是基于爱因斯坦的广义相对论，并且直接与他在 1917 年引入的宇宙学常数有关，更详细地说，这个快速膨胀过程只能发生在宇宙的早期，它在宇宙晚期并不存在。正好解释了宇宙的各向同性或者说看起来的各向同性。

另一个得到巨大进展的理论就是格林用"优雅"来描述的那个理论：弦理论。自然界中的任何事物都是由量子振动弦组成，在这个基础上，我们就可以推导出一个简单的统一理论来解释我们看到的所有物理学定律。

我们期望的是：弦理论可以用来解释微观世界，而暴胀模型可以用来解释宏观世界。

我们从这两个理论中学到了什么呢？在过去的很多年间，尤其是过去10年间，我们得到的结论是，至少是在我看来，这两个理论都没有达到预想的效果。暴胀理论并不会像它在20世纪80年代被提出时所说的那样能解释宇宙早期。它并不会将宇宙从最初的复杂性、不均匀性、各向异性，以及严重、弯曲甚至扭曲的结构抚平，成为我们现在看到的充满物质、均匀且平坦的宇宙。实际上，暴胀理论所描述的是，一旦暴胀开始发生，宇宙将会越来越不平坦，只在很偶然的情况下会在宇宙中留下一些小区域，那里有我们熟悉的物质，并且有可能适合人类居住。

而在这些小区域中，存在一个与我们目前观测到的类似区域的可能性也更加微乎其微。所以无论暴胀理论是为了解释宇宙的均匀性，还是这种状况发生的可能性所提出的，目前来看，这个理论却完全背道而驰，我们几乎不能通过这个理论得到我们目前所观测到的平坦均匀的宇宙。

同样，我们对弦理论的期待是：对目前物理学定律唯一的解释。而从过去几年的发展来看，弦理论对物理学定律的预测并不唯一，反而有大量不同的可能，甚至是无穷的。而我们所观测到的这个并没有什么特殊性，至少没有必须发生的理由。

所以根据目前对弦理论和暴胀理论的看法能得出的一个关键结论是，宇宙的基本性质是随机的。尽管在外面可以观测到的范围内，宇宙看起来都是均匀的，但是根据目前的理论来看，我们观测到的这种情况非常稀有，从宇宙整体来说也是可能性很低的现象。我很好奇爱因斯坦对这些有什么看法。我好奇他是否可以找到一个同样类型的观点，来与目前观测的结论互洽。我自己的看法是，作为我们对宇宙的两大关键认识，我们不得不更换掉弦理论或暴胀模型中的一个甚至两个。要么进行大尺度修正，要么就完全用另一种观点来取代，这种观点需要一种强有力的观点，并且可以提出无法反驳的证据来证明宇宙为什么是现在这样。

○ **艾萨克森：**为什么会存在这种个人神学争论？山姆·哈里斯（Sam Harris）、道金斯一家以及克里斯托弗·希钦斯（Christopher Hitchens）同那些拥护者们，每每开始讨论弦理论，都会争得脸红脖子粗。

■ **斯坦哈特：**我认为大概是由于我将要提出的这个原因。在我还有其他一些人看来，基本理论已经开始分崩离析。它应该传达的是对粒子质量和它们之间相互作用的一个简单解释，然而我们得到的只是“弦理论允许大量可能性存在”。所以，对于我们目前看到的现象并没有办法提出具体的解释，它们只是被随机选中的。事实上，宇宙中很大一部分性质都是不同的。所以问题是，这是对物理学定律的一个令人满意的解释吗？从我的观点来看，如果我看到一个理论，并不叫弦理论，它提出的观点是：它可以解释观测到的结果，但同时还存在无数种其他可能。那么我会怀疑当面对这种状况时，我是否还能说出一些反对的话。

▶ **格林：**你真的这样想？我不是指技术层面，但是就粒子物理学标准模型来说，经过量子场论研究者们多年的努力，这个模型终于成了理论物理学目前最高的成就以及一切理论的基石。当你研究粒子物理学标准模型所处于的框架相对论性量子场论时，你的确会找到无数种可能。如果不再有更多种可能的话，那现在这个宇宙或许可以利用这些来描述。粒子的质量可以任意变化，而这个理论仍然成立，这是内部的统一性，你可以改变力的强度、耦合常数的大小。

所以如果你将这个我们都认为十分伟大的标准模型视为景观理论的范畴，对我来说就像是你走进一扇门，对我们说：“我得到了一个能够描述全部物理学定律的标准模型！”这难道不会让大家感到兴奋吗？但如果根据你的基准来判断，我会完全忽略这个理论，因为它只是众多理论可能性中的一个。所以它和弦理论又有什么不同呢？

■ **斯坦哈特：**我觉得有一个非常重要的不同之处，没有人会觉得标准粒子模型是一个终极理论，而弦理论最初的设定就是理论的终结者。

▶ **格林：**我们或许可以这样声称……

■ **斯坦哈特：**但是问题产生了，为什么人们会对它感到不安？答案是，因为无论你个人是否相信，弦理论都会被宣传为终极理论。

▶ **格林：**那我不得不说，人们在这样的“风言风语”中开展工作真是非常不幸。如果你反观弦理论的历史，我在这一点上和你观点相同，人们的确在一段时间内认为弦理论是终极理论，可以描述任何事物。事实上，现在仍然可能是这样。

但我认为在20世纪80年代到90年代初期，当这个理论还处于初生阶段的时候，可能会留存下一种属于当时的繁荣。可能现在你去寻找不太容易找到，因为当时这个理论还太不成熟，你实在不能为它投入过多。许多弦理论学家认为弦理论将会帮助我们在研究物理学定律的过程中更进一步。这也可能是最后一步，但我们现在不能来评价。

但我还是认为看待这个问题最为清醒的方式是，我们有量子力学、有广义相对论，我们需要将它们放在某个框架下，让它们互洽。弦理论是完成这个任务的一种可能方法，所以我们需要继续研究它，看它最终引领我们走向哪里。如果仅凭一个理论的优势方面就来大肆宣扬它为终极理论，这种想法对我们的研究会是一种灾难。

■ **斯坦哈特：**你这种说法与现在大多数人所声称的相比，简直有着翻天覆地的不同。

▶ **格林：**你真的这样认为？

■ **斯坦哈特：**当然了。情况甚至比这更严重。许多人甚至认为如果我们得到了大量甚至无穷的可能性，我们就应该接受，因为这是从弦理论中推导出来的，而弦理论毫无疑问是正确的。而它导致的多种可能，我们要将其当作真实的结论。

▶ **格林：**事实上，科学家尤其是弦理论学家，他们经常会描述自己的工作，但却并不会提到与此相关的条件和对应的时间。例如，我说弦理论是一种可能的终极理论，它可能能将全部的力和所有物质都统一在一个框架下。我实际想说的是，这个理论目前还并未被验证，我们希望它可以达到这样的效果，但并不能确定它是否可以引领我们走向预期的方向，所以我们需要继续探索，看最终能走到哪里。

类似地，如果你坐下来与一些人聊天，这些人认为弦理论引出了多种不同的宇宙，它是我们要思考的全新框架，而我们则生活在其中一个宇宙中。他们会说："事实上我们的意思是，弦理论可能会帮助我们解决这些问题，所以我们想去继续研究。"那一定要是这个框架吗？我觉得他们大多数人会回答你："我们并不清楚，我们只是在黑暗中摸索，因为这是目前统一广义相对论和量子力学最好的方法，而我们将继续向前，看可以得到什么。"他们并不会说绝对会到达某个结果，只是我们研究问题必须要有一个预期的目标，如果你不知道会走向哪里，那就"跟着感觉走"，看它可以把你带向哪里。

■ **斯坦哈特：**但是人们甚至不满你可能会接受多种可能性：终极理论对物理学定律的解释有无数种方式。这是不应该被接受的观点。这应该被视为失败中的失败。事实上，我们看向宇宙的任何方向，只能看到一套物理学定律。并且，宇宙是平滑且均匀的，比人们生存所需要的更加平滑和均匀。而我们现在则需要接受这样一个观点，在我们看不到的地方，存在一个更完美的宇宙，与我们完全不同。这是科学还是一种形而上学的理论呢？

○ **艾萨克森：**的确是这样。我们刚才一直在讨论它引起了如此的热情，然后直接探讨了弦理论。我想把话题带回到爱因斯坦。在你说过的话中，有两处让我觉得特别有趣。第一，20 世纪物理学的两大支柱，广义相对论和量子力学，我们应该找到一种方法让两种理论互洽。当然爱因斯坦会完全相信，因为他热爱大统一。第二，他和牛顿在同一件事情上达成了共识：大自然热爱简单。但是我经常在怀疑一个更加形而上学的哲学问题：我们如何知道上帝喜欢简单？我们如何知道他想让这些东西互洽？我们如何知道量子理论和相对论必须是不矛盾的？

格林：的确有一些人提出过这样的观点，这些理论事实上并不需要互洽。我从来没有被这种想法说服过。对于我来说，我们谈论这些规律，尤其是量子理论不是仅仅用来描述小事物的，它们一开始的确是为了描述微小事物而生的，但是它们的某些特征证明它们可以描述更加广的范围。量子理论是用来描述各种尺度的万事万物的理论。

广义相对论一开始是用来描述宏观事物的，因为只有在这种状况下，引力才开始起作用。当你观察广义相对论的方程，在原则上它可以被用于任何微小尺度上。问题是，当你将其用于太小的尺度时，会注意到这两种理论存在很大的不相容性。此外你会意识到，宇宙的不同区域分别对应这两个理论的作用方位。例如，黑洞，你可以说它是从一个恒星开始演化，当其中的核能消耗完时，在自身的引力作用下坍缩，不断变小。在某个节点，这个恒星变得过小，而此时量子力学的作用开始变得重要。而引力的作用是一直存在的，因为这个恒星的质量非常大。如果这两个理论不是同时作用，你如何来描述恒星坍缩的过程？

艾萨克森：这对大爆炸理论来说也正确吗？

斯坦哈特：是的，这就是为什么宇宙学是解决量子物理学和引力如何关联的主要战场。你无法避免要同时使用两种理论来解释宇宙如何产生、是否有起点，或者在大爆炸之前发生了什么。

艾萨克森：那么想象这样一个宇宙，在其中，这两种理论并不是完全互洽的。这个宇宙是不可能存在的吗？

斯坦哈特：这会是个错误的结果，你将会在其中发现众多不和谐之处。

格林：尽管弗里曼·戴森（Freeman Dyson）对此有着不同的看法。

斯坦哈特：是的，我也想说，我不能理解他们……

艾萨克森：这就是我问题的出处。但是我试图避开弗里曼·戴森，怕我理解错了他的意思。

■ **斯坦哈特：** 但是你问了一个很好的问题："我们是如何知道这一切的？"答案是，我们并不知道事物会向简单的方向发展。但是历史上发生过很多有意思的事情让我们认定了这个结论。我们试图寻找一种自然所需要的简单性，来推进对宇宙小尺度和大尺度的理解，特别是当我们观察宇宙时。现在我们可以看到宇宙可观测的最远处，在那个位置上，宇宙的物理学定律还是相同的，物理条件与可观测的宇宙也是类似的。

在有十分强大的反对证据之前，我想我们都会一直坚持去寻找统一理论和自然的简单性，看看它们最终可以将我们带向何方。我对于科学方法没有所谓的道德原则，我只是单纯地认为，这是人类目前掌握的利用已知得到新知识的最有效的方法。如果我们发现其他一些理论可以帮助我们走得更快，我们当然会采纳，但就目前来说还不行。

○ **艾萨克森：** 所以，认为物理学定律在某个水平上会得到统一，只是这个框架中非常基础的部分，而这样我们将会最终得到更为简化的自然规律，而不是更为复杂的。

▶ **格林：** 前提是只要你愿意根据你对宇宙越来越多的了解，来调整你对简单和复杂性的判断。如果你将量子力学引入牛顿的理论系统，一开始当然会觉得非常复杂，因为这两种理论完全运用了不同观点的数学方法，调用了一些你无法直观判断的不同概念。这当然会使你感觉到非常复杂。但是当你对它研究了很多年，适应了它与众不同的特质，你在看它的时候就会觉得这不过是一个简单的小方程——薛定谔方程罢了。

从单纯的数学出发，这是一个线性方程。从技术方面说，这是最简单的一类可求解方程，并且它描述了数据特征。所以这个时候你对复杂和简单的判断标准就发生了变化，因为虽然这个框架对于十六七世纪的研究者来说是非常奇特的，但是根据现代观点，当你重筑了审美体系之后，这个理论看起来就十分优雅和简单了。

○ **艾萨克森：** 你经常用到"优雅"这个词。

▶ **格林：**它现在已经逐渐变得平庸了，但是如果一个理论可以总结为一个小小的方程，而这个方程可以被印到一件 T 恤上，那在大多数人来看，的确是足够简单了。当然，广义相对论和量子力学都可以做到这一点。

○ **艾萨克森：**爱因斯坦曾和利奥波德·因菲尔德（Leopold Infeld）一起在 1938 年写过一本书，书名叫作《物理学的演化》（*The Evolution of Physics*），现在想找到这本书可不怎么容易。我把这本书从头到尾读过两三遍，因为我喜欢他们的思路。他们写这本书是为了糊口，因为那是在 30 年代，有希特勒、有难民。这是一本非常流行的书，但是其中却蕴含着非常深的哲学讨论，出版商在我的敦促下，正打算再次发行。

书中非常深层的哲学讨论是，最终起作用的理论将是场理论。它从伽利略开始，谈论了物质和粒子，并且提出，最终这些融合必然是通过场理论。那本书还讨论了场理论和物质理论是否会存在巨大差异。

▶ **格林：**其实你可以将这个问题更进一步：在取得巨大成功的场理论和弦理论之间是否存在不同呢？因为弦理论一开始提出的观点就与单纯使用场理论方法所得到的不同。

在过去的 10 年间，弦理论最重要的一个观点和最重大的结果，就是找寻相互关联，或者说场理论和弦理论的等价性。尽管弦理论开始于一个与众不同的观点，你对它的研究也可以完全不理会场理论，你意识到的。

○ **艾萨克森：**它们之间的数学方法难道不是不同的吗？

▶ **格林：**数学方法一开始是不同的，但是关于弦理论，在过去 10 年间最惊人的一个发现是它的“二象性”。你可以将其看成一种东西，也可以看成完全不同的。但是如果你用充分的强度和精度去研究它们，你会发现事实上这两种可能是相同的，只是所用的语言不同。就像一本书有法语和梵语两个版本，它们看起来不同，但是如果你有一本字典将它们关联起来，你就会发现这其实是同一本书。类似地，我们有用弦理论的语言描述框架下的弦理论观点。

○ **艾萨克森：**一种数学语言而已，它依旧还是非场理论。

▶ **格林：**一种数学语言感觉起来是非场理论，看起来也是非场理论。然后你有一个在量子场论语言框架中的场理论，它们似乎不同，看起来也不同，但是我们已经对“字典”做了充分的研究工作，足够让你发现，“这其中的这些元素对应那里的那些元素”。反之亦然，你会突然意识到，原来这是在描述同一件事情，只是用了不同的语言。

○ **艾萨克森：**这是不是一种基础的二象性在量子力学核心处的反应？

▶ **格林：**不是，这是另一种不同的二象性。斯坦哈特对此可能有不同的观点。你所提到的二象性是每种方法所固有的，与它们所讨论的是同一理论的事实无关。它们之间有一种研究者不希望看到却埋藏很深的联系，但是在某种程度上的确显示出了弦理论与场理论并没有巨大的差异，它依旧是场理论。这是非常特殊的一种，用另一种不同的方式组织起来，使人们对它的第一印象与场理论不同。但是它基本上确认了你对 70 年前那本书所说过的话：场理论的确是一个可以引领我们走向下一步的工具。

■ **斯坦哈特：**我不知道你对这样的说法有多大信心，因为这基本上只是在描述你利用的数学方法。这就和说“我将利用微积分来解释这个问题”一样。而场理论的确可能是比较好用的数学工具之一，似乎我们在得到最终答案的过程中还要发现新的数学工具。我想我们中的大多数，包括爱因斯坦，都倾向于少依赖工具，而多依赖背后的物理学概念。

我想回答你提出的一个问题，即你对简单的质疑。我应该强调以下内容。当看向宇宙时，如果我们发现了不同的物理学定律、不同的引力、不同的电磁力，或者其他与我们附近宇宙的差异，就像相信弦理论的人所预言的那样，那么我们就会根据这样的实验结果得出一个结论：我们并没有生活在一个简单的宇宙中，弦理论的景观图景是正确的。我们也会生活在一个无法完全理解的宇宙中，因为它的不均匀性以及我们处于地球上的这一限制。接下来随机宇宙的观念将被引出。当看向宇宙时，一切将与我们在周围观测到的景象完全不同。

○ **艾萨克森：**我认为爱因斯坦事实上也有一点类似的想法。20 世纪 40 年代后半期，量子力学得到了很大发展，此时他已经人入暮年，但依旧在不断发现越来越多的粒子和力，当他和瓦伦丁·巴格曼（Valentine Bargmann）、彼特·伯格曼（Peter Bergmann）以及他所有的助手站在黑板前时，他甚至都没有想过将这些粒子和力融入理论中。他被一个事实所压抑，那就是自然似乎非常乐于接受被发现的越来越多的粒子和力，虽然它们可能互相矛盾。

■ **斯坦哈特：**尽管我猜测爱因斯坦可能会非常喜欢弦理论的概念，但并不是所有弦理论学家都和我有同样的想法。但是我将这视为对爱因斯坦将物理学定律几何化的工作的继承。爱因斯坦将引力变成了晃动的果冻空间，而弦理论则将宇宙中的任何事物、所有力、所有物质构成，变成几何化的、振动或晃动的事物。弦理论还运用了高维的观点，这也是爱因斯坦心头好之一。

我之前的观点都是针对弦理论的近期发展的，我更情愿用崩塌来描述。我不确定爱因斯坦会如何看待，但我充分怀疑他会反对这个观点。我读过爱因斯坦在 20 世纪 50 年代说过的一段非常有意思的话。他说，在创建统一理论的过程中他失败了，并且他怀疑还需要更长的时间才能获得成功。原因是，物理学家们不再懂得逻辑和哲学。我认为这个观点非常有意思，他没有提到数学，反而提到了逻辑学和哲学。

○ **艾萨克森：**他实际上感受到的是，他越来越像一个现实主义者，而“是否存在需要科学去发现的、独立于我们观测事实的物理实在”这个问题，在他眼里更像是一个哲学问题。而这个问题太过时了，他将他们称为新实证主义者。你怎么叫他们都可以，但我认为量子力学领域的大多数人都不会认同独立于观测之外的、为物理学定律奠基的理论，而这将是你构建科学大厦过程中重要的哲学柱石。这就是他在哲学方面的问题。

■ **斯坦哈特：**我理解的颇为不同。在那个时代，有一种叫作美国态度的看法占领了主要地位。这种态度导致了物理学和哲学上连接的断裂。你要注重那些可以被计算出的东西：利用你的理论，作出一定的预测并计算，利用实验来验证计算结果正确与否，远离一切哲学问题。在这种方法下，有些观点认为我们可以在科学方面逐渐取得进步。

○ **艾萨克森：**是的，这是一个非常好的论点。他很有可能就是这个意思，因为他同样是这个观点的拥护者。

■ **斯坦哈特：**所以实际上大一统理论超出我们研究能力的原因是，如果你没有深层次的哲学思想引领，你永远也找不到前进的方向。我认为这是一种非常有趣的观点，因为它同时也反映了我对宇宙学和基础物理学走向的关心，我们有可能会迷失方向。当然引入哲学可能并不是一个十分时髦的方法，但或许是一种健康的方法。

▶ **格林：**我们研究组中是有一些哲学家成员的。

○ **艾萨克森：**或许还需要美术、音乐。

▶ **格林：**我并不是指那些。我们有一个组在研究时间的方向这类问题。时间的方向从何而来？为什么时间只有一个方向？这个问题是哲学家研究了很久的问题，而当我们讨论多种可能性的时候，他们会对我们的讨论方向做一个正确的引导。他们可以看到这些结果并对我们说："等一下，你在说的这个问题我们早就已经解决了，所以让我来给你解释一下。"

我们发现，与哲学家们的交流非常有效，虽然他们没有学过量子场论，不像研究生和研究员那样有非常坚实的物理学基础，但是他们会倒退一步，解决一个更广的问题，并且从更加基础的层次来思考。这真的非常有效。

○ **艾萨克森：**让我们来回顾一下历史。1900—1915 年，对于我来说是充满了探索和发现的时代，或许因为对爱因斯坦的研究有些许偏见。在这段时间内，量子理论和广义相对论都有了长足的发展。而这些发展多数都是在哲学和哲学家的推动下发生的。如果你问爱因斯坦谁对他的影响最为重要，他可能会提到迈克尔逊和莫雷。他也会说："虽然我不知道我是否读过他们的论著，但我经常和恩斯特·马赫（Ernst Mach）和大卫·休谟（David Hume）等人一起讨论，正是他们带领我们迈出了创造性的一步又一步。"

如果我问为什么我们会在1900—1915年间取得巨大的成功，这一定是一个非常有意思的问题。显然在科学上，甚至斯特拉文斯基（Stravinsky）和勋伯格（Schoenberg）都说，"我们不需要拘泥于经典"。或者普鲁斯特和乔伊斯或者毕加索和康定斯基都冲破了经典的藩篱。但是尤其在科学上，这些进步背后的推手中，像恩斯特·马赫这类与其说是物理学家，不如说是哲学家的人，作出的贡献更为重要。

■ **斯坦哈特：** 根据我的记忆，这些繁荣都伴随着20世纪20年代量子力学的发展而停止了。在之后，科学家们所作出的努力都是为量子力学寻找一个解释。他们说："不要再为解释的问题烦心了，我们要做的事情是去计算并且得到对新现象的预测。"然而由于存在太多新现象需要研究，所以这耗费了数代理论学家的时间，他们不再考虑如何解释以及其中的哲学思想，而只是单纯地沿着一个方向不断去计算。而当与哲学的联系被破坏时，物理学与哲学相结合的方法就遭到了轻视。当时甚至有人认为哲学会分散你的注意力，使你无法发现很多有趣的现象。现在或许就是纠正这一错误思想的时刻了。

你看，因为物理学家提出问题就可以立即用实验进行验证，所以近些年在物理学上取得了巨大进步。实验和理论之间快速的对应已经持续了大概一个世纪。每当获得新的观测结果或者一个新的实验被提出，就会存在一个新的问题；你可以进行新的计算，其他人则会做对应的实验。新的物理结果随着这种从理论到实验的反复过程，不断出现。但是现在我们到达了这样一个阶段，基础物理学方面的重要实验出现突破性结果的时间间隔很长，对粒子物理学来说，可能是几十年。我们并没有实验的引领，也没有哲学作为基础。或许我们需要的并不是一个新的实验，而是向哲学寻求一个"灯塔"。

▶ **格林：** 在美国公共广播公司（PBS）之前对弦理论做的特别节目中，许多人都接受了采访，内容是关于弦理论至今得到的预言，都没有被实验验证。

而这些物理学家的回答，大多数的意思都是说，如果弦理论不能或者还未作出过这种预言的话，那这就是哲学，而不是物理学。

在看这个系列节目时，我心里一直对自己说："可怜的哲学家。"哲学并不是不成功的物理学，也不是未达目的的物理学；它只是一种分析事实的方法，只是不像数学对物理学家来说用得那么频繁。我认为，现在哲学领域有很多值得深思的想法，在我看来，如果这种碰撞发生的越来越多，那么我们将会经历一个周期。

■ **斯坦哈特：**是的，我们曾讨论过弦理论中一个比较有意思的事情，即当我们面对如此多的可能性时，一种解决它的方法是人择原理，就是说人类存在这个事实本身就是选择效应。这可能是哲学家们考虑比较多的一个方面。他们相比于物理学家更早地发现了这个缺陷。

▶ **格林：**我完全同意你的观点。我们可以回到你刚刚提到的对弦理论已经开始走下坡路的评价吗？它对我来说是非常强烈的负面评价，我怀疑我是否完全理解了你的意思。

当人们观察弦理论的历史时，成就是非常多样化的，就像你熟悉的那些，比如对时空奇点的看法、镜面对称、拓扑变换、对某种对称结构的解释、对物质粒子广义结构的认识以及对规范理论的认识，除了可以统一广义相对论和量子力学之外，还有这些特征。事实上我对此感到非常兴奋，我们或许还有其他路可以走，因为目前我们并没有得到弦理论与实验间的关联。但对我来说，我们面前仍旧有一条路要走，无论它最终是否可以将我们带向同样的预测结果。我不认为我们现在可以评价它，并说这个理论已经开始崩塌了。我可以说这个理论已经走得足够远，但是我们还有更远的路要走，直到我们知道现在做的一切正确与否。这在你看来是不是一个不好的评价？

■ **斯坦哈特：**我的观点之前表达得不太清晰。我是说，多种可能性，如果是理论的终点的话，就是理论的崩塌。在多种可能中有一种……

▶ **格林：**我打断你的原因是，我听过很多人和你有同样的观点，都是因为听某些理论学家将这个弦理论推向了一个特定的点：弦理论最终的结论就是，有很多很多的宇宙，我们的宇宙只是其中一个，之后并没有任何其他解释。这种观点可能是正确的，但也有可能是错误的。但现在这个时刻，我肯定不会说这个点就是弦理论的终点。这只是某些研究者停靠的小站，而其他一些人还在另外的路途上努力前进着。

■ **斯坦哈特：**相比于我听过的其他人的观点，你的说法更加合理。我很愿意看到你承认多种可能性是理论的崩塌，并且这不是一个可以接受的……

▶ **格林：**弦理论的多重宇宙版本，你是想说这个吗？

■ **斯坦哈特：**是的。但是请让我补充一点，我可以想象有很多方法可以逃离理论的崩塌。其中一个是发现弦理论中一些新的观点，来证明多种可能性并不是弦理论的预测结果。毕竟，目前其中的数学方法也并没有那么牢靠。或者，第二个方法，就算是有多种可能性，或许有些人可以找到一些理由来解释宇宙中几乎所有地方都对应其中一个可能性的原因，这一个可能性就是我们目前观测到的。又或者弦理论现在的形式是没有问题的，但是你必须要更改宇宙学，而这个更改则将会使多种可能性消失。所有这些补救对我来说都是可信的。

我不能接受的是现在的这些观点，它们只是简单地接受了多种可能性。不仅因为它是一次理论的崩塌，而是因为它对之后所造成的影响非常恶劣。如果你一旦接受这样一个理论，有无数种可能，而我们所观测到的只是其中一个，那么科学真的无法否认这种观点。就算将来有新的观测事实或者新的实验结果，无论它是这样或者那样，你都可以声称我们只是恰好生活在这种可能性发生的区域中而已。事实上，这种观点最近已经被应用了，用来解释理论学家们发现的暗能量中与自身预测不相符的部分。问题是，你没有办法否认，也没有办法去证实。

▶ **格林：**你可以想象，在多重宇宙中有某些特征是相互关联的。

■ **斯坦哈特：**你当然可以这样想象，但是你永远不能通过实验证实。

▶ **格林：**不，我的意思是，你可以从数学上发现，在所有这些宇宙中，性质 X 可能是不变的。

■ **斯坦哈特：**你是说，从弦理论中推导出来的？我相信这不是真的，也相信没有这种可能。

▶ **格林：**的确，这是一种“信仰”，它并不是建立在任何推算结果上的。

■ **斯坦哈特：**好吧，我觉得如果你向我提出这样一个理论，我可能会 24 小时不停地思考，然后得出一个替代理论，性质 X 并不是一个普遍性质。有些人会说：“某些性质是普适的，另外一些则不是。”然后第二天，则会有其他理论学家写这样一篇文章，反对这种观点。这对指导理论发展并没有任何决定性的作用。

▶ **格林：**我同意这绝对是一种展现事物的方式。但是我听到你说你无法想象如何否定那些观点，事实上，我已经找出了否定的方法。

■ **斯坦哈特：**它或许在理论上是成立的，但实际上我认为不会发生。如果某天预言多种可能性的弦理论被否定了，我认为支持者也不会放弃弦理论的。我猜会有一个非常聪明的理论学家提出某种改变来规避冲突。事实上，我们在多重宇宙理论上所经历的事情就是这样的。在实际中，永远没有足够的观测实验或者足够的数学限制，来否定多重宇宙的可能性。同样的原因，这就意味着没有确信的预测可以决定这种多种可能性的正确与否。

▶ **格林：**我同意你的观点。但是根据我的理解，你无法理解弦理论认为终点是很多很多宇宙这个观点。

■ **斯坦哈特：**是的，我认为这个观点是需要修正的。

▶ **格林：**但是你也同意弦理论本身并没有崩塌，只是这种理论的一个特殊走向的结局你不能接受而已。或许你该想的更远一点。

■ **斯坦哈特：**是这样的，就像你之前说的，有些人认为那是终点，而我不能接受。如果你相信的话，那是时候抛弃这种想法了。

▶ **格林：**但这只是那些人想法的失败。

■ **斯坦哈特：**是的，这个观点是错误的，并且需要改正。我并没有在争论弦理论需要被抛弃。我认为它承载了太多的承诺。我只是认为它现在的处境非常危险，需要一些新观点来解救它。

让我们回到爱因斯坦。一个非常有意思的问题是，与他同时代的激进物理学家们是如何被保守派的物理学们所完全替代的。

○ **艾萨克森：**我比较感兴趣的是，激进的爱因斯坦是如何被 1925 年保守的爱因斯坦所替代的。这么说虽然有些夸张，但是当他对量子力学作出最后的伟大贡献也即玻色 - 爱因斯坦统计之后，他几乎立刻从一个否定一切的斗士变成了一个反对量子力学的现实主义者。他在 1927—1931 年间的索尔维（Solvay）会议上，曾把量子力学的研究者们称为激进分子，而他们反称他为荒唐的保守派，并说他抛弃了他当年质疑一切时的激进主义。

这是物理学领域一个比较重要的主题：为什么你曾经认为自己是一个激进分子，然后等到了 50 岁，无论你是在编辑《时代》周刊或者做理论物理学研究，你就忽然开始说："不，我们不能这么做，我们曾经尝试过，行不通。"

如果让我给爱因斯坦的保守主义一个原因，就会回到斯坦哈特谈到的问题，哲学，在其核心思想中，这就是所谓的现实主义。爱因斯坦不喜欢量子力学的原因有三四个。如果你要从中挑出一个，可能并不会发现什么十分严格的因果，尽管如此，他还是说严格因果是牛顿给我们最好的礼物。这是对现实主义的抛弃，而对他来说则成了经典物理学的基石。如果你要定义保守主义，我想这个定义会维护经典的规则，而激进地抛弃过去。这就是爱因斯坦在 1925 年所做的事情。

我们应该往更深处挖掘，因为这可能会是人类文化的转折点。

——《爱因斯坦与庞加莱》

WE SHOULD
DIG INTO THEM,
AND DEEPLY,
FOR THEY ARE
TRANSFORMATIVE
MOMENTS OF OUR
CULTURES.

15

Einstein and Poincaré

爱因斯坦与庞加莱

Peter Galison
彼得 · 伽里森
哈佛大学约瑟夫 · 佩里格雷诺（Joseph Pellegrino）驻校教授，哈佛大学科学仪器历史收藏馆（HSI）负责人；著有《爱因斯坦的钟表和庞加莱的地图》

当 1979 年庆祝爱因斯坦诞辰 100 周年的时候，在各种活动上的发言者们都只会谈论物理学理论。这在我看来非常奇怪，像爱因斯坦这样从专利局小职员起步的传奇人物，他对实验领域产生了非常深远的影响，却只在后人心中留下了如此印象。我对爱因斯坦的兴趣就始于那个时期。除了爱因斯坦之外，我还着迷于实验和理论相结合时碰撞出的惊人结果，并对工艺知识与理论物理学间的紧密关系而感到惊艳。

多年来，我的工作一直被抽象知识和具体事物之间的对抗牵引。科学史、社会学和认识论对于我来说是非常相关的，而我在科学史方面所做的工作总是被哲学问题推动和阐释。例如，我对如下问题十分感兴趣：什么可以作为示范？根据示范所完成的工作意味着什么？实验者如何区分实验结果是真实的，还是仪器或环境造成的影响？我们认为自己了解数学推导的意思，但如果我利用计算机模拟，这又意味着什么？如果我做了一个模拟，表明彗尾会形成一个岛，那我得到的这个结果是否可以成为解释这个问题的开始，而它之后还需要更多的数学分析？

这个问题到现在依旧困扰了很多领域的研究者。这些问题无论是从历史学的角度，还是从认识论的角度看都是不可避免的，因为他们不仅是正常的科学实践，更是哲学的基础。当我选择研究某个问题时，常常是因为它的光芒是所有这些因素共同作用的结果。

20 世纪 70 年代，我和其他一些历史学家、社会学家和哲学家开始关注仪器和实验室，虽然在科学史中强调实验方法有些奇怪。继哲学家托马斯·库恩的工作之后，大多数历史学家和哲学家对此非常热忱，以证实所有科学都是由理论产生的。我假设这是对 20 世纪 20 年代到 50 年代间实证主义的一种反应，哲学家们坚持认为所有知识都来源于看法和观测。关于什么是实验室，实验室从何而来，又是如何运转的，并没有多少实际工作。在那之后，对实验历史和动态变化的研究成了越来越重要的研究方向。我并不仅仅只是对实验室本身感兴趣，同时也对所有抽象的理论也感兴趣。举个最近的例子，我正在写关于弦理论的文章，尤其是关于数学家和物理学家之间的对抗，他们试图去找出什么是这个有史以来最抽象的科学理论的示范。

在所有的实例中最吸引我的就是，哲学问题是如何从具体和抽象两个层面阐释科学实践，并被科学实践阐释的。而且我常常强烈打击那些中庸的概括和探索，正如《爱因斯坦的钟表和庞加莱的地图》（*Einstein's Clocks and Poincaré's Maps*）一书所说的那般，它将最抽象和最具体结合在了一起。相比于考虑一个从紫外到红外容纳其中所有波段的平滑光谱，我更倾向于用弯曲光谱的边缘去研究每一部分的抽象理论和具体实验。

几年前在我开始工作时，科学史仅仅关注那些想法和理论的出处。而实验和仪器，似乎没人对它们有兴趣，只是对理论产生贡献最小的一个部分。我的工作开始于对某些特定仪器产生兴趣，或者说仪器是如何使用的，如何将知识作用于实践，解决人们所关心的问题。我的第一本书《实验是如何结束的》（*How Experiments End*）写的是，当有某种特定的目的之后，实验学家们如何决定是利用小的桌面仪器进行实验，还是进行一个囊括数百人的大型实验。

之后我转向物理学中的另一群人，他们不仅对实验而且对机器本身感兴趣。我想知道某种特定的实验仪器是如何实现其价值的。举个例子，像类似于云室（cloud chamber）或者气泡室（bubble chamber）这样的仪器，如何产生图像，并成了几乎整个20世纪物理学家们所有证据的来源？像盖革计数器（Geiger counters）这种有趣的小东西，每当有辐射物质靠近的时候都会发出一个声响，如何产生了一种新的统计方法？而令我十分感兴趣的是传统和创新的冲击，传统科学家们总是试图拍照片，通过看到的东西来了解，而创新物理学家们则试图利用计算机程序来结合更多的信息，来产生一个逻辑上的示范。我的第二本书《图像和逻辑》（*Image and Logic*）就讨论现代物理学领域互相对垒的这两大阵营。

最近我一直在关注物理学中的第三种人群：理论学家。我想知道理论学家在提出一种物理学抽象观点时在多大程度上与某些特定的机器或设备有关，无论这些抽象观点是量子场论、相对论或者其他任意一种理论。特别是，在《爱因斯坦的钟表和庞加莱的地图》一书中，我就提到了19世纪末期人们同时对时间和钟表的广泛关注。在某种程度上，这是一个抽象且偏哲学的问题，但是这里面仍旧包含着纯粹的技术问题。比如，你如何创建映射，或者通过海底电缆传递信号？你如何定位和分流火车，这样它们在同一个轨道上相向而行的时候不至于迎面相撞？最终我对理论学家的关心引领我去关注对19世纪末期的物理学家们来说最为紧迫的一个问题：当一个物体通过当时人们所称的“以太”的东西时，电和磁是如何工作的？

我对科学中物质的兴趣起源于童年时代。我那活到90多岁的曾祖父，曾经受训于柏林，之后成为托马斯·爱迪生实验室的一名电力工程师，而我和他一起在那个实验室的地下室度过了很有意义的一段时间。我被他所做的工作吸引了。那个实验室就像电影《科学怪人》描绘的一样，有着巨大的单刀双掷开关、黑暗中巨大的电弧、架子上排列着的一瓶瓶水银。我喜欢那个实验室的每一个角落。我 17 岁时从高中毕业，到巴黎综合理工学院（Ecole Polytechnique）学习物理和数学。我有幸从师于一位非常伟大的数学家，洛朗·施瓦茨（Laurent Schwartz）。我去过法国很多次，会说法语，并且因为对欧洲当时的政治非常感兴趣，所以希望再次去法国。我觉得如果我有唯一一次机会可以在一个有趣的地方工作的话，那么一定是和物理学相关的，所以我给不同的物理实验室写了信。而一个 17 岁的美国男孩写信给巴黎综合理工学院，这可能使他们对我的信格外重视。

当我开始在那里学习后，我对哲学问题非常感兴趣，并且认为学习物理学是解决其中某些问题的途径。我在一个等离子体物理实验室工作。当时那个实验室还可以做一些小型桌面实验，而现在他们只能利用实验室中的巨大机器来做实验了。我对实验室里的设备非常着迷，信号发生器、记录仪、示波器，并且对“理论知识是如何最终产生实验器械”这一问题感到十分好奇。在哈佛大学，我找到了将历史学和哲学结合起来的办法，并且利用这个方式进行了很多物理学研究。

这将我带向了爱因斯坦。

我们今天对爱因斯坦的了解都是基于他人生的后半段，也即当他开始将自己与世俗隔离开，将自己视为一个来自其他世界的人物时。爱因斯坦曾说过，对理论物理学家来说，最好的生活方式就是去做一个灯塔管理员，与外界完全隔离，只有这样才能拥有最纯净的思维。让我们抱着对理论物理学家这样的看法，再去回看爱因斯坦的奇迹之年，1905 年。你很容易就能明白他在专利局的那份工作只是为了糊口，他真正的工作是纯脑力工作。这样分裂的存在对我来说是完全不可能的。我开始思考他在机器和物体方面的细节工作对那些抽象观点有怎样的联系，并且开始考虑相对论本身是如何从与其相关的时间、地点和机械中产生的。

几年之后，在 1997 年的某一天，我在北欧的一个火车站，看着站台上那些完美设定的钟表。所有的分针都相同。我想："天呢，他们当时做出了这些非凡的钟表！这是多么完美的机械！"但是我之后注意到，所有的秒针也都是同步的。于是我想，这或许是因为它们不是什么好的钟表，它们只是靠电子信号实现同步的。或许爱因斯坦在写关于相对论的文章时也有同样的这些表。

当我回到美国，我开始调查瑞士、英国、德国、美国的专利和工业记录，发现在 19 世纪末期的确有很多生产协调时钟的地方。突然，爱因斯坦在他 1905 年的文章中提出的那个隐喻变得没有那么独特了，文中他质问我们什么叫作"同步"（simultaneity）。他说，想象一列火车驶入你所在的站台。如果当火车停在你眼前的那一刹那，你的手表恰好指向 7 点，那么你就会说火车到达的时间和你的手表显示的时间是同步的。但是如果你说，当距你很远的火车站有火车到达时，你的表刚刚指向 7 点，这又代表了什么呢？

之后爱因斯坦提出了一套理论去解释什么是协调时钟，并解释了什么是同步。之后这个定义成了他理论的基础，并且引出了令人吃惊的结论：同步取决于参考系，不同参考系中长度的测量是不同的。他还得出了之后令人惊人的关于相对论的结果。突然间我意识到，爱因斯坦所有对火车和站台的抽象比喻事实上也只是完全的比喻。除了将自己隔绝在灯塔中的那个人关心同步的定义外，有很多工业界的很多人也在关心远处的火车站有火车到达到底意味着什么。之后他们就通过电报向距离非常遥远的车站传递同步电信号来实现同步，这就和爱因斯坦在他的文章中所写的几乎完全相同。

所以我开始看向更远，除了上文提过的人之外，19 世纪末期谁还会关心同步的问题呢。后来我发现，有一个伟大的法国哲学家、数学家和物理学家亨利·庞加莱和爱因斯坦有同样的观点。他也想对绝对同步的观点进行非难，试图得到一些可以测量的量。

不像爱因斯坦使用了火车和站台，庞加莱选择了他的喻体：一条线上的电报信号交换。在他 1898 年 1 月一篇非常著名的哲学文章中，庞加莱说同步就只是信号交换，就像两部电报机试图去确定它们之间的经度差是多少。你看，如果地球是静止的，我们可以非常简单地通过抬头看头顶的星星来确定自己所处的经度。但地球是转动的，所以对比两地的经度，要通过看两地上方的星星来确定，则需要同时测量。因此，几个世纪以来如何确定同步都是地图制作者们最头疼的一个问题。19 世纪末期，人们通过海底电缆来传递电时间信号，有趣的是，庞加莱正处于这件事情发生的时代。1899 年他当选为巴黎经度局（Bureau of Longitude）的主席。1900 年 12 月，他将自己通过哲学和技术手段得到的时间定义带入了物理学。他展示了当电报机在以太中运动时，如果调整它们的时钟，那么就算是对“真正的”以太静止系，时钟也是同步的。庞加莱提出的同步的新定义建立在三个领域的基础：哲学、技术和物理学。

尽管庞加莱在他同时代的人中是一位非常著名的哲学家和数学家，他还是一个技术很好的工程师，曾在巴黎工程学校（Ecole des Mines）受过工程师训练,之后成了法国综合理工学院一名杰出的教授。庞加莱的故事提醒了我：像爱因斯坦一样，当庞加莱在使用确定经度的电报机打比方时，他同时用比喻解释了字面上的意思。他改变了物理学的一个重要概念，同时又解决了地图制作者们的一个难题。

虽然不如爱因斯坦那么出名，在世纪之交，庞加莱最著名的哲学著作《科学和假设》（*Science and Hypothesis*）与《科学的价值》（*Science and Values*），成为法国当时的畅销书。它们对现代科学哲学有着深远的影响，并且今天仍旧被用作哲学课程的教材。这些著作最初被翻译成了各种语言，包括德语和英语，因而可以被广泛传播。庞加莱开启了数学的一片新领域，包括拓扑学。他帮助建立了混沌科学，我们目前所知的一些复杂科学都有他的贡献。他同时也对相对论和其他物理学分支有很多重要的贡献。庞加莱是一个真正博学的人，他甚至在工程学方面小有成就。他是拯救埃菲尔铁塔的人之一，因为他看到了它作为军事天线的用途。事实上，根据庞加莱的各种预测，埃菲尔铁塔本身就是一个巨大的天线，可以向全世界传递时间信号，帮助从加拿大到非洲最尽头的人们测定经度。他自如地在工程学和抽象的数学间转换，并在很多领域留下了丰富的财富。他对时间的思考也是其众多成就之一。

在对庞加莱有了更深的了解之后，我试图去理解为什么他和爱因斯坦可以从哲学的抽象角度、物理学角度理解那些科学问题，包括如何使两列火车不相撞或者怎样帮助横跨很多国家的地图制作者完成他们的任务，完全重置了我们的时空观。这一切始于一个非常简单的观点：如果在两个事件发生的地方放上两个时钟，而这两个时钟在这两个事件发生时是相同的，那么我可以说这两个事件是同步的。我如何调整这些时钟呢？我将信号从一个时钟发向另一个,并且计算其路途中经过的时间。这是基本观点,所有的相对论理论。$E = mc^2$ 以及爱因斯坦所有的工作都源于此。问题是，这个观点是从哪里来的呢？爱因斯坦和庞加莱两个人发现了这个关于同步的观点，我认为这是哲学、技术和物理学共同作用的结果。他们两人正好处于这三个领域的交集中。

有时候人们会问我：“爱因斯坦和庞加莱的同步理论的基础是什么？是真正的物理学、基础的技术，还是哲学？”我认为这不是正确的提问方式。这就像问我戴高乐广场是在福煦大街还是在雨果大街。我之所以可以描述戴高乐广场的位置，是因为它处于这两条街的交叉处。这就和发生在同步上的问题相同。我们看到的是一个非凡的时刻，因为哲学、物理学和技术的交汇才导致了这个颠覆整个世纪的结论产生。这就像在一个巨大的剧院中用三束聚光灯照向同一个点，所以它受到了三倍的照明。这对铁路工程师和地图制作者来说，知道什么是同步非常重要。这对哲学家来说也非常重要，这帮助他们解决了什么是时间、什么是时钟、是什么定义了时间——是机械表、天文现象，还是在所有表象之后的抽象时间。这对物理学家同样非常重要，知道什么是同步就可以解释很多重要的物理方程，比如关于电和磁的麦克斯韦方程组。庞加莱和爱因斯坦考虑了三个方面的共同影响才得到了结论，所以这就是为什么不能单独提问某一个方面。当然，时钟不是导致相对论产生的原因，而是相对论导致了现代时钟同步化的进程。

对一些人来说，爱因斯坦和庞加莱是十分神奇的，因为你无法再想象出更加相近的两个人。他们有同样的朋友，在很多同样的出版物上发表了文章，并且研究了很多相同的问题。在他们的专攻领域，他们都是顶级专家，都喜欢写一些大众读物，都很看重哲学的作用，都对技术工程学有很大的兴趣，并受过相应的训练。因此你无法将他们分开来看。这使我想到了弗洛伊德，对他来说，读尼采的文章是无法容忍的，他曾经很多次提过这个理由：尼采的想法太过类似了，然而却是针对不同的问题。

庞加莱和爱因斯坦分别在19世纪和20世纪有了自己最辉煌的科学成就，在他们一生发出的和收到的成千上万封信中，从来没有来自对方的一个明信片。在庞加莱生命快要结束的时候，他们遇见过一次。当时庞加莱在主持一个非常重要的物理学会议，而爱因斯坦在这次会议上发表了他对光的量子态的研究。在这次会议结束时，庞加莱评价说，爱因斯坦的报告与物理学应该有的样子太不相同了，物理学应该可以利用某些因果关系、微分方程、规律和结论来表示，他不能忍受爱因斯坦的方式，并且说这不可能得到任何结果。他认为这对科学来说是个灾难。而爱因斯坦呢，回到家，就给朋友写了一封短信。信上说，他十分崇敬同事们的工作，甚至热爱这个结果，但是这一切却被什么都不懂的庞加莱污蔑了。他们就像黑夜中的两艘船一样错过了，在相对论研究领域，甚至都不知道对方的存在。但是就在这次会议几周之后，庞加莱给爱因斯坦写了一封推荐信，帮助爱因斯坦得到了一份对他来说十分重要的工作。在这封信中他强调说，就算这个年轻人的想法只有一小部分能得以实现，他都会拥有十分伟大的成就，他对科学界来说是个十分重要的人。这封信中包含了极度的赞美和慷慨之词。之后，他们再也没有互相交流过，也没有再见过面。

爱因斯坦和庞加莱的不同之处，以及他们对自身工作的不同理解，代表了20世纪现代物理学领域的两个对垒观点。尽管庞加莱的方程和爱因斯坦的相对论看起来非常相似，庞加莱总是认为他在做的事情是对过去的巩固、修正和延续。就像某个认识他人说的那样，他在填补世界地图的空白。而爱因斯坦则试图去做些不同的事情，过去的程序太复杂，我们需要的是从头开始的，纯净、朴实的定理。庞加莱认为自己在拯救法国，这是毫无疑问的，但他同时拯救的还有19世纪的物理学。他踌躇满志地想将物理学现代化，但和爱因斯坦的却并不相同。他的是修正的、改善的现代化，依赖于法兰西第三共和国的现代化。而爱因斯坦的破坏力则是更强、更纯粹的现代化。只有通过理解哲学、物理学和技术三者的交汇，一个人才可以抓住这个世纪性的新观点真正意味着什么。

你可能会问，而且我也常常在想，现在如何考虑这个问题。或者换一种说法，现在有没有类似的三种学科的碰撞呢？我的想法是：当你考虑庞加莱和爱因斯坦的时候，你试图在很多不同尺度上理解时间的协调性和时钟的同步性。或者说，他们试图去了解如何在一个房间、一个实验室、一个区域或者一个城市中去调整时钟。而同时关心这个问题的其他人也在将电缆铺在太平洋和大西洋的海底。爱因斯坦和庞加莱不仅考虑了这些在地球尺度上的问题，也考虑了如何在宇宙不同参考系中解决。他们问："同时性（synchronization）意味着什么？同步又意味着什么？"这些问题发生在每一个尺度上，从小到大，从哲学到物理学，从电缆到火车轨道。从这种意义上来看，它并不像我们常提出的科学问题具有的性质那般，可以从某些纯粹抽象的理论开始，然后应用于物理学和工程学，最后通过实践解决。这同样也不是柏拉图式的提升，或者马克思主义的一个简单观点，其中，机械或者机械工厂将不断抽象化，最终变成宇宙中的一个理论。

一个关于时间的常规问题，即它如何和物理过程平起平坐的，是所有人都关心的。而我们需要解释这个在实际和哲学间循环往复的比喻，并不仅仅是从抽象到具体那么简单。它不是一个蒸发过程，在这个过程中，水的密度在变成蒸汽后会变小。相反，它是一种物理学家称为临界乳光（critical opalescence）的东西。常规乳光的颜色类似于牡蛎壳的颜色，所有的颜色都会被反射，就像你看到珍珠的表面或者某些壳的内部时，可以同时看到绿色、红色和白色。临界乳光发生在某些特殊的情况下，例如，在某些特定温度下的系统中水和水蒸气同时存在的时候。在这个临界点时，一些不同寻常的事情发生了。在不同的尺度上，从几个分子到整个系统，液体开始蒸发，并且同时气体也在凝结。突然间，由于产生了很多不同尺度的小液滴，导致所有波段的光都发生了反射。如果你用蓝光入射，就可以看到蓝光，用红光入射，则能看到红光，黄光也是如此。

这是我们需要的类比现象。庞加莱和爱因斯坦在哲学问题、物理学问题和实际问题上踌躇不前。19世纪90年代末，庞加莱在杂志上发表了一篇文章，针对地图制作者和确定经度的人，同时他还在物理学杂志以及《形而上学和道德》（*Journal of Metaphysics and Morals*）杂志上发表了文章。他在这三个领域都游刃有余。

现在你可以问这个如何和现在对比。最近的科学中哪里可以看到临界乳光？在我看来是非常稀少的，但是你可以关注的一个领域是计算机科学。在这个领域，关于人脑，关于计算机功能，关于科学、代码和数学物理学全部都同时存在。冯·诺依曼利用设计计算机程序的思路，考虑了人脑和它的结构（记忆，输入、输出，处理）。之后这个程序成了人脑的模型。信息与计算技术的发展是息息相关的，它也变成了一种更加广泛的理解语言交流的方式，之后再反馈给设备。信息、熵和计算成了目前三个重要领域。这样的乳光出现的时刻并不常见，比我们所称的科技革命要稀罕得多。我们目前看到的临界乳光是完全不一样的尺度，我们在抽象和具体之间不断徘徊，它们在用一种全新的方式来解释对方，而不是像过去一样只是简单地蒸发和凝结。当看到这样的乳光时，我们应该往更深处挖掘，因为这可能会是人类文化的转折点。

THE PARABLE OF THE BLIND MEN AND THE ELEPHANT IS A PERFECT METAPHOR FOR THE UNIVERSE AND FOR THE PHYSICISTS WHO TRY TO GRASP ITS LARGER SHAPE.

盲人摸象的寓言大概是对宇宙和试图了解其在更大尺度上形状的物理学家来说，最好的比喻。

——《在更大的尺度上思考宇宙》

16

Thinking About the Universe on the Larger Scales

在更大的尺度上思考宇宙

Raphael Bousso
拉斐尔 · 布索
加州大学伯克利分校理论物理学教授

伦纳德 · 萨斯坎德的导言：

盲人摸象的寓言大概是对宇宙和试图了解其在更大尺度上形状的物理学家来说，最好的比喻。每个人都感受到了大象的一部分，然后在此基础上开始想象整个大象的样子："它是一堵墙""它是一条绳子""它是一棵树"，意见不合几乎大打出手。而宇宙相比于大象来说，更是有过之而无不及，它在任何一个角度上都太过巨大，而我们大多数人都只是纠结于宇宙很小的一部分。

幸运的是，人类历史上总会时不时地有些人有足够的勇气与坚持，并且有足够清晰的头脑，试图探索一幅更大的图景，拉斐尔 · 布索就是这少数人中的其中一位。

从普适到特别，我们可以在不同层次或者不同深度上问自己一些问题。我认为，作为一位科学家，找到其中的平衡点是十分重要的。如果我们决定研究一些非常深奥的问题，我们倾向于不要走得太快。这些想法就像是指南针，但是利用某些方式来打破现状也非常重要。而我喜欢的方式是："那些高深的问题是这一类的：如何统一自然界的所有规律？如何研究量子引力？如何理解引力和量子力学之间相互融合的方式，而这种融合如何同我们所知的物质和力是互洽的？"这些都是意义深远并且非常重要的问题。

另外一个意义深远的问题是："宇宙在大尺度上是什么样子？"我们看到的这部分宇宙有多特殊？还有没有其他可能？这些问题都是相互联系的。但要回答它们，我们需要从一个特殊的模型开始，并且用一些特殊的方式来考虑这些问题。这些特殊的方式包括：将它们分成一个个小的部分，之后最重要的是，将它们与观测和实验结合到一起。

弦理论是一个存在很久的理论方法，然而起初它并不是为了解决这种深奥的问题而被提出的。起初它的提出只是为了了解强相互作用力，而之后它主宰了自己的"命运"，开始不断回答一些还未被提出的问题，例如量子引力。它开始先于你对量子引力进行了研究。

这是一个有争议的话题。还有很多其他方法也可以解决量子引力这一问题。我个人认为，目前弦理论是发展最好也是最有保证的一个，所以我开始利用弦理论或者探索弦理论的性质，来寻找关于某些问题答案的线索，来看看弦理论可以给我们什么。

另一个可以帮助我们打破现状，将问题难度降低到可接受范围的方法当然来自观测。我们透过窗户看到了什么？我们看到的所有东西中最值得一提的问题是：为什么晚上天不亮？这个问题听起来可能很蠢，但是当你认真思考的时候，这是一个十分深刻并且非常需要一个合理解释的问题："为什么星星不是出现在我们观测的任意方向？"或者和这个类似的问题："为什么宇宙这么大？"从基础物理学的角度看，宇宙的大尺度实在是一个非常值得注意的问题。一定是发生了许多神奇的事情才使得宇宙达到了今天的大尺度结构。

关于这个问题，我可以仔细谈一谈。其中一个必要条件是，真空空间的能量必须要非常小，才可以使宇宙达到今天的尺度。事实上，仅仅通过看向窗外，你就可以看到几公里之外的事物。这已经告诉我们真空空间的能量是异常小的，要在 0.000 和 1 之间加上数十个 0。而这个结果，你只是看向窗外就可以得到。

有趣的是，如果你利用现有的理论来计算真空能，例如已经经过加速器验证的粒子物理学标准模型，你并不能得到确切的结果。但是你可以计算不同组分对真空能的贡献，然后就会发现，结果和你认为的可能值有着天差地别，不是 10 或者 100 这种尺度上，而是 10 亿或者 10 亿的 10 亿倍的 10 亿倍。

这需要一个解释。这只是其中一个使宇宙可以达到如此大尺度的先决条件，但却是其中最为神秘的一个。所以我们需要一个解释。

我们知道真空能或者真空的质量必须是一个非常小的值，所以在物理学的一部分领域中因为某些原因，都认为这个数值为零。然后某一天我们醒来，来解释这个值为什么为零。事实上，1998 年的某一天我们醒来之后，发现这个值并不是零。我们听说，宇宙学家们做了一些实验来观察宇宙在其生命各个阶段的加速度的大小，发现宇宙是在加速膨胀的。而我们过去都认为宇宙从大爆炸之后，星系之间互相远离的速度是越来越慢的。这就像你数十亿年前松开了刹车，然后踩上了油门。宇宙是在加速膨胀的。如果我们认为真空能是非零的，并且是一个正值的话，宇宙加速膨胀正是这些条件的必然结果，然后你就可以观察现在的加速度，并推出一个准确值。在过去的 13 年间，很多本来独立的观测都开始联合起来证明这个结论。

而我们需要解释的最主要的事情依然是，为什么宇宙学常数或者说真空能，不是一个巨大的数字。但现在我们至少知道这个解释不会是因为某些对称性，所以真空能才为零。我们现在需要的解释要同时满足这两点要求：不大并且非零。

而令人惊奇的是，并非为解释这个问题而创造出来的弦理论，提出了一个解释，根据我的记忆，这是观测和实验与弦理论的第一次正面交锋。拥有一个可以解释量子引力的理论无论什么时候都会令人激动。虽然一开始不被承认，但事实证明，弦理论的确有这种可以解释问题的潜力，来解释为什么真空能是一个非常小但又不为零的值。

我本来以为自己会成为一个数学家，但在最后一秒我决定学习物理学。因为我意识到，我对了解自然真的非常有兴趣，而不只是一些抽象的内容，虽然抽象也有其魅力。我在剑桥大学完成了博士学位。我和霍金一起研究了黑洞的量子性质以及它们是如何与早期宇宙相互作用的。之后我去斯坦福大学做博士后研究。在斯坦福大学，我与安德烈·林德、伦纳德·萨斯坎德有过很多交流，我们都觉得是时候让弦理论对宇宙学作出些解释了，因为弦理论过去对宇宙学并没有作出过什么大贡献。我们开始思考弦理论如何作出解释的各种方法。

其中一个观点是全息原理。这个观点主要解决了，如果你需要描绘时空某一区域的基础特性时到底需要多少相关信息。令人惊奇的是，我们需要的信息并不是无限的。而更令人惊讶的结果是，随着区域体积的增长，我们所需要的信息量并没有随之增长。根据特·胡夫特和萨斯坎德最初的想法，这个答案与周围区域相关。但这个观点并没有完全成功地被应用，尤其是在宇宙学领域。所以我工作的其中一个主题就是这个全息原理是否真正正确，是否可以被用于所有的时空区域，例如黑洞，而不仅仅是在引力并不十分重要的“普通”区域。结论是：这个原理是正确的。这多么令人激动。

另一个我开始考虑的课题，是试图去理解宇宙学常数、真空能或者人们最喜欢的那个名字暗能量，为什么很小但又非零。我在加州大学圣巴巴拉分校的卡弗里理论物理研究所（KITP）和乔·坡钦斯基一起研究了这个问题。我们发现，弦理论为理解这个问题指明了一条路，而事实上要我来说这是目前解释这个神秘问题最棒的方法。离开斯坦福大学之后，我到圣巴巴拉做了另一期博士后，之后又在不同的地方停留过，包括在哈佛大学的一年。2004年，我成为加州大学伯克利分校的一名员工，现在我是其物理系的一名教授。

我不做实验，我是指不会走进实验室然后开始连接导线的那种。但是对我来说非常重要的一点是，我所做的工作是为了解释自然的本质。问题是，物理学发展到越高的层次，我们所要求的技术水平越脱离我们现有的实验能力。我们无法提出有关量子引力的问题，然后期盼同时可以得到一些就像在19世纪满足量子力学的光谱数据一样的结果。并且我认为作出以下回答是十分合理的："如果是这样的话，我认为我们对这个方向进行研究是十分冒险的。"另外一种合理的回应是："这个问题的确是一个好问题。"当然，了解如何将量子力学和广义相对论融合在一起，是一个十分重要的问题。它们都是非常伟大的理论，却互相对立，而我们有很多理由相信，一旦我们同时了解两者，就将对我们了解自然的本质产生十分深远的影响。也许是因为现在我们的智慧不足以做到，尤其是在我们没有定期实验反馈的前提下。但是我们过去对太多的关键点都太过悲观，而且总试图寻找其他的路。

我并不认为我们可以通过搭建更多的粒子加速器来加深对量子引力的了解。我们的确会知道很多新知识，甚至包括一些与量子引力相关的知识，但只是间接的。但我们可以看向其他方向，可以利用宇宙学实验，可以通过宇宙来帮助我们了解高能。我们会提出一些目前想都不敢想的观点。我总是对我实验室的同事的创造力感到敬畏，我一直都认为他们会是最终给出我们答案的人。

人们经常会说，过去的15年是宇宙学的黄金时代，的确是这样。我非常有幸把握住了时机。当我还是一名研究生时，COBE卫星发射了，并开始运转，传回数据。这意味着，宇宙学不再是只对一两个数据进行测量，人们对宇宙膨胀速度的不确定性也不再那么明显了。在过去，宇宙学家们甚至不能确定星系之间相互远离的速度有多大。从COBE卫星发射开始，我们进入了"富数据"时代，我们拥有的数据量之大令人难以置信，这些数据可以充分帮助我们描绘宇宙物质分布的细节、宇宙膨胀的速度，并且还可以描绘宇宙膨胀的今天与历史。一些几年前想都不敢想的观测数据，都可以轻易地获取。宇宙学再也不是一个可以被轻视的学科，因为在过去虽然你可以看到所有的事物，但却没有任何可以拿到手的数据。事实上，过去15年间，由于大量数据的获取，导致有很多理论消亡或者即将消亡。

其中一个例子是关于宇宙早期的结构是如何形成的。为什么宇宙不像一锅汤一样是均匀的？为什么会在这有一丛星系，在那有一块真空，而另一处又有一个星系呢？这些结构是如何出现的，它们的分布又是怎样导致的呢？为什么它们就刚刚好是现在的尺度，不大也不小？为什么不是只存在一个巨大的星系，剩余的全部都是空的呢？这些问题的确需要解释。

可以解释这些问题的，实际上有很多理论，其中一个是暴胀理论。暴胀理论非常好的一点在于，最开始它被提出的时候并不是为了解释这些问题，但是在发展过程中人们却发现它在解释这些问题上“天赋异禀”。之后还有其他理论也非常合理，比如宇宙弦，它不是弦理论中的弦，而是我们所说的拓扑缺陷。简单来说，就是有一些类似于弦的物体，而能量被锁在这个物体中无法脱离，因为宇宙从非常早期就开始膨胀，所以它的温度是不断降低的。如果你有一些“正确”的宇宙弦，它们会导致某些结构，对这些结构，不同的物理学家有不同的看法。而无论其在宇宙微波背景辐射上留下了怎样的印记，COBE 卫星都已经对其进行过了测量，而目前普朗克卫星正在进行精度更高的测量。

我们对宇宙微波背景辐射已经有了足够了解，可以帮助我们将宇宙弦导致宇宙结构形成这一理论排除在外。当然宇宙弦也有可能是存在的，只是它对宇宙结构的形成没有任何影响罢了。

暴胀理论看起真的相当棒。并不是因为我们有了确凿的证据证明它是对的，而是它经历了太多的考验。的确出现过它可能被排除的情况，但是目前看来，它仍旧是一个非常有趣的理论。

暴胀理论其实在细节方面有很多分支，但是它的确作出了一些非常优秀的预言。事实上，就算你挑出任意一个分支，几乎都可以得到这些预言。其中一个预言是，宇宙是平直的，就像你高中时代学过的几何一样，而不是数学家们列出的那种奇怪的几何结构。而目前，我们知道宇宙是平直的。暴胀理论还预言了天空中一种特殊的扰动，而根据我们现在拥有的非常精确的数据，这个结论被证明是正确的。暴胀理论作出的很多预言都可以帮助我们，但是目前我们并没有达到可以判定某一种暴胀理论正确，而其他理论不正确的程度。让我们看看更加细节的地方，暴胀理论的某些分支与模型已经被排除，但我们仍旧看不到正确的那个。我认为，找到正确的那个还需要花上一点时间。

我曾说弦理论真的给了我们很大惊喜，因为它解决了一些问题，而这些问题就算是利用“对症”的理论，都没有任何进展。例如，为什么真空质量很小？为什么暗能量的值也很小？而弦理论解决这些问题的办法就像我们可以说出椅子、桌子和沙发之间的差距一样。这些都是什么？

它们本质上只是一些基础的组成部分，电子、夸克和光子。你有5种不同的粒子，你将它们放到一起，然后就有了很多很多粒子。虽然基本组成部分有限，但你有很多复制品。你有很多夸克、很多电子，当你将它们组合在一起，就会有千千万万种可能。就像一盒乐高玩具：你能利用它们搭出各种各样的形状。一大盒夸克和电子，你可以用它们做成一张桌子或者一把椅子。这是你的选择。严格来说，如果我拿出一个原子将它放到这把椅子的其他位置上，我就得到了一个不同的物体。如果用科学的语言来说，也就是标准模型的不同解。比如如果我有一大块铁，我将一个原子移动到它上面，这又是标准模型的一个解。

事实上，虽然粒子物理学标准模型有这么多解，这也并不意味着这是一个非常复杂的理论，不意味着它可以解释所有事物，也不意味着它不能提供任何可信的结论。这仅仅意味着，它可以容纳我们所看到的复杂自然界中的一切现象，并且是从非常基础的部分开始的。夸克种类是有限的，电子只有一种。将它们组合在一起的方式也是有限的，利用它们，你并不能构建出任意的材料。统计学规律会限制原子有多少种表现，所以尽管事情看起来颇为复杂，但当你达到一定数目之后，它就会开始简化。

在弦理论中，我们对铁块做了不同的构建工作。弦理论是一个建立在十维中的理论，即九维空间和时间。而我们生活在三维空间和时间中。所以这是弦理论比较尴尬的一点，不过这并不重要，因为想象这些空间维度只是蜷缩到了显微镜都无法看到的小尺度上，并不是十分困难的事情。如果这个理论和观测恰好相互对应，那就更好不过了。

当你意识到6个维度会有很多种不同的卷曲方式时，弦理论就和观测开始相互对应了。如何将这些维度卷曲起来呢？看起来它们并不会自发地卷成一些随机形状。它们会形成一些小圈，而形成怎样的形状是由周围的物质决定的。就像你的乐高玩具汽车是什么样子，是由你如何将每一块小零件拼在一起决定的。那把椅子的形状，是由你如何将原子组合在一起决定的，而额外维度的形状，是由你如何把某些基本弦理论物体放在一起决定的。

弦理论基础部分的要求要比乐高公司和标准模型的要求要高。你只有流量、D膜和弦。这些并非是我们人工放入理论的，而是理论给予我们的。所以6个维度是什么样的形状，取决于你如何卷曲弦、D膜和流量。这意味着，形成一个三维世界的方式有很多种。就像我们搭乐高玩具汽车和铁块一样，有很多不同的方式可以构成目前我们所看到的3+1维的世界。

当然，无论多少种，事实上它们并不是真正的3+1维。如果你可以建成足够强大的加速器，你就能看见所有这些额外维度。如果你可以构建更好的加速器，那么或许你还可以操纵它们，在实验室中构建和现在不同的世界。但是想达到这些目标，我们目前或者说在未来很长一段时间内，都不可能达到这样的能级。但是你需要考虑，弦理论可以给我们很多种3+1维世界的可能。

我和乔·坡钦斯基做了一个估计，构成3+1维世界的可能性并不仅仅是百万种或者十亿种，而是10^{100}种或者10^{500}种。这个结论的有趣之处有很多，但对我们来说最重要的原因是，它暗示了弦理论可以帮助我们理解真空能为什么这么小。因为，毕竟被我们称为“真空”的只是一种特殊的三维世界，也就是在它看起来是空的时候。但就算在看起来是空的时候，它依然会受额外维度中物质的影响。

对每一个3+1维的世界来说，你都会期盼其中的真空能是不同值，其中暗能量大小不同或者宇宙学常数不同。所以你有 10^{500} 种可能来构成 3+1 维世界，而在其中的某些可能中，真空能非常意外地十分接近零。

另一件会发生的事情是，在这么多种可能中，有一半的真空能为正值。所以就算你没有一个正确的起点，我说“正确的起点”是说将来会演化成我们现在看到的宇宙样子的起点，你都可以从一个非常随机的状态开始，这是另外一种可以形成 3+1 维世界的方式。将会发生什么呢？首先，宇宙会增长得非常快，因为正的真空能需要加速度，就像我们今天观测到的样子。它会快速增长，然后，由于量子力学过程会开始衰退，你就可以看到被放进额外纬度中物质的不同，之后你就可以观察到不同的 3+1 维世界。

这不是我编造出来的。这个理论先于弦理论被提出。这要追溯到 20 世纪 70 年代或者 80 年代西德尼·科尔曼和其他一些人的计算，这些计算没有依赖任何引力理论。这是一些枯燥的物理计算，甚至很难与之争辩。过程是这样的：这些不同的真空，拥有正真空能的三维世界，无限增长，然后开始衰退，新出现的真空企图吞掉“前辈”，但却不够快。所以你就有了一切物质。你用不同的真空将宇宙填满，而在其中真空可以拥有不同的重量。然后你可以问：“在这样一个理论中，观测者应该处于何处？”如果想为这个问题给出最原始的答案，那么全息原理就会派上用场。

如果你有许多真空能，那么尽管宇宙整体是在不断增长的，如果你坐在某处环顾四周，你周围将会有一条地平线。各区域合理地连接在一起，这样粒子可以相互作用并形成结构，反过来又与真空能的数量相关。这就是我之前为什么说仅仅通过看窗外，我们就可以知道真空能是非常小的值。如果有大量真空能存在，宇宙在任何坐在其中观察它的人眼里，就会是一个非常小的盒子。而全息原理告诉你，小盒子的信息量将与它的表面积有关。如果每一部分真空的真空能都拥有一个非常大的值，那么表面所承载的信息量可能只有几个比特。所以无论你认为观测者们看到了什么，应该都会比几个比特要复杂一些。

所以你就会立刻明白为什么你不能期待观测者存在于典型的区域。他们所在的区域，真空能要恰好不同寻常得小，这是由于额外维度间不同成分会意外地相互抵消，因此复杂结构就有了存在空间。这样，你就可以理解为什么宇宙中存在真空能十分小的区域，也能理解为什么我们所处的环境是十分特殊的。

这个观点最有趣的一点是，它提出了一种可能：我们的宇宙有可能是多重宇宙，存在很多种不同的真空。为了解决宇宙学常数的问题，这个观点经常会被排除在弦理论之外。但要这么做并不容易。如果你仅仅想象，随着宇宙的增长，真空能越来越小，所有的真空部分都排列整齐逐步衰减，那么你将无法解决这个问题。你可以使真空能很小，但同时你也将宇宙排空。你将不再有任何物质。

值得一提的是，弦理论是第一个可以解决这个问题，却并没有作出“宇宙是空的”这一致命预言的理论。对我来说，这真的是非常卓越的一点，因为现有的理论都过于僵化，而弦理论则找到了一种方法绕过了僵局，并解决了问题。

很快人们会说：“如果宇宙真的在加速膨胀，我们就会知道它将会变得无穷大，而且同样的事情会不断发生。”如果你将某件事情的所有尝试都无穷化后，那么对应的结果都将变得无穷，无论这有多么不可能。这是在弦理论多重宇宙之前出现的。这是一个十分直接的问题，就算你认为弦理论就是一堆废话，你仍旧需要考虑这个问题，因为这只是基于观测的。宇宙现在正在加速膨胀，除非有什么巨大变故让宇宙的发展偏离轨道，这意味着你要从无穷的角度上看问题。但是在弦理论景观的背景下，这个问题变得更加重要，因为如果你不接受这些无穷，那么在景观理论中作出任何预测都是十分困难的。

为什么？因为你需要说明你在实验中看到这些事情的可能性比另外一些要大，所以如果你看到一些不可能发生的事情发生了，你就可以排除你的理论，就像我们一直以来研究物理的方式一样。但是如果事情都发展至无穷很多次，那么你要站在什么基点上说一件事比另一件事发生的可能性更大呢？你需要排除这些无穷。这在宇宙学中被叫作测量问题（the measure problem）。

这或许不是一个好名字，但我们的确会被卡在这个问题上。

这是宇宙学领域目前的主要研究方向。有很多相关的技术工作展开，并且有很多人都取得了进展。上文的那个问题可以使我们的研究成为一个闭环，我们将从中得到一些更深刻问题的答案，即关于宇宙大尺度结构是怎样的、量子引力是如何作用于宇宙学的。我认为如果我们不去解决这些问题，就无法从根本上解决测量问题，而测量问题给了我们一个非常独特的切入角度。这是一个非常具体的问题。如果你有一个提议，你就可以去检验它、排除它、检验其重复性或者某部分的重复性，观察与观测不相冲突的部分，观察作出了与事实相符的预测的部分，我们就可以得到某些和量子引力相关的结果。所以我认为这是目前最为富有成效的方向。这是一个很难的问题，因为你并没有很多经验可以学习。这并不是前进的一小步。从概念上来说，这是非常困难的新问题。但是同时，当你对如何解决它产生一些简单的猜测时，如何将其中一些排除是非常困难的。不过至少，我们目前还处于一个比较乐观的状态中，因为我们有一些有效的过滤器。你并不会同时有很多猜测，因为其中一些可能性微乎其微。

最神奇的事情，至少对我来说神奇的是，一开始我们都从不同的方向来接近这个问题，我们都有自己的偏见。安德烈·林德有一些想法，阿兰·古斯有一些想法，亚力克斯·维连金也有一些想法。我认为，我们不能从整体上来考虑这个宇宙，因为没有任何一个观测者可以观测到全部。对一个观测者来说，他所观测区域的相关区域发生了什么才最为重要。而你在任一实验中可以做，并不是与物理学定律相对抗或者想达到超光速传播。如果我们想得到有意义的答案，就需要提一些遵循物理学定律的问题。

我想："好吧，我要试一下。"这与其他人正在做的完全不同，并且是由全息理论所促使的。我对此感到非常兴奋，因为这个提议并没有像其他那些简单想法一样，立刻就出现了致命问题。当你进入到细节部分之后，就会发现这个理论与数据的符合程度比以往的任何一种都要高。我仍旧认为我开启了一种新的思路。

但之后我们发现（我的学生 I-Sheng Yang 在此次发现中发挥了重要作用），这其中存在二象性，在大多数宇宙学家所推崇的整体宇宙与我们所想的局部宇宙之间存在等价性。当我们利用全息原理以某种特殊方法将整体宇宙分开时发现，我们持续得到了和利用相邻区域方法同样的结果。一开始，我们以为这只是某种巧合。一旦我们看向细节，就会得到不同的结果。不过最后我们证明了这个等价性，这两件事情是计算可能性的相同方法，尽管它们的初衷完全不同。

这并不意味着我们处在正确的轨道上。有可能这两种方法都是错的。它们的等价并不能证明其正确性。但是现在发生了很多并不需要发生的事情。发生的事情中有很多给了我们一些信心，让我们相信自己的方向是正确的。同时，我们也在学习如何在更大的尺度上去了解这个宇宙。

THE STRUCTURE WE SEE, IS IN FACT MADE BY QUANTUM MONKEYS TYPING.

今天我们看到的结构，事实上都是来源于量子猴子的输入。

——《量子猴子》

17

Quantum Monkeys

量子猴子

Seth Lloyd
赛斯·劳埃德
MIT 量子机械工程教授；著有《为宇宙编程》

众所周知，我们目前正处于一场信息加工革命中。信息存储、加工和传播的电学与光学方法，在过去的半个世纪中呈指数级增长。在计算机领域中，这种飞速增长被称为摩尔定律。20 世纪 60 年代，英特尔公司创始人之一戈登·摩尔指出，计算机部件的尺寸每隔一两年就会减小一半，而性能将提高一倍。摩尔定律目前仍然有效。事实上，这些由人类制造出来的机器，正依靠自身对信息的加工能力，慢慢变得比人类更强大。如果你对人类大脑和计算机的基本计算过程即二进制反转和突触发射进行计算，可能在接下来的十几年间，计算机可以利用二进制进行计算的能力就将超过人脑。

尽管如此，我们也不需要太过担心。因为计算机如何超过人脑并不是一个硬件方面的问题，而是一个软件问题。软件的进化速度要远远慢于硬件，事实上，现在的某些软件好像是为了破坏硬件的完美性而设计的。现在的情况就像寒武纪大爆炸一样，硬件水平正呈爆发性地增长。人类和计算机，谁更聪明呢？这个问题可能需要几百年之后才可以回答。我认为，这可能需要成百上千年或者成千上万年，直到我们可以制造出足够有效和复杂的软件。同时，我们也将拥有更加强大的计算机。

我目前做的基本上是一些处于信息加工革命边缘的工作。而我现在所说的都源于我在制造量子计算机时所获得的经验。所谓量子计算机，是说你可以将信息储存在每个独立的原子上。大概 10 年之前，我第一次提出用物理学方法来构建一个计算机，使这个系统中的每个量子、每个原子、每个电子、每个质子，都可以储存和加工信息。在过去 10 年间，我有幸和世界上最杰出的实验物理学家和量子机械工程师一起，来完成这样一个设备。所以我今天要告诉你们的大部分内容，都来自我在制造这个量子计算机的过程中所获得的经验。克雷格·文特尔（Craig Venter）[1] 说我们太理论化了，没有看到任何实际的数据。我认为这只是他的个人观点，因为我目前每天所做的就是去了解超导体电路。

[1] 克雷格·文特尔，被誉为“人造生命之父”，基因测序领域的“科学狂人”。推荐阅读其重磅力作《生命的未来》，这是一本详细论述生命科学的基本原理的杰出著作，全景展示了分子生物学的历史沿革和未来发展方向。该书中文简体字版已由湛庐文化策划，浙江人民出版社出版。——编者注

数字信息加工革命只是最近的一次革命，但毫无疑问，它是迄今为止最棒的一次革命。例如，可移动的输入和印刷对人类社会产生的影响要远远超过电子革命。而信息加工革命也曾有过很多次。其中我最喜欢的一次来自巴比伦，他们发明了数字，尤其重要的是，他们发明了数字零。这个令人惊奇的发现，对信息的加工和记录是非常重要的。它首先起源于古巴比

伦，之后传入印度。因为数字是通过阿拉伯人传入欧洲再传入美国的，所以我们称它们为阿拉伯数字。数字零的发明使我们可以将10写成一个“1”和一个“0”。这个看起来很小的一步，却对数学产生了全面的影响，包括比特也即二进制，成了目前数字计算革命的基础。

另一个信息加工革命是文字的发明。你无法否认文字的发明也是信息加工革命之一。

另一个我最喜欢的是第一次性别革命，即现存有机体的性别意识。对生命来说最为重要的一个问题是，如果不存在性别，那么进化就只能通过突变，而99.9%的突变都是朝向不好的方向。作为一个从机械工程系毕业的人，我要告诉你，如果仅仅通过突变来进化，你将面对一个工程学上的冲突：你的进化机制将会有各种不利因素。尤其是，生命的两个先决条件的碰撞，也即进化，但同时保持基因的完整性。这就是所谓的耦合设计（coupled design），这种设计非常不好。然而，如果你有性别选择的话，就可以从不同的基因组选取基因进行重新组合，然后在没有突变的情况下产生多种可能。当然，突变还会产生，但在没有突变的情况下，你仍旧获得了很多种不同组合。

我在几年前写了一篇文章，比较人类和细菌的进化能力。比较的点是，单位时间内一群人所产生的基因重新组合数和一组细菌所产生的基因重新组合数。在一游泳池的海水中，一群细菌中大概包含一万亿个细菌，每30分钟繁殖一次。把它与一个新英格兰有几千人口的小镇进行对比，小镇每30年有一代人。尽管在数量上有很大差别，但小镇和那群细菌几乎可以产生相同数目的基因组合。这意味着，细菌产生新基因组合的方式只能通过突变，当然事实不可能是这样的，但是在这样的前提下我们就可以说，细菌有性别之分。在日常的电视节目中，性别的重新组合和选择发生得更快。

有性繁殖是一场伟大的革命，而所有信息加工革命的“祖先”就是生命本身。信息可以在基因中被存储、加工，并可以在有机体内编码以达到某些效力，这一发现是一大惊人的变革。如果认为生命是在其他地方产生的，并且在40亿年或者50亿年前传播到地球上的话。宇宙历史只有138亿年，所以这一定发生在过去的138亿年间。

我们忘记讨论人脑了，或者我应该说我的大脑忘记了讨论人脑。人脑中存在很多信息加工革命，我或许省去了几千次和我们之前讨论过的那些一样重要的革命。

为了引出库恩主义策略，我需要指出，这些信息处理革命中很重要的一点是，每一次革命都是利用之前的技术达到的。举例来说，电子信息加工革命当然利用了文字，当然0和1也有一定的贡献，不然你没有办法复制和传输信息。如果没有文字,印刷机其实也没什么用处。没有语言,也不会有文字。而如果没有大脑，你就不能说话。除了使你有性别意识外，大脑还有什么作用？如果没有生命，就没法提性别。音乐来源于制造声音的能力，而制造声音的能力因为性别意识而发生了进化。你要么需要声带去唱歌，要么需要一个鼓槌来敲鼓。为了制造声音，你需要一个物理对象。每场信息加工革命要么需要一个有生命系统、电子机械系统，要么需要机械系统。对每场信息加工革命来说，都要有一种技术作为支持。

生命是最初的，是所有信息加工革命的始祖。但是什么样的革命使得生命得以存在呢？我认为，所有信息加工革命的本源，都是宇宙本身的计算属性。最初的信息加工革命是大爆炸。信息加工革命发生的原因是由于宇宙是包含信息的，并由比特组成。

当然，宇宙也是由基本粒子、未知的暗物质和其他一些物质组成的。我并不是在说我们要打破对宇宙的一贯描绘，即由夸克、电子和质子组成。但是事实上，在19世纪末期出现了这样一种观点：每个基本粒子、每个质子、每个电子，都具有一定量的信息。当两种基本粒子碰撞反弹时，它们产生了比特翻转。宇宙就是这样进行计算的。

这个“宇宙可以对信息进行加工”的想法听起来有些激进。但事实上，这在很久之前就被发现了。追溯到麦克斯韦、波尔兹曼和约西亚·吉布斯，这三位科学家在1860—1900年间发展了统计物理学。他们展示了宇宙根本上就是关于信息的，他们将这种信息称为“熵”。如果利用20世纪的技术去看他们的科学发现，你就会明白他们所发现的熵就是每个原子所携带的信息量。事实上，这就证明了宇宙的本质就是加工信息。我的观点是，宇宙这种携带和加工信息的能力，是之后所有信息加工革命的源头。

我们如今如何看待信息呢？当代科学对待信息的态度基于的是克劳德·香农的理论。当香农第一次提出有关信息的基础公式时，他找到了博学的物理学家约翰·冯·诺依曼，并对他说：“我应该管它叫什么呢？”冯·诺依曼回答说：“你可以叫它H，因为波尔兹曼就是这么叫它的。”他指的是波尔兹曼最著名的H理论。这些信息理论的奠基人都非常清楚地知道，他们所用的公式都是在19世纪为了描绘原子的运动得以发展的。当香农谈到通过一个通信通道可以传输的信号量时，他用了与麦克斯韦和波尔兹曼相同的公式，而他们用这个公式来描述熵，需要的前提条件是气体中相互作用粒子的位置和动量。

一比特信息代表了什么？我们先从信息的定义开始说起。当你买一台计算机的时候，你会问这台计算机的内存有多大。一比特来源于两种不同可能性间的区别。在计算机中，一比特是一个小开关，有断开和闭合两种状态；或者类似于一个电容器，可以充电，这个过程称为“1”，或者断电，称为“0”。任何有两种不同状态的事物都可以记为一比特的信息量。在基本粒子层面上，一个质子可以有两个不同的状态：自旋加快或者自旋减慢。所以每个质子都携带一比特的信息。事实上，无论质子是否“愿意”、其携带的信息是否可以被理解，它本身都携带了一比特的信息。因为存在本身就携带了信息。一个质子拥有两种不同的状态，所以记录了一比特。

在制造量子计算机的过程中，我们试图去开拓原子本身的信息加工能力，因为许多量子计算机都有一系列质子会跟其周围粒子反应，它们都携带一比特的信息。无论我们是否要求这些质子去翻转这一比特的内容，它们都存储了一比特的信息量。同样，如果你被一圈原子包围，它们之间会相互反弹。就拿小孩子气球中的两个氦原子来说吧。原子聚集在一起，然后反弹，再互相远离。麦克斯韦和波尔兹曼意识到，每个原子必然会有一系列的信息来描述它们的位置和动量。当原子相互反弹时，这些信息都发生了变化，因为原子的动量变了。当原子碰撞时，它们的比特发生了翻转。

每个原子携带的比特量是已知的，从麦克斯韦和波尔兹曼时代开始就已经被很好地量化了。举例来说，一个房间中的每个分子，当它们在空气中相互碰撞的时候，都携带了大概 30 或 40 比特的信息。宇宙这种在最基础层级上就可以携带和加工信息的特性，是毋庸置疑的，这个观点已经有 120 多年历史，并且基本已经成为物理学中的教条了。

宇宙在进行计算。我再次重申我的观点，宇宙这种本身自带的信息加工能力，是我们目前可以看到的信息加工革命，从生命到电子计算，这一切的源泉。或者换一种说法：宇宙是一个大型计算机，这并不是科幻小说，而是科学事实。从更加技术的角度来说，宇宙是一个超大型的信息处理器，因为它可以进行“宇宙级”的运算。这就是计算机的定义。

如果马文·明斯基（Marvin Minsky）[1] 在这里的话，他也许会说：“爱德·弗雷德金（Ed Fredkin）和康拉德·楚泽（Konrad Zuse）在 20 世纪 60 年代就说过，宇宙是一个计算机、一个巨大的细胞自动机。”康拉德·楚泽在 1940 年第一个建造了电子计算机。他和弗雷德金在 MIT 时提出了“宇宙是一个大型的细胞自动机”这个想法。这个观点之后由史蒂芬·沃尔弗拉姆（Stephen Wolfram）继续研究。所以宇宙是一个大型计算机的观点也并不是什么新观点。

[1] 马文·明斯基，人工智能领域的先驱之一，人工智能领域首位图灵奖获得者，当之无愧的人工智能之父。推荐阅读其代表作《情感机器》（湛庐文化“机器人与人工智能”书系之一），该书首次披露了创建情感机器的 6 大维度，深度思考了人类思维与人工智能的未来。该书中文简体字版已由湛庐文化策划，浙江人民出版社出版。——编者注

因此我说宇宙是个计算机这种说法要追溯到半个世纪之前。这个说法同样也可以从科学的角度来证实。你可以通过观察物理学的基本定律，来判断宇宙是不是一个计算机，如果是的话，是个什么样的计算机呢？我们有非常完美的实验证据，证明物理学的基本定律是支持这个观点的。我有一台计算机，并且它遵循一切物理学定律。我们知道宇宙是可以进行计算的，至少在宏观尺度上来说如此。我说的是宇宙可以在它最小的尺度上进行计算。因为我们知道，宇宙在最小的尺度上是可以携带并处理信息的，而在大一些的尺度上，它是可以进行大量运算，并产生类似于人类这样复杂的物体的。

宇宙实际上是一台计算机，这是一个很久之前就提出的概念。麦克斯韦、波尔兹曼和吉布斯在一个世纪之前就建立起了基础的计算框架。但由于某些原因，人们并没有以系统的方式得出宇宙的计算本性这一结果。对我们来说，宇宙可以进行运算意味着什么？这个问题值得科学领域重视。我做的许多工作都在研究这个可计算宇宙会产生怎样的科学后果。

我首先得到的一个结果是，宇宙这种先天的运算能力，导致我们周围的一切在没有任何外力干扰的情况下自然而然地产生了。实际上，如果宇宙可以进行计算，那么类似于人类的复杂系统是一定会产生的。所以相比于单单用基本粒子间的碰撞来描述宇宙，将宇宙描述为如何进行信息加工，可能更为有效。因为宇宙的计算本性会产生很多惊人的结果。

让我们说得更明确一点，为什么像宇宙这样本身就具有计算能力的系统，可以产生我们身边一切复杂的事物。

《不变逻辑》(*Inflexible Logic*) 的作者拉塞尔·马洛尼 (Russell Maloney)，1940 年在《纽约客》上讲了这样一个故事。有一个非常有钱的文学爱好者，他听说，如果你有足够多的猴子，并且让它们一直打字的话，它们就可以输入莎士比亚的作品。而这个富人恰好又有足够多的猴子，所以他集结了一群猴子，并且找了一个专门的人来训练它们。在一次鸡尾酒晚会上，他与一名耶鲁的数学家发生了争执，因为这个数学家认为这简直是无稽之谈，无论怎样计算概率，这种事情都不可能发生。所以，这位文学爱好者邀请数学家到他位于康涅狄格州格林威治镇的家，并让他参观了猴子们的工作室。那个时候猴子们正在誊写《汤姆·索亚历险记》（*Tom Sawyer*）和《空爱一场》（*Love's Labour's Lost*），并且没有任何错误。数学家一气之下杀死了所有的猴子。

说实话，我并不太清楚这个故事的寓意到底是什么。这个猴子在打字机上打字的故事非常古老。我这个夏天花了相当长的一段时间，在网上搜索，并且和世界各地的专家讨论这个故事的出处。有些人认为是出自汤姆斯·赫胥黎（Thomas Huxley），在《物种起源》出现之后，他 1858 年和主教塞缪尔·威尔伯福斯（Bishop Samuel Wilberforce）进行的一次讨论中提到过。根据当时这场辩论的目击者描述，威尔伯福斯问了赫胥黎这样一个问题："他的父亲或母亲哪一方是猿的后代？"赫胥黎这样回答："我宁愿由愚蠢的猿人进化而来，也不愿意由一位将自己的天分浪费在错误观点的绅士进化而来。"当他说完这句话的时候，观众中的一位女士昏倒了。

尽管赫胥黎在这次辩论中维护了达尔文自然选择的观点，尽管他提到了猴子，但不可能会提到猴子打字这种内容，因为我们都知道打字机在 1859 年才被发明。实际上是亚瑟·爱丁顿（Arthur Eddington）在 1928 年推测猴子可以输入大英图书馆中的所有藏书。而后詹姆斯·金斯（Sir James Jeans）将这个打字猴子的故事安在了赫胥黎身上。

事实上，也可能是法国的数学家埃米尔·波莱尔（Emile Borel）在 1907 年提出了打字猴子的故事。波莱尔是现代数学理论组合学的创建人之一。波莱尔设想，有 100 万只猴子，每只猴子每秒随机敲入 10 个字母。那么这些猴子将可以敲出世界上所有藏书丰富的图书馆中的所有书。但是他之后得到的结论是，完成这个任务的可能性非常小。

事实上，猴子当然可以胡乱地敲字母。如果你在谷歌中输入"打字猴子"（monkeys typing），你会找到一个网站，它可以让你的计算机模拟打字猴子。那个网站记录下来了需要多少年猴子可以键入莎士比亚戏剧的多少内容。目前的记录是《空爱一场》中的 17 个字母，将花费 4 830 亿年。猴子打字只产生了一些随机内容。

在波莱尔之前，波尔兹曼对宇宙为什么是复杂的，进行了猴子打字般的解释。他说，宇宙只是一个大的热起伏。就像硬币翻面，宇宙只是一些随机的信息。他的同事很快对他这种说法进行了劝阻，因为很明显，事实并非如此。如果是这样的话，那你接收到的每一个之前没接收过的新信息都是随机的。但当你用望远镜看向宇宙时，总能得到新的信息，并且并不是随机的。甚至是，这些新信息都是有结构的。为什么会这样？

如果想了解宇宙为什么充满了复杂的结构，让我们来想象猴子是在计算机上打字，而不是用打字机。计算机并不只是单纯地用微软的办公软件输入，而是利用一些计算机语言，比如 Java，将猴子输入的内容作为指令。现在，尽管猴子还是在胡乱敲击，但是会发生一些值得注意的现象。计算机开始产生复杂结构。

一开始这看起很奇怪：只是给出一些垃圾信息，得到一些垃圾信息。但是有些很短，看起来随机的计算机程序会产生非常复杂的结构。例如，第一个很短，看起来随机的程序会使计算机开始证明所有可证的数学理论。第二个很短，看起来随机的程序使计算机开始检验物理学定律的结果。有很多计算机程序可以做各种各样的事情，你不再需要额外的信息来产生猴子打字所得到的各种复杂结果。

有一个数学理论被称为算法信息论（algorithmic information），它可以告诉你当猴子在计算机上输入的时候会发生什么。这个理论最早在 20 世纪 60 年代被建立，由剑桥大学的雷 · 索洛莫诺夫（Ray Solomonoff）、巴西 IBM 公司 15 岁的格雷戈里 · 蔡廷（Gregory Chaitin）和俄罗斯非常有名的数学家安德雷 · 柯尔莫格洛夫（Andrey Kolmogorov）共同建立。算法信息论告诉了我们用一个随机程序得到复杂结果的可能性。结果是，如果猴子在计算机上打字，它们得到化学定律、自催化集、前生物生命的可能性是非常高的。猴子打字给了我们一个解释，为什么我们的宇宙可以产生如此复杂的结构。

猴子打字有可能会产生现有的几乎所有阶计算形式。如果在这个猴子宇宙中看到很多有趣的东西产生，你一定不会感到意外。你可能无法得到哈姆雷特，因为哈姆雷特需要极高的复杂性和社会的进化。但是类似于化学定律、自催化集或者某些前生命生物，是有可能发生的。

将这个解释应用于宇宙复杂性的产生，我们需要两种东西：计算机和猴子。我们有计算机——宇宙本身。就像一个世纪之前已经被提出的理论，宇宙自最基础的层次开始就拥有信息存储和加工的能力。所以我们已经有了可以向内输入的机器了。现在我们需要的仅仅是猴子。那么猴子又从哪来呢？

给宇宙编码的猴子是由量子力学规律提供的。量子力学本身就存在很大的不确定性。你可能听过爱因斯坦说的一句话，“上帝不掷骰子”，爱因斯坦错了，上帝的确会掷骰子。在量子力学的问题上，众所周知爱因斯坦是错的。事实上，正是在上帝掷骰子的时候，这个量子起伏才被编入我们的宇宙中。

例如，阿兰·古斯研究了这种微小的量子起伏是如何成为宇宙大尺度结构的种子的。为什么我们的星系在这里，而不是在一亿光年之外？因为，当追随到宇宙最初的时候，在那附近有一个微小的量子涨落，导致这周围某一点比其他地方密度要大。这个超密度的点非常微小，但足以作为一个种子来聚集物质。今天我们看到的结构，像宇宙的大尺度结构，事实上都是来源于量子猴子的输入。

我们有了所有的组分，然后给出了一个对宇宙复杂性的解释。你并不需要宇宙计算非常复杂的过程，宇宙的计算过程可能非常简单。几乎所有的事物都可以成立。宇宙开始计算，之后宇宙中存在一些量子猴子，也即量子涨落，来进行编码。量子涨落的存在是由于宇宙本身所具有的计算能力，最终形成了我们目前可以观测到的一切。

我们需要努力去思考一些可以使我们留名青史的事情。

——《获得诺贝尔奖之后》

WE SHOULD

THINK HARD

ABOUT DOING

THINGS WE'LL

BE PROUD TO BE

REMEMBERED FOR,

AND THINK BIG.

18

The Nobel Prize and After

获得诺贝尔奖之后

Frank Wilczek
弗兰克·维尔切克
2004 年诺贝尔物理学奖共同获得者；MIT 物理系赫尔曼·费什巴赫（Herman Feshbach）讲席教授；著有《存在之轻》

当我回顾过去时，我这才意识到，当诺贝尔奖一直悬在眼前，却从未向我靠近，对我来说无疑是一个很大的心理负担，几乎把我击倒。所以当我得到它时，对我来说实在是一个巨大的解脱。我从未想过得到诺贝尔奖会是一次梦幻般的体验。当时，在瑞士举办了很多盛宴，我在一个月内去了几次这样大型的活动。

诺贝尔奖对我产生的最为深远的影响，是同事们的变化：他们开始喜欢我，当然还不至于强烈到爱的地步。不仅是我感受到了变化，我们这个领域，基础理论物理学，也得到了大家的认可和关注。人们开始欣赏已经建立的理论，这导致了人们对我们这个领域的关注以及某种生活态度的转变。对此我感到非常开心。

但很快，那些宴会让我觉得有些厌烦，它们太浪费我的时间了。生活的突然变化让我开始思考下一步的计划。当我给自己制订了一个三点计划时开心不已，因为这给了我前进的方向。现在当我做某些工作时，我会这样问自己：它和第一点有关吗？它和第二点有关吗？它和第三点有关吗？如果和这三点都没有关系，那我就是在浪费时间。

第一点最为直接。比较低俗的说法是，它只是一块草皮或者撒在树上的尿，但是我不会这么说。我会说这是我在过去提出的一些物理观点，而这些观点将带来非常丰富的成果。有几点让我感到特别兴奋。第一个是欧洲核子研究组织的大型强子对撞机，将在未来一年间开始运行。[1] 而那些我在 20 年前或者 30 年前参与提出的统一理论、超对称理论以及如何发现希格斯玻色子[2]，终于可以通过实验来检验。当然，如果这些理论被证明是正确的，这将是人类对世界认知的一次伟大进步，对我自身来说也是非常令人满意的。

① 在经过两年的停机维护和升级后，大型强子对撞机在 2015 年 4 月初重新启动，正式开始第二阶段的运行。——编者注

② 2013 年 3 月，欧洲核子研究中心表示，已经探测到了希格斯玻色子。——编者注

还有一种现象是关于低温下电子的奇异行为，即所谓的任意子（anyons），其中蕴含更多的是技术方面的内容。在很长一段时间，世人都认为粒子不是玻色子就是费米子。20 世纪 80 年代初期，我意识到还有其他可能，之后事实证明，这种其他可能的发生是有一定的物质基础的：电子集合在一起形成集体状态，这种状态的性质与单个电子完全不同，但却遵循了一些特殊的新规律，这就是任意子。这使电子学有了很多新的可能性。我称它为任意子学。最近，前沿任意子学引领了一种新手段，可以实现量子计算机的构建。

无论是成功还是失败，这种新形式的电子学——任意子学，都吸引了很多资金，并且有很多实验学家正在慢慢加入。同样，有些实验在我脑中存在了 20 年，因为很难，所以需要足够的资金支持和动力才可以去做，而这些实验最近也在慢慢实现。当你身处某件事情之中，而这件事可能会产生实际的结果并有可能改变世界时，这是一种非常有意思的体验。而这些事情，也让我回想起我的童年时代。我的父亲是一名电学工程师，我小时候经常会看他带回家的电路图，我总是被那些图深深地吸引。而现在我开始考虑制造一种全新的电路图，这是非常酷的事情。我真的非常喜欢抽象和具体的融合。

从更深层次来说，在量子计算和整个量子信息加工领域最令我感到兴奋的是：它们触及了一些非常基础的问题，而这有可能导致一种新的智能的产生。人类对量子力学的了解史可不怎么光彩，人类花费了很长时间都无法掌握叠加态的含义，无法理解为什么薛定谔的猫可以同时有“活着”和“死亡”两种状态，因为这用我们的经验来看简直是天方夜谭。但是一种基于量子计算机的智能，机械量子思考，最初在它的骨子里就会带着这一点，或者说在它的电路中。这是它的基本思考方式。这是一个非常大的挑战，但是试图把自己的脚放在别人的鞋里是一件很刺激的事情，尤其是当这个鞋的主人和你有着完全不同的脑结构时：一个量子大脑。

这说起来可能有些尴尬，但我关于轴子的一些观点可能与宇宙暴胀理论融合得非常好，并且也给出了关于暗能量的一种新可能。这和人择原理有着非常紧密的联系，因为根据轴子的结果，多重宇宙的不同部分将会有不同量的暗物质。当然暗能量的多少是随所处位置的不同而变化的。唯一可以分辨某一位置需要多少暗能量的方法是：如果数量太大，类似于我们一样的生命就不会产生。

我认为，物理学中有很多内容还需要我们继续追踪并被公平对待。这就是我提出的第一点。

第二点是另一个非常有意思的方向：寻找周边兴趣，培养大众对科学的热爱，而非总是专注于科学本身。我正在写一部悬疑小说，将物理学与音乐、哲学、性，以及诺贝尔奖最多只能三人分享的规则和谋杀（或自杀）结合在了一起。当来自 MIT 和哈佛大学的 4 人科学小组发现了暗物质的本质时，将有一个人需要消失！我希望这类工作能吸引大众的视线，使科学成为大众娱乐的一部分。

第三点我想将它称为奥德修斯计划（Odysseus project）。我是奥德修斯的“狂饭”，这个流浪者，机智、勇敢，并经历了各种奇遇。我真的很想再做一些伟大的工作，不是继续我现在的研究方向，而是一些与之前完全不同的方向。我进入理论物理学领域几乎是个意外。当我还是个本科生时，我倾向于学习关于人脑的科学或者神经生物学。但是我很快发现，我对这个课题需要的数学分析方法并不十分成熟。而我对这方面又非常感兴趣，所以抓住了这个机会，进入了我非常擅长的数学领域。但最终，我却走入了物理学领域。

当然我一直保持着对科学的热情，同时解决这些问题的工具在最近也呈现了爆发式发展。在大脑研究方面，图像技术、基因技术以及很多相关技术，已经得到了长足发展，并且计算机模拟技术也有很大贡献。计算机计算能力的爆发式增长和对计算机和网络的更深了解，对帮助我们思考智能的本质和大脑工作机制来说，是一个非常重要的资源。这是一个我非常想继续探索的方向。我阅读了很多相关内容；我并不知道我到底想做什么，但我专注于那些可能的方向。就像福尔摩斯所说的那样，在没有任何证据的情况下进行分析是最严重的错误。所以，我开始收集数据。

量子计算是一个给人以灵感的观点，但是目前如果想制造它，在技术方面我们需要做到哪一步还不是非常清晰。目前有很多提议，但是哪个最好，或者哪个实现的可能性最高，暂时也无法判断。

让我们往回走一点，因为就算在你拥有完全的量子计算机之前，仍旧有一些信息加工任务可以用比全幅量子计算机要差得多的量子机器来完成。全幅量子计算机的要求非常苛刻：你需要构建各种各样的门，用很复杂的方式将它们连接在一起，还要进行更加复杂的纠错。这就像在莱特兄弟时代想象一个超音速飞机。然而，目前有一些已经成熟的理论可以应用。

最为成熟的一个是密码学：在量子力学中，这个部分被称为“波函数坍缩”。这就意味着，如果你传送一个量子力学的信息，拿光子的自旋方向来说，之后你就可以依次传入不同自旋方向的光子，将信息进行编码。如果有人想窃取你的信息，你立刻就可以发现，因为观测会导致你传入信号的变化。所以这是非常有用的。如果你想传递一些信息并且不想任何人窃取这些信息，物理学定律可以保证这一点。如果某个人偷看了，你就可以立刻发现。必要时，你还可以阻止它。如果保证一切都是正确的，那么别人偷看你信息的可能性就会非常低。所以这是一个非常切实并且有价值的应用，人们正试图将这些想法商业化。

我认为从长期来看，量子计算机的这些应用会利用量子力学的原理。通过数字来做化学研究，通过计算来设计分子、设计材料。一台量子计算机可以使化学家和材料学家在一个全新的层面上工作，因为他们不用再亲手将物质混合，观察产物，只需要通过计算。我们清楚地知道限制核子和电子行为的公式是什么、组成原子和分子的成分是什么。

所以大体上，这是一个已经有解的问题：仅仅通过计算就可以搞清化学。我们并不知道所有的物理学定律，但我们所知的已足够用来精确地设计原子，并预测它们的行为。但我们解这些方程的水平还很有限。这些方程式处于一个巨大的多维空间中，结构非常复杂，而我们只能解决非常简单的问题。但当有了量子计算机之后，我们可以解决更多。

就像我之前提过的，目前还没有一个确定的最佳长期方案可以成功建造量子计算机。人们都在进行模拟和制作小型的原型机。根据原子核自旋、电子自旋、囚禁原子（trapped atoms）、任意子的不同，人们有很多不同想法。

我非常喜欢任意子这个想法，因为它融入了我一开始所做的基础物理学的工作。20 世纪 70 年代至 80 年代，人们一直认为所有的基本粒子或者说所有的量子力学实体都可以被分为两类：玻色子，以印度物理学家萨特延德拉·纳特·玻色（Satyendra Nath Bose）的名字命名；费米子，以恩利克·费米（Enrico Fermi）的名字命名。当你将一个玻色子放在另一个周围时，量子力学波函数不变。而费米子则会在波函数前乘以 –1。在很长一段时间内，玻色子和费米子都被认为是量子力学实体唯二的存在可能。20 世纪 70 年代末到 80 年代初，我们意识到在 2+1 维时空（不是我们日常所说的三维时空，而是一个平面系统）中，还有其他可能。如果你将一个粒子放在另一个周围，你可能得到不止 1 和 –1 这两种结果，有可能得到一个复数因子。这就存在很多很可能。

最近，又有一种新的观点认为，如果你让一个粒子在另一个附近运动，波函数不仅有可能得到一个复数因子，还可能会发生变形，并在更大的空间中运动。这个新观点引起了很多人的兴趣。这样你就得到了一个非常有意思的映射，一个集合是真实空间中的运动，粒子间相互运动；另一个集合是波函数在希尔伯特空间或者说量子力学空间中的运动。这也就是说，如果你对真实空间事物本质的了解足够透彻，你就可以利用这一点来操纵与量子计算相关的希尔伯特空间，那你就有可能接触到更广阔的空间。

但在任意子领域，我们还处于初级认识阶段。这个理论是否正确还有待验证，因为相关实验也处于刚刚起步的状态，它们正在试图破冰。

量子力学的影响非常深远，它甚至改变了逻辑法则。在经典逻辑中，一个状态只有对或错这两种可能，并没有中间状态。但是在量子力学中，你可以在波函数中同时拥有某些状态，它既可以是对的，也可以是错的。当你进行测量的时候，结果是不确定的。你不知道将会得到什么。你有很多态，对计算来说非常有意义的态，你可以认为是意识的态，可以同时承载完全相反的观点，并且可以同时发挥作用。这个观点极大地解放并拓宽了我们的思维。经典的逻辑结构是完全不足以解释我们在物理学世界中的各种发现的。

要判断所有可能的态，即物体可以存在的状况，例如 5 个自旋，按照经典的方法，你要考虑其中每一个是自旋向上还是向下。在任意时间，它们都处于某种特定的组合中。在量子力学中，32 种组合中的每一个都有其存在的理由。所以同时对物理情形进行判断时，不能单单只是说有多少种可能的组合，还要讲出每一种的可能性，并且这些可能性是不断变化的。不过这些口头描述都太过粗略，因为其中包含的并不是可能性，而是所谓的振幅。这之中的区别还是很大的。因为可能性是有其独立性的，而振幅是可以相互影响的。在物理实在中存在不同的态，而它们之间是相互作用的。从经典的角度来说，它们是完全不同的东西，并且不可能同时发生，而在量子理论中，它们是同时存在并且互相作用的。

这同样和我之前所提到的逻辑相关。计算机用来表示正确、错误的一种非常有名的方式是，用“1”表示正确，用“0”表示错误。自旋向上是正确，向下是错误。在量子力学中，利用一种创造性思维，正确和错误是可以相互作用的，你可以同时拥有相互矛盾的两个命题，并利用其进行有效的计算，类似于相互作用。我喜欢这个观点。我喜欢这种对立的存在，并且有相互作用。仔细思考一下吧，这真的是个非常性感的观点。

意识到这个观点就是一个非常大的进步。你很难知道到底需要多久，我们才可以得到有用的内容，更不必说产生可以与我们目前已有的计算技术相匹敌的结果，我们目前的发现已经非常有效并且还在不断进步；或者产生一些与目前我们所熟悉的想法完全不同，并且更强的想法。我们需要在很多层面上取得进展。

你可以不顾工程学的问题，然后这样问：“假如我有一台量子计算机，我要用它做些什么呢？我怎样在上面编程？它可以完成什么任务？”这是个数学方面的探索。你将其中的物理学抽走，之后这就变成了一个数学问题，或者还牵扯到了某些哲学问题。

之后还有一个更大的问题：“我怎样制造它？”怎样在实际中制造出这个量子计算机？这是个更物理学的问题。事实上，目前并没有最好的设计，人们仍然挣扎于制造小的原型机。我的看法是，一旦我们有了关于这种计算机的好想法，制造过程将非常迅速。这是我一直希望并且追随的。我对于如何制造它有一些基于任意子的灵感。

我一直在断断续续地思考这方面的问题。我在某些物理理论方面是先驱者，但是另外一些理论学家，包括阿列克谢·尤利耶维（Alexei Kitaev）和我之前的学生舍坦·纳亚克（Chetan Nayak），将那些理论带入了一个新的层次。现在有这样一个领域被称为拓扑量子计算，相关的文章和研讨会发展迅速。这个领域不断发生着变化，很多人，尤其是实验物理学家，开始介入。

理论物理学家科学生涯中会发生的最令人激动的事情是，那些从幻想或渴望开始的理论，成为其他人努力去构建的项目。没有比这再好的成就了，这是你想得到的最好的礼物。一开始时，你或许只是灵机一动，或者只是草稿纸上的随手几笔。然后有一天，当你走入实验室，眼前是各种各样的管子，里面流动的是液体氦，电流通过复杂的电路进进出出，而这一切行为都是基于当初你的想法。当这样的事情发生时，简直像魔法一样。

理论物理学最美的部分是揭示现实的种种惊奇之处。过去，我们有很多种方式来看到最美的这部分。在物理学诞生初期，像伽利略和牛顿等人非常重视数据，并且强调他们正试图将观测行为与数学结合起来。他们发展了很多抽象概念，而以今天的标准来看，这些概念是非常实际的，它们总是以那些你可以触摸或者感觉到的形式存在，至少可以通过望远镜看到。这种方法几乎主宰了整个 19 世纪的物理学。麦克斯韦对电学、磁学和光学的综合，使光的本质得以发现——电磁波，并且预言了其他种类的光的发现，即射电和微波。之后将通过实验得到的所有电学和磁学的性质系统化，并用方程将它们表示出来，发现不一致时，就进行一些修改。这就是物理学的经典方式。

20 世纪，一些比较成功的工作看起来与过去不太相同。如果不在意细节的话，是不能对所有细微之处进行评断的。但是类似于相对论，尤其是广义相对论这样的理论，很明显是基于更大的概念上的跳跃的。在发展狭义相对论时，爱因斯坦只是抽取了物理学中两个非常大的规律：如果你以匀速运动，物理学定律是不变的，以及光速是一个通用常数。这并不是基于对很多具体实验事实的观测和总结得到的，只是选取了某些非常关键的事实，并对它们进行了概念上的深度挖掘。广义相对论更是如此：它试图将引力理论同广义相对论融合到一起。这是一个非常理论化的尝试，并不受任何具体实验的驱使，却改变了我们对空间和时间的根本看法，并且对实验结果进行了预测，给我们带来了很多惊喜。

狄拉克方程是一个更加复杂的例子。狄拉克受到了大量理论的影响。他想将现有的描述电子量子力学性质的方程，也就是薛定谔方程，以与广义相对论相互协调。为了达到这个目的,他发明了一系列新的方程,即狄拉克方程。这些方程看起非常奇怪，并且有很多疑问，但是当它第一次被提出时，毫无疑问是非常美丽的。这些奇怪的方程中每一个部分都需要新的解释、之前不存在的解释。这导致了对反物质的预言以及量子场论的产生。这是另一场有概念驱使的变革。另一方面，让狄拉克和其他人对这个方程抱有信心的原因是，它对氢原子中电子行为的预言是正确的，与精确测量的结果几乎一致。这样的支持使我不得不仔细观察，找到这个真实的证据。所以从最开始就存在经验主义的指导和鼓励。

我们对量子色动力学所做的最基础的工作，和狄拉克方程产生的过程几乎一致。我们通过对理论的考量得到了一些特殊方程，但这些方程看起来是有问题的。存在很多没有被观测到的粒子——夸克和胶子，而且不包括任何已经被观测到的粒子。即便如此，我们依然坚持我们的观点，因为它们可以解释某些测量结果，而事实上我们的坚持最终得到了回报。

总的来说，在物理学已经越来越成熟的20世纪，我们发现，数学对一致性和对称性的考虑对物理学产生了重大影响。我们可以在少量实验的条件下得到更多结论。然而，最终的判别标准依旧需要实验来解释事实。审美学可以带你走到哪一步？你可以将它作为你主要的导向吗，或者，你应该试图去公平对待很多特定的事实吗？不同的人有不同的方式；很多人利用大量事实仅作出少量推断；而有些人只利用某个事实来构建一个理论，而这个理论太完美使它必须正确，然后再用这个理论来填充例子。我试图考虑两种可能，然后看哪种更富有成效。对我来说更有效的方式是，先利用某些特殊或异常的实验结果，这些结果可能与我们对物理学的认知不相符，之后再对方程进行升级，让它可以容纳这些实验结果。

根据我对过去的认识，就算是物理学上最伟大的进步，当你将它们分开时，往往都是基于经验主义，基于对一些现有物理学框架或物理世界的已有认知。当然量子色动力学是这样。当我们提出渐进自由性（asymptotic freedom）来解释夸克相互靠近却不相互作用的行为时，这个理论看起来与量子场论是那么格格不入，当时我们继续向前推进，发现某种特殊的量子场论与夸克的行为是相一致的。这同时也解决了强相互作用力的问题，并且得到很多有效的结果。轴子也同样始于一个小小的异常之处：这个世界上有一个量非常小，而我们的理论并不能解释它为什么这么小。你可以更改你的理论使它变得更加对称，然后你会得到零值，不过还有其他结果。这种新粒子的存在撼动了宇宙学，因为有可能它就是暗物质的组成。我实在是很喜欢这类事情。

弦理论可能是非经验物理学中最极端的例子。事实上，它的历史起源是基于经验观测的，而且是错的观测。弦理论最初被提出是为了解释强相互作用的性质。强子是一个大家庭，弦理论提出的观点是，它们可以被解释为不同状态的弦、不同的自旋和震动方式。这个观点在 20 世纪 60 年代后期到 70 年代初期得到了飞速发展，但是与量子色动力学完全不同，而量子色动力学提供了对强相互作用的正确理论。

虽然观点是错误的，但其中得以发展的数学部分在之后成了弦理论的重要组成，它包含了对广义相对论的描述，并且遵循了量子力学原理。这对 20 世纪的物理学理论来说是个巨大的挑战：将两种看起来相差极大的理论组合起来，即研究微观世界的最伟大的理论量子力学以及基于宏观时空的广义相对论。这两个理论的本质有很大的不同，而当你试图将它们组合在一起时，你会发现很难将它们完全统一起来。但弦理论似乎可以做到这一点。

对于某些物理学家来说，构建引力的量子理论最大的问题在于，实验只能存在于想法中，因为这些实验包括超高能的粒子，或者黑洞深处，或者大爆炸的最初时刻，而这些都是我们不太了解的部分。所有这些都脱离了实际，脱离了可做实验的范畴。你很难去检测这些基本假设的正确性。而在人们最早的期待中，发生于20世纪80年代中期的第一次弦革命，人们认为如果弦理论方程得以求解，那么它的解是唯一的或者有很少的解，而其中一个解是我们这个世界的一个解。

从这些针对如何创建量子引力理论的高度概念化的思考中，你可能会被“引入”那些我们可以接触到，可以进行实验的部分，并且它们可以描述现实。但是随着时间流逝，人们会发现，越来越多的不同解会出现，并且它们具有各种各样的性质；而之前的期待，那个通过对概念的研究就可以得到描绘实际结果的期待，似乎有些摇摇欲坠了。这就是它今天所处的状态。

我个人对研究基础物理学的方式依旧是有些投机取巧的：观察某些现象，然后思考利用方程本身提供的方式来美化方程的可能性。就像我之前提到的，我当然会推进我很多年前的想法，关于超对称性、轴子，甚至关于量子色动力学的应用，因为时至今日，它们看起来依旧非常有前途。我总会思考新的事物。例如，我思考过某些新现象的可能性，这些现象与大型强子对撞机可能会在将来发现的希格斯玻色子有关。我意识到，我对某些事物的认识很久以来都停留在一个很低的层次上，但现在我理解了它们更深远的含义，就像希格斯玻色子打开了一扇新的窗口，它可以产生的某些现象，标准模型中的其他粒子是不可能重复的。如果注意一下标准模型中的数学，你就会发现其实可能存在隐藏项，它和目前我们发现的其他粒子之间的作用都非常弱，但是和希格斯玻色子却有非常强的相互作用。我们也将打开这样一扇新的窗口。最近我正在试图研究是否可以利用希格斯玻色子和引力的某种细微的非标准相互作用，将暴胀理论和标准模型分离开来。这看起来也是非常有希望的。

很多我灵机一动的想法最后都被证明是错误的，但是没关系，我觉得非常有意思。

1993年美国国会取消了建立在得克萨斯州华兹堡附近的超导超级对撞机（SSC）项目。这个项目历经多年计划，很多科研人员为其投入了心血，并且已经耗资20亿美元。结果一切都成了一场空。2009年，一个类似的项目，欧洲核子研究中心主导的大型强子对撞机正在日内瓦附近建造。美国也是参与者之一。投入了总预算150亿美元中的5亿美元。但是这个机器在欧洲，并且由欧洲人承建，所以毫无疑问，他们的投入要更大。当然，得到的所有信息都要在合作科学机构中共享。所以除了有形的资产外，我们得到了相同的结果。我们避免了花费更多的钱。但这是一个明智的举措吗？

我不这么认为。就算用最短浅的经济学视角来看，这都不是一个明智的选择。这150亿美元中的大部分都由欧洲人分包，这就直接将经济牵涉其中。更详细地说，这个项目将负责高科技工业的经济部门牵涉其中，高科技包括超导磁铁、低温工程以及非常复杂的土木工程，当然还包括计算机技术。长远来看，这些专业技能将足以抵偿他们的投入。就算这只是单纯的经济合作，美国还是错失了一个国家的荣耀。100年或者200年之后，人们将会忘记美国人，而国家的荣耀将属于外国人，他们将会记住，拓展人类知识边界的事件发生在大型强子对撞机以及欧洲人对其所作出的努力。作为一个国家，美国并没有很多可以展示的辉煌历史，我认为我们又错过了一次。

或许我们可以弥补。目前是对抗老龄化的有利时间点。有很多基础的生物学已然存在。我们知道要完成些什么。老龄化过程本身对公众健康有着非常深远的影响，就算不考虑许多主要疾病，比较严重的像癌症、心脏病，人类的寿命也只能延长几年。我们需要找到这个过程的根源。

另一个大型项目是在星系中系统地搜寻生命。我们有天文学工具，我们也可以设计工具来搜寻遥远的、与地球相似的行星，研究它们的大气环境，来判断是否有生命存在的可能。投入一个国家的人力、物力，来搜寻与地球类似的、有生命存在可能性的行星，目前来看是可行的。我们需要努力去思考一些可以使我们留名青史的事情。

WE STILL DON'T UNDERSTAND.

我们依然所知甚少。

——《谁会关心萤火虫？》

19

Who Cares About Fireflies?

谁会关心萤火虫？

Steven Strogatz
史蒂芬·斯托加茨
康奈尔大学应用数学系教授；著有《心里有数的人生》《X 的乐趣》

阿兰·爱尔达的导言：

阿兰·爱尔达（Alan Alda），演员、作家、导演；美国公共广播公司（PBS）《头脑训练》（*Brains on Trial*）节目主持人；著有《我自言自语时在想什么》（*Things I Overhead While Talking to Myself*）。

史蒂芬·斯托加茨毕生都在研究一些有人认为不存在、有人认为太显而易见的东西。好像聪明人总是容易在一些微妙的境地，就如同地平线上的雾霭，钻牛角尖。他在那看到点东西，就会跑过去再靠近点看。大自然中众多令人吃惊的自发同步现象，一直萦绕在他的心头。

斯托加茨的研究涵盖了方方面面，从睡眠模式到心率再到亚洲萤火虫的同步脉动。在他 2003 年的著作《同步》（*Sync*）中，他以一种令人震惊的方式将这些研究和其他很多线索汇聚在了一起。令人吃惊不已的是，竟然有这么多事情必须或必须不能同步发生，我们的生活才能有条不紊地进行下去。有许多事我们都没意识到它是同步的一部分，比如我们每天晚上看到的月亮。

我认识斯托加茨十几年了。我们的认识开始于一次我打给他的电话，当时我都不知道他会不会接我的电话。我在《科学美国人》(*Scientific American*)上读到了他一篇关于耦合振子的文章。我对他关于惠更斯发现钟摆若能感应到彼此就会发生同步的描述着迷不已，我希望他能给我再多讲一点。对于我求知的渴望、幼稚的好奇心，他令人意外地慷慨大方。从那时起，我们就成了朋友。

就像理查德·费曼一样，斯托加茨有一个本事，他不但想将每件复杂的事清楚明白地讲给普通人听，而且知道如何做到这一点。因此，当我们在百老汇排演彼得·帕奈尔(Peter Parnell)的《量子电动力学》(*QED*)时，还找来了斯托加茨给我们做物理学顾问。

请允许我向你们介绍康奈尔大学应用数学系教授、我的好哥们儿：史蒂芬·斯托加茨。

我对周期轮转的兴趣要追溯至高中时代。那时我在上一门新生的标准科学课程，科学I。第一天，老师要求我们测量走廊的长度。我们趴在地上，把尺子贴紧地面，测量走廊的长度。我记得我当时是这么想的，“要是科学就是这样，那实在是太无聊了”，由此产生了科学无聊又没用的想法。

幸运的是，第二节实验课要好一些。迪柯西奥(diCurcio)老师说：“我希望你们能找出钟摆的规律。”他给我们每人发了个玩具摆，摆长是可以伸缩调节长短的。还给每人发了一块秒表，让我们记录钟摆来回10次所需的时间；然后再把摆长调长一些，重复这个过程。实验的核心在于，观察来回摆10次的时间是如何随着摆长的变化而发生变化的。实验的本意是叫我们画图，并找出两个变量间的关系。当我忠实地将摆10次所需时间和相应摆长作为横纵坐标，将它们画在了图上，画了四五次之后，就有某种趋势显露出来。这些点落在了一条特定的曲线上，这条曲线我在几何课上见过。那正是抛物线，跟喷泉喷出的水的下落轨迹一样。

我记得那时的感觉像是被恐惧包围了。不是高兴，而是惊讶。就好像钟摆懂几何一样。几何课上的抛物线和钟摆的运动有什么关系？就在那张图纸上。那一瞬间我好像醍醐灌顶，第一次懂得了“自然法则”确有其事。我突然懂了其他人说的，“宇宙自有其法则，懂了数学才能看得懂”的意思。那次实验课改变了我的一生。

同一门课之后的一次实验，研究的是一种叫作共振的现象。实验内容是在一根长管子里注入特定高度的水，剩余部分则是空气。然后在开口的那段敲一个音叉。音叉以已知的频率即每秒 440 次震动。实验则要求提高或降低水柱的高度，直到其产生巨大的轰鸣。当水柱的高度合适时，音叉微弱的声音会被水柱剧烈地放大，这表明发生了共振。其中的原理是，当管道开口端有 1/4 声波长度时，共振的条件即被满足。由此，知道声波的频率，再测量出空气柱的长度，就可以测出声速了。我那时还不太明白这个实验，但迪柯西奥老师训斥我说：“史蒂芬，这个实验很重要，它可不仅仅是关于声速的。你要知道，就是共振让原子们聚在一起的。”那种让我战栗的感觉又一次降临了。我以为我就是在测测声速、玩玩水柱，但从迪柯西奥老师的观点来看，从这简单的水柱竟然能看到物质的结构！共振竟然能应用到不可见的原子结构，多亏了它，我面前的桌子才能如此坚固。我又一次被大自然的统一性所震惊。这些事实令我吃惊，这些规律是如此超凡，它们能运用在从声波到原子的所有事物上。

大自然的统一性不应被夸大，显然不能说万事万物全都一样，但其背后确实有着千丝万缕的关系。共振涉及挑梁的震动、原子的结构还有声波的传递，同样的数学也以不同的方式一次次发挥作用。

关于迪柯西奥老师，还有一则故事我很喜欢。那时我在读爱因斯坦的传记，迪柯西奥也像对待一名成熟的科学家一样看待我，而那时我才十三四岁。我向他提到，爱因斯坦在高中时就被麦克斯韦方程组所震惊，那些电和磁的法则给他留下了深刻的印象。我说我等不及了，等不到我长大后才能去了解足够多的数学知识了，我现在就想知道并弄懂麦克斯韦方程组。

我的学校是一所寄宿学校，我们常有家庭式的晚餐，当时迪柯西奥老师和我还有其他几个孩子以及他的妻子坐在一张大桌子边，他在给我们分土豆泥。当我说我想要找时间看看麦克斯韦方程组时，他放下土豆泥说："你想现在就看看吗？"我说："当然。"他就开始在餐巾纸上写下了那些神秘的符号，嘴里还含糊不清地说："圈的圈是梯度导数减去倒三角平方……然后由此我们得到波函数……然后现在我们看到了电与磁，就可以解释什么是光。"那一刻，他简直太了不起了！我发现了一个全新的老师。迪柯西奥老师不仅仅是个高中老师，还是一个能把麦克斯韦方程组记在脑子里的人！这让我觉得我能从这个人那里学到无穷无尽的东西。

在那所高中，还有一位约翰逊老师教我们几何学。约翰逊老师毕业于MIT，对数学了解颇多。有一次他突然提到有那么一个三角问题他解不开，尽管那个问题听上去与我正在学的另一个三角几何学问题很相似。问题是，如果一个三角形的两条角平分线等长，那么这个三角形一定是等腰三角形吗？也就是说，两个底角一定相等吗？他说他不知道怎么解这个问题，而且在他20年的教学生涯中从未有人解开这个问题。我还从来没听说过哪个老师说有一个问题他不会解，于是我对这个问题兴趣大增：感兴趣到体育课上有人扔球给我，我都接不住，因为我正专心致志地想这个角平分线问题。这个问题让我如痴如狂了几个月，我感觉我离正确答案已经近在咫尺，但总是差那么一点点。

那是我第一次领略到做研究的乐趣。我的研究只是为了开心，与成绩无关，甚至我都没跟别人说过这事，我就只是想解开它。直到某一天，我想我解开了。那是一个周日的早上，我给约翰逊老师打电话，问他我是否可以过去证明给他看。他说："好的，来我家吧，我家的地址是……"我走去了他家，他当时还跟他的孩子一起穿着睡衣。他仔细地查看了我的证明后说道："你做到了，就是这样！"他笑得不明显，但似乎很高兴。后来他还给校长写了一封特别推荐，以说明我解出了那个难题。

后来，我上了普林斯顿大学。作为一名大一新生，我开始上线性代数课，这门课是专为在中学表现优秀的学生开设的天才少年课程。第一天，一名叫作约翰·马瑟（John Mather）的教授走了进来，那时我们并不知道他是教授还是研究生。他非常害羞，红色的胡子又多又长。他进来得悄无声息，我们几乎没有发现他。然后他就张口说道："场 F 的定义是……" 就这样。没有自我介绍，没有"欢迎来到普林斯顿大学"，什么都没有。他只是用线性代数的定义做了开场白。那次经历感觉十分糟糕。我生来第一次懂得了为什么人们如此害怕数学。他险些就成功地让我再也不想成为一名数学家了。

而我终究还是成了一名数学家的唯一原因，就是第二节课的老师，伊莱·斯坦（Eli Stein），他是一名非常优秀的老师。他现在还在普林斯顿大学工作。那是一门复数变量课程，很像微积分。我在高中时很喜欢微积分，因此我突然觉得我又可以研究数学了。之前那门线性代数好像是一个筛子，它精挑细选，只有特定的学生才能通过。你的抽象思维能力经受了检验。你能想出纯数学家所需的严格证明吗？这是纯数学的根基所在。事实也许是，我并非生来就有这些能力。我真正喜欢的一直都是能运用到自然，也就是真实世界的数学。那时我还不知道有一门叫应用数学的学问，我以为那就是物理学。现在这成了我的工作。就是因为我在大二与斯坦老师的愉快经历，才使我最终将数学作为了自己的事业。

经常有人建议我做医生，但我总是很抗拒，因为我知道我想要做的是教数学。等到我大三的时候，尽管那时候要当医生已经很晚了，我父母还是督促我去修一些医学预科课程，比如生物学、化学。我同意了。我当律师的哥哥想方设法说服我，继续抗拒是没道理的。因为我并不是要同意去当医生，学点生物、化学也没什么坏处。我接受了他的说辞，结果之后的一年简直是地狱。因为我选的大一生物学要去实验室，大一化学还要去实验室，还有基于大一化学的有机化学。这对于一个不擅长实验室工作的人来说，简直是苦不堪言。

尽管在主修数学之外还要读医学预科让我觉得负担很重，但我还是挺喜欢生物学和化学的，尤其是 DNA 的双螺旋结构和 DNA 的复制原理。我心满意足，甚至还修了一门斯坦利·卡普兰（Stanley Kaplan）医学预科课程，以准备医学院入学考试。

但是等我春假回家，我母亲看着我的脸说："你看上去有些不对劲，有些事正困扰着你。怎么回事？你在学校过得还好吗？"我说："挺好的，没事，我学的东西挺好。"但她说："你看起来可不像挺好。你看着不开心。哪里不对，你怎么了？"我真的不知道。我说："也许是太累了，我有很多课。"但母亲说："不，有什么事不对。你明年要上什么课？你可都要大四了。"我说："这确实让我烦着呢，因为我读医学预科开始得太晚了。我还要学脊椎动物生理学，还有些生物化学以及其他一些医学预科课程。再加上我还有数学系的毕业论文要写，这意味着我的日程安排得满满当当，没法上量子力学课了。"她说道："为什么非要上这个课呢？"我说："我从 12 岁就开始读爱因斯坦了，我喜欢海森堡、尼尔斯·玻尔还有薛定谔，我终于有机会弄明白他们说的东西了。再也不需要那些类比和比喻了，我能明白薛定谔的工作了。我这辈子都一直在朝着这个方向努力，我已经能够明白海森堡不确定原理的意义了，而我却要去上医学校、解剖尸体。我永远没机会去学那些了。"

母亲接着说："不如你现在就这么说，'我想学数学，我想学物理学，我想学量子力学。我不想当医生，我想成为最好的数学老师和学者。'"我瞬间泪如泉涌。心里压着的一块大石头终于落了地。我们一起又哭又笑。那一瞬间坦然面对自己，从此一往无前。我特别感谢我有这样通情达理的父母，让我能够用否定的方式找到我一生的激情所在。有些人碌碌一生也没能找到他们真正想做的事。

在普林斯顿大学，我们要在大四做毕业设计，我打算选择自然中的几何这个方向，尽管我并不清楚地知道具体是怎么回事。我的导师，在肥皂泡的几何学研究方面非常有名的弗雷德·阿尔姆格伦（Fred Almgren）教授建议我研究 DNA 的几何结构。比如，DNA 的结构为什么在解螺旋时不会纠缠在一起？它那么长，我们很自然就会想它很容易缠到一起，而这要真的发生在细胞中，就意味着死亡。为什么不会发生这种情况？经过研究，我对 DNA 有了深入了解，并就它的几何结构写了一篇毕业论文。我与一名生化工作者联手提出了一种叫作核染色质（chromatin）的新结构。它是 DNA 和蛋白质的混合物，是双螺旋结构之后的第二级结构。我们知道，双螺旋会在一种叫作核小体（nucleosome）的蛋白质小线圈周围受损，但没人知道核小体自己是怎么排成一根线上的珠子那样的，或者说怎么受损成核小体的。令人高兴的是，我和我的生物化学导师最终在《美国国家科学院院刊》（*Proceedings of the National Academy of Science*）上发表了我们的论文。我现在致力于数学生物学研究。所以尽管我没做医生，我仍在生物学中使用数学方法来做一些实事，也就是核小体的相关研究。

就从那时起，我决定要做一名应用数学学家，研究数学生物学。我去了英国，靠马歇尔奖学金就读于剑桥大学，但却烦透了那里的传统流程。哈迪（G. H. Hardy）在他的著作《一个数学家的辩白》（*A Mathematician's Apology*）对此有详细描述。剑桥大学的课程从牛顿时代起就是那个样子，我厌烦得不行。有一天我逛进了街上的一家书店，拿起一本题目异于寻常的书：《几何生物学时间》（*The Geometry of Biological Time*）。我说“异于寻常”是因为我曾给我的毕业论文起了个副标题叫作“浅谈几何生物学”。我以为“几何生物学”这词是我造出来的，就是把“几何”与“生物学”并在一起，而现在竟又有别人用了同样的词。这家伙是谁？亚瑟·T. 温弗里（Arthur T. Winfree）是谁？

我随手翻了翻，然后觉得他是个傻瓜。他看起来像个怪人。我不确定他是不是认真的，因为他的章节标题还有许多俏皮话，他有的数据来自他母亲多年的月经周期，讲的也都是生物的周期。温弗里去世于 2002 年 11 月 5 日，在那时，他还没什么名气。他是普渡大学的一名教授。我瞥了一眼这本书，又把它放回了书架。在那之后我自己都没意识到，我隔三岔五地就会去翻一翻它，直到最后把它买了回来。也许是因为那时我在英国形单影只，承受着文化上的水土不服；也许是因为它太令我着迷，我开始每天边读边画线，对生物的周期节律如痴如醉。从细胞分裂到心跳，再到大脑中的节律如视差感与睡眠节奏，全都可以用简单的数学描述。这就是温弗里在他书中所呈现的，也是我将同步作为研究方向的起因。

在自然界中，奇妙的同步现象比比皆是。比如，早在16世纪，弗朗西斯·德雷克爵士（Sir Fancis Drake）的时代，第一批西方旅行者到达东南亚，他们记录下一种奇妙的现象。在沿着河堤的树中，成千上万只萤火虫的尾部会同时亮起又同时熄灭。这些记录被传回西方后，发表在科学期刊上，然而未曾亲眼看到的人们都难以相信这是真的。有科学家说，这是人类的一种知觉错误，我们看到的一些景象其实并不存在，或者只是一些光学错觉。那些没多少智力可言的萤火虫，怎么可能完成如此不可思议的协作活动？

有的理论认为，其中可能有领头萤火虫。但这显然是荒谬的，为什么会有一只特殊的萤火虫？这一理论已被人们抛弃。还有人说可能是大气的原因。比如闪电，一道闪电划过可能会使萤火虫们受到惊吓，因此同时开始闪烁，这使得它们能聚在一起。这种同步显然只发生完全晴朗的夜晚。直到20世纪60年代，来自国家健康协会（National Institutes of Health）的生物学家约翰·巴克（John Buck）和他的同事们才发现，萤火虫是自我组织的。它们每个晚上保持着一致的步调、完美的节奏闪烁数个小时，没有领导者也没有环境的影响，而是通过一种神秘的涌现过程。“涌现”（emergence）这个词我们都很熟悉，但在自然界中，它有着特别的意义。

现在的观点认为，单只萤火虫不但能够发出闪烁荧光，还能够对其他萤火虫的荧光作出回应，它们会调节自己的节奏。为了证明这个观点，20世纪60年代中期，巴克和他的妻子在泰国旅行时，搜集了一大袋子雄性萤火虫带回旅馆，并在漆黑的房间内释放它们。萤火虫们翩翩飞舞，落满了天花板和墙壁，然后，其中两小片区域开始同步闪烁，接着是第三片、第四片……后来的实验室实验表明，通过控制人造光源向着一只萤火虫闪烁发光，可以加快或减慢它的闪烁频率。也就是说，不管开始时情况如何，每一只萤火虫都在释放着信号，影响着其他萤火虫，它们彼此影响，加速或减慢，最终不可避免地进入同步状态。

你可能会问，这有什么大不了的呢？谁会关心萤火虫呢？关心的原因其实有很多。首先，各种技术和医学的应用都依赖于这种自发同步。在你的心脏里，有一万个起搏器细胞激发其他细胞律动，这一万个细胞就好比那数千只萤火虫，每一个细胞都有自己的节奏。就心脏来说，这是一种有节奏的充放电过程，而非像萤火虫那样用光交流，它们用电信号前后彼此进行沟通，但本质是一样的。它们是单独的振子，有着自己的频率，不断重复，同时它们又彼此相互影响。就这样，它们不谋而合地达成同步。

当然，某些时候，同步也不是什么好事。如果同步大规模地发生在你脑子里，就会导致癫痫。

同步的应用还不止这些。激光是我们这个时代最实用的工具之一，它就依赖于光波的同步。原子们统一地脉动，发出相同颜色、相同相位的光，也就是它们的波峰、波谷全部一致。激光里的光与我们头顶上灯泡的光并没有本质上的不同，原子是一样的，区别只在于原子们以不同的方式合作。就好像舞者不变，但编舞却相差甚远。

同步现象在我们身边比比皆是。在伊拉克的卫星导航武器使用的全球定位系统由 24 颗卫星组成，每一颗卫星上都有一座机载原子钟。这些钟都与位于科罗拉多州博尔德（Boulder）的美国国家标准与技术研究院（NIST）持有的主超级钟精确同步。利用这种精确到十亿分之一秒的完美同步，我们可以用导弹击中一块车牌。

生命也依赖同步。比如，当精子细胞游向卵细胞时，会利用液压涨落统一摆动它们的尾巴。例子我可以一直举下去。奇妙之处就在于，同步现象发生在自然的每一个尺度，从亚原子级到宇宙级别，它似乎无处不在。它甚至可能是灭绝恐龙的元凶。引力同步可能导致了某些小行星脱离了小行星带，最终撞上了我们的星球，导致恐龙和其他一些生物灭绝。在自然界中，同步是一种普遍现象，然而从理论的角度来看，它又是如此神秘莫测。

我们过去常讨论熵的问题，也就是复杂系统有变得越来越混乱的趋势。

人们总是问我："同步不会违背这个趋势吗？系统自发变得井然有序，这不是违反了自然的法则吗？"熵原理当然不能违背，但它们其实并无冲突。问题的关键在于，熵原理是应用到一类所谓孤立或封闭系统上的，它们没有来自外部环境的能量注入。这与我们所讨论的地球生命不能混为一谈。我们所讨论的系统远非热动力学平衡状态，其中有着许多令人吃惊的自组织现象，同步不过是其中最简单的一个例子罢了。

实际上，熵以及系统的混乱倾向与同步现象背后的物理学定律是一回事。只是我们对远非平衡状态的系统的热动力学了解得还不够，因此难以发现二者间的联系。不过我们就要弄明白了，至少在物理学上，我们正在大量研究自发同步系统。比如，激光的工作原理我们一清二楚，这个过程也不会违背熵原理。至于活物的例子，比如心脏细胞，我们对电脉冲如何前后传播有了大概的想法。但同步还涉及一些我们这个时代难以理解的问题，比如意识。有的神经系统学家认为，意识与大脑其他活动的区别之处就在于，脑细胞以接近于 40 赫兹的频率互相交流。

我对自发秩序或者自组织研究的兴趣就在于，我真的认为现在科学界的许多重大未解问题都与此有着相通的特征。在结构构造上，它们都涉及数百万的成员，可以是中子，可以是细胞，也可以是经济领域的参与者。它们通过复杂的网络和相互作用彼此交互、相互影响，使得我们会时不时地看到令人吃惊的有组织状态。斯图尔特·考夫曼称之为"免费的秩序"（order for free）。我们都在不同的角度爬着同一座山。考夫曼认为，它对更好地理解进化颇为重要。当他或者盖尔曼说起复杂适应性系统时，强调的重点似乎是在"适应性"上，这意味着，关键是要对自然选择有更多了解。但是你看，我几乎没有提进化。我觉得他们舍近求远了，还有更好的着手之处，最简单的就是从与进化无关的地方开始研究。

我想要从复杂的纯物理系统开始，研究它们如何只在物理学定律的作用下形成自组织。先把这一点搞清楚，再去增加更多有关进化的内容。我知道进化重要，但将其作为研究起点可就大错特错了。

最近，我对癌症产生了浓厚的兴趣，我想搞清楚癌细胞间的交互网络，或者癌细胞内的化学反应网络是怎么乱了套。有些癌症是因为某一个基因出了问题，但我不相信所有的癌症都是这同一个原因。从尼克松向癌症宣战到现在，已经30多年了，而我们却还未真正了解过它。了解致癌基因是一个好的开始，但并非全部。还是一样，关键在于蛋白质和基因的编舞以及一次次失误,不只是一位舞者,而是它们共同的合作方式。癌症是一种动态的疾病，我们无法通过单纯的生物学简化论思维方式弄清楚它。这需要将简化法给我们的数据与新的复杂系统理论以及超级计算机和数学相结合。而我，想要在这份工作中出份力。

生物学家经常强调计算机所承担的重要角色。计算机确实不可或缺，但好的理论与想法更是少不了。有高级的计算机和丰富的数据还远远不够，你还需要新想法，而我认为这就要指望复杂系统数学了。尽管我多次提到“复杂系统”这个术语，但相关理论还很薄弱。我们真的还不太了解它。我们有大量计算机模拟结果，也展示出了令人震撼的景象，但了解并未增多。有深刻的观点吗？我们了解的情况还很少，这就又回到了同步。我喜欢将同步作为自发秩序的粒子，因为这是我们能用数学理解的少数几个例子之一。如果我们想解决那些难题，就要去解我们能解的数学问题。所以我们要从最简单的现象开始，同步正是其一。透彻理解这些问题，还需要艰苦卓绝的工作。

还有一种看法是我们不需要去理解的。理解也许是种奢望。也许某些洞见能三四百年经久不衰，就像牛顿那样，但它不是最终目的。最终目的其实只是控制疾病，规避生态风险。如果我们能做到这一点，即使不知道怎么做到的，那也算是不错了。计算机也许懂，只是我们不必去懂。

总的来讲,亚里士多德之后的几百年内,我们都处于蒙昧状态。从开普勒、哥白尼、牛顿开始,我们通过数学来解释问题,那是一个理解学习的伟大时期,某些数学问题得以解开。理解麦克斯韦方程组、热动力学乃至量子理论所需的数学知识，都包括一类我们已经完全知道如何求解的问题：线性问题。就在过去的几十年，我们还对非线性问题束手无策。我们只懂得那些最简单的、只有三四个变量的问题，我们称之为混沌理论。一旦变量像大脑细胞那样增加到几百个、几百万个乃至几十亿个，我们将一无所知。这正是复杂系统要研究的，不过我们还有很长的路要走。我们可以用计算机来拟合它们，但这跟干瞪眼儿差别不大。我们依然所知甚少。

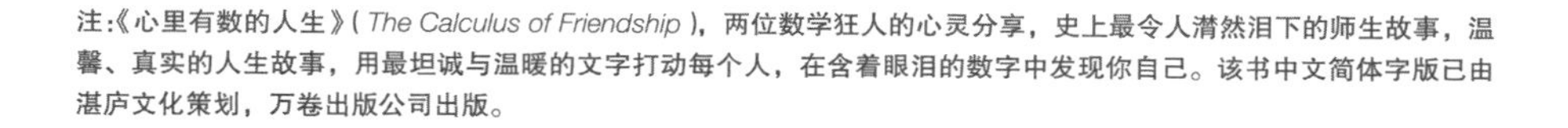

注:《心里有数的人生》(*The Calculus of Friendship*)，两位数学狂人的心灵分享，史上最令人潸然泪下的师生故事，温馨、真实的人生故事，用最坦诚与温暖的文字打动每个人，在含着眼泪的数字中发现你自己。该书中文简体字版已由湛庐文化策划，万卷出版公司出版。

THE LAWS OF
CONSTRUCTOR THEORY
ARE NOT ABOUT
THE CONSTRUCTOR;
THEY'RE NOT ABOUT
HOW YOU DO IT,
ONLY WHETHER
YOU CAN DO IT.

构造者理论的原理不是关于构造者的；它们在乎的不是你怎么做到，而是你是否可能做到。

——《构造者理论》

20

Constructor Theory

构造者理论

David Deutsch
戴维·多伊奇
量子物理学大师；牛津大学物理学家；计算科学前沿奖（Edge of Computation Science Prize）获得者；著有《无穷的开始》

许久前，我们讨论过一个我关于构造者理论的想法，在那时，这个想法还很新颖。我那时以及现在都认为，构造者理论不仅可以将量子计算理论归结于计算，还可以涵盖所有的物理过程。我推测，这将提供一个描述物理学系统和物理学定律的新模型。它还会有自己的新原理，比现有的最深刻的理论，如量子理论和相对论，都更加直指本质。那时，我对这个想法抱有极大的热情，然而写一本书所需的时间大大超出我的预计，使得我迟迟未能继续研究它。但现在我终于重新拾起，再次着手研究构造者理论。我想说，它比我预期的更有希望，发展速度也比我想象的快。

构造者理论出人意料的成果之一就是，它得到了信息理论的新基础。物理学领域对信息的定义一直是个老大难问题。一方面，信息是完全抽象的，艾伦·图灵等人创立的计算学初始理论视计算机及其计算的信息为纯抽象的数学客体。时至今日，很多数学家仍未意识到，其实并不存在什么抽象的计算机。只有物理客体才能计算。

另一方面，物理学家一直很清楚，想要在物理学领域完成信息理论的工作，比如统计力学、热力学第二定律等，信息必须是一种物理量。到目前为止，信息是独立于它的载体的。

比如，我现在跟你讲话：信息开始于我大脑中的某种电信号，然后转化为我神经中的信号，接着进入声波，变成麦克风的机械震动，再变成电，等等，最终可能会进入互联网。它在种种遵循不同物理学定律的客体中具现化。为了探明这一过程，就必须找到在这个过程中不变的东西，也就是信息本身而非其他显而易见的物理量，比如能量或者动量。

弄清信息这种基本独立性的方法，是在比运动定律这种我们认为已经接近最基础的物理学定律还要基础的层面上去研究它。构造者理论研究的就是这般基础的物理学定律和物理系统，比一般意义上的物理系统，也就是粒子、波、空间、时间以及运动原理描述的初始状态演化过程等，还要更深一层。找到这种新物理学基础的希望，就是量子计算理论。

我曾认为量子计算理论就是物理学的全部。理由是，一个超级量子计算机可以用任意的精度模拟出任何物理对象。这意味着，一台超级计算机计算出的所有可能运动的轨迹，就对应着所有事物的所有可能运动的集合。这就像是研究超级量子计算机就等同于研究所有的物理对象，它包含所有可能物理对象的所有可能运动。正因如此，我过去曾说，量子计算理论就是物理学的全部。但我后来意识到这样说并不对，因为还有一条沟壑横亘在它们之间。那就是尽管量子计算机能模拟出任何东西也能代表任何事物，只需通过特定的程序就可以研究任何对象，但量子计算理论无法告诉我们，哪个程序对应哪个物理对象。

这听起似乎无关紧要，但它其实具有基础性意义。因为如果不知道计算机中的抽象是与哪个对象对应，就好像有一个银行账户，然后银行告诉你，“你的余额还是那个数”。除非你知道这个数是多少，否则你实际上还是不了解你账户的情况。物理学也是一样。如果你不指明量子计算理论的哪个程序与你的物理学系统相对应，就无法获知物理学的全貌。

然后我想，我们需要的是一个一般化的量子计算理论，它可以将程序与相应对象联系起来。这就是构造者理论的早期想法。但我又意识到这样还是不行，因为这仍然是在现有的理论模型去刻画构造者理论，因此它不会对解决深层次问题有所帮助。它还是初始状态加运动原理得到最终状态的那一套，输入初始条件加计算机运行得到计算机输出。构造者理论不过是现有物理学理论的不同解读罢了，无法创造新东西。

构造者理论有所建树的关键，所谓的新东西，就是它不是初始状态、运动原理、最终状态那一套模式。它只在乎哪种变化是可能的、哪种是不可能的。运动原理是可能与不可能的间接结果。并且，构造者理论的原理不是关于构造者的；它们在乎的不是你怎么做到，而是你是否可能做到，这与计算论有些类似。计算论的内容不是晶体管和电线，也不是输出与输出设备，而是信息的能否传递。我们有超级计算机，我们知道每个可能的个体对应一个超级计算机程序，但超级计算机可以用很多方式被建造出来。如何建造不重要，重要的是计算的深层次原理。

对于构造者理论来说，重要的是哪些物理变化是可能的，哪些是不可能的。当它们是可能时，你就可以有很多方式去完成；当它们是不可能时，往往是因为它们不被某些物理学定律允许。这就是为什么卡尔·波普尔说，物理学理论或者说任何科学理论，都是关于什么不能做以及为什么不能做的。

如果有个理论能告诉你什么可以、什么不可以，那它的潜台词就告诉了你全部的物理学定律。这般简单的想法已经是成果喜人，我颇为自信，现有物理学框架下的各种琐碎的困惑和老大难问题都将由此迎刃而解。这还需要花些时日，但我相信我们终将取得预期的成果。我们的工作常被误解为在宣称只有科学理论才有价值。当然不是这样，正如波普尔曾说的，这种曲解很愚蠢。比如波普尔自己的理论就是一个哲学性的理论。显然，他不会说自己的理论无关紧要。

在某些方面，如同量子论、广义相对论以及任何基础物理学理论一样，构造者理论与哲学也有交集。有正确的哲学领导，也就是波普尔的哲学，可以帮助我们避免走入错误的死胡同。波普尔以其对科学与形而上学所划分的标准而闻名：科学理论原则上是可经由实验验证的，而形而上学或者说哲学，则不能。

“可验证”做起来可并不像听起来那么容易。波普尔的细致调查以及他提出的原则让我不禁思考：“要如何去验证构造者理论呢？”构造者由一种描述其他科学理论的语言构成，这谈不上对错，只是方便不方便而已，但它仍是原理。只不过这种原理不是关于物理对象，而是关于其他原理。其他原理必须遵循构造者理论。

这就带来一个问题，你要如何验证一条原理的原理的对错？如果它说原理必须有怎样的性质，你不可能真的四处寻找一条没有那个性质的方法，因为实验永远无法证明那条原理的对错。幸运的是，波普尔解决了这个难题。这种原理的原理的情况，必须间接求解。我想引入一个专有术语，也就是原理的原理应称之为“定律”（principle）。这个词早有人用,但我想让它标准化。

以能量守恒定律为例，它声称所有原理必须遵循能量守恒。也许你感觉不明显，但任何实验都无法得出违反能量守恒的结果，因为如果有人给你展示一件释放能量多于它所吸收能量的物品，你总是可以说：“这是因为存在某种不可见的东西，或者其运动的原理与我们所想不同，或者这个物品的能量公式有所不同。”这样就没有实验能驳倒它。

实际上，在物理学的历史中，中微子正是通过这种方法发现的。β 衰变的过程似乎并未遵循能量守恒，于是沃尔夫冈·泡利（Wolfgang Pauli）提出，能量可能是被某种不可见也探测不到的粒子携带出来的。事实证明他是对的，但验证的方法并非做一个 β 衰变实验，而是去看中微子的理论是否能成功，是否可被独立验证。定律给出的原理的可验证性，为定律本身提拱了可验证性。

关于构造者理论，我认为有一点需要特别指出，那就是，当我说我要将物理学重新表达成什么能做、什么不能做，这听起来就像退步成了操作主义或实证主义。就像是我们不用关心完成事件的主题，即构造者，只需要有输入输出以及它们是否兼容。但构造者理论实际并非如此。

构造者理论关心的是怎么得出结果，只是用不同的语言表示出来。我不太熟悉几十年前流行的控制论观点，其中可能就蕴含着构造者理论的影子，但却在当时被证明无用。对此，我毫不意外。如果真是如此，我们可以当一回事后诸葛亮了。因为，构造者理论的想法只在具备了后量子计算理论的概念框架后才有可能，也就是计算论与科学有所结合，而非仅仅在哲学之后。这就是量子计算理论的贡献。

冯·诺依曼在 20 世纪 40 年代的工作也有可能是构造者理论的前身。我不太确定冯·诺依曼当年是否用过“构造者理论”这个词。也许他只是称之为“宇宙构造者”？不过冯·诺依曼关心的问题有所不同。他研究的是生命如何能在这样的物理学定律下得以存活。那时候 DNA 的机制还未被发现。

冯·诺依曼对定律的问题很感兴趣。他关心的是，一个自我复制的客体如何在我们已知的物理学定律之下存在。他意识到这其中潜藏着逻辑和代数解答。通过证明生物不可能靠简单的自我复制，他真的解决了生物怎么可能存在这个问题。物理必须在内部有一套代码、处方或者说明书，就像我们现在说的计算机程序，来说明如何构造它。因此自我重复的过程必须分两步发生。这些都是冯·诺依曼在 DNA 系统被发现之前就得出的结论，但他没有往更深的层次考虑。因为他从未用构造者理论去思考，也没有意识到这些都是物理学的基础问题，而非仅仅是生物学基础。他被物理学的初始条件、运动原理、最终状态这套东西束缚了。构造者必须被包含在系统的描述之内，否则就发现不了转化的原理是怎样的。

当冯·诺依曼发现无法在纸上列出方程来给生命体建造数学模型时，他选择了对物理学定律一次又一次的简化，并最终发明了细胞自动机（cellular automata）这个研究领域。这很有意思，但却偏离了真正的物理学。我想做的是另一个方向，用具有类似计算论的代数原理的物理学定律来将其统一。

选择这个方向有几大理由，我很幸运能处于这个时代。主要的事情要从图灵开始，然后是罗尔夫·兰道尔（Rolf Landauer），他在20世纪60年代独自坚持计算就是物理学的说法……因为在那时，数学家们认为计算论是抽象的而非物理的。罗尔夫则意识到，纯抽象计算机是无意义的，计算论必须得是关于物理对象对信息的处理的。罗尔夫专注于研究物理学定律在计算上强加了哪些限制。不幸的是，这是条弯路。因为我们后来发现，物理与计算最重要也最惊人的关系，正是量子理论允许经典物理学中不可能存在的计算模式存在。一旦建立了量子计算理论，就得到了完全属于物理学的计算理论。自然而然地，就会想将它一般化，这正是我想做的。这也是方向之一。

冯·诺依曼的动力更多的来自理论生物学而非理论物理学。对量子理论的错误看法也使得他没能意识到，他的理论是关于基础物理学的。他最早将量子理论只作为预测并得出实验结果的工具，却并不认为其中还蕴含着结果的原理。这正是冯·诺依曼从未将他自己的理论视为一般化的量子理论的原因之一，因为他压根儿就没认真考虑过量子理论。他对量子理论的贡献就在于，使你可以在实践中运用这一原理而无须了解它有什么意义。

我的思维方式则有所不同，承自休·埃弗雷特（Hugh Everett）和卡尔·波普尔。他们都坚持科学理论是直指本质的，能够解释为什么观察结果是如此，而不只是预测观测结果。因此，我对量子力学的实用主义阐释并不满意。

从现在的观点来看，我真的太佩服埃弗雷特了。关键在于，正如哲学家们所言，这是一个现实主义理论。也就是说，这个理论意图描述真实发生的事件的本质，而非只是我们的直观体验。一旦你这样去思考量子理论，就很容易想到，量子计算理论的意义所在以及它为何还不足以成为整个物理学的基础。所以，还少什么呢？少的就是构造者理论。

构造者理论所需的是用将物理学的其他部分整合起来的方式表示出来，诸如公式、方程等，因为只有这样它才能与其他科学理论相联系。然后，构造者理论的定律就可以限制其他理论的原理，我将它们称为附属理论。构造者理论即为最深层次的理论，其他所有理论都要附属于它。它对它们加以限制，然后与实验相联系。

除了猜测真实的原理，更关键的是找到办法将其表示出来。我们要做的第一件事就是建立一套构造者理论代数，这种代数有两大功能。首先，将任意其他科学理论用转变能否发生来表示出来。现在流行的物理学框架中的微分方程与其有些近似，但在构造者理论中它将成为一门代数学。然后，用它来表达附属理论不能表示的构造者理论。附属理论是被定义的那一方。

我与我的学生齐亚拉·马利特（Chiara Marletto）正在研究这个代数学。用它来思考，要比用物理学过去几十年的传统方式来思考波折得多。我们试试、想想、改改，找到矛盾、发现没有意义，然后再改换新的形式看看是否有变化。这个过程包含了数学、代数的交错使用。我们努力得出一些结果。

这与量子理论的先驱者们研究他们理论时的样子如出一辙。实际上，作为量子理论的主要公式之一，海森堡发明的矩阵力学就不是基于微分方程范式，而是更依赖代数学。它实际上也可以被看作是构造理论的前身模型之一。我们目前还没能得出一套可行的代数理论，但即使用现在最初步的成果，我们已经有所建树。这主要是齐亚拉的功劳，他几乎是奇迹般地使信息理论纳入物理学领域，从而有了更深层次的基础。

像所有基础理论一样，要预测它们有什么效果是很难的，因为它们将从根本上改变一切。但构造者理论看待物理学的方式，将会为我们的世界观带来新的东西，那就是乐观主义。在我看来，“乐观主义”并不意味着期待事情总会得到好结果。乐观并不是苦难不会发生，而是所有的问题和邪恶都是由知识的匮乏引起的。因此，只要有正确的知识，所有的邪恶都是可解决的。知识可以靠猜想、批评等方法被发现和创造。

尽管这听起来有些鸡汤，知识啊、邪恶啊、作出改变啊，等等，但这与构造者理论在非常基础的层面上相关联。因为这涉及构造者理论中基本的二分法。它将全部科学分为两大类，可能的变化和不可能的变化，没有第三类。如果有第三种可能，那一切都要被推翻。

如果一件事、一次变化，是可能的，那就是因为构造者理论下的某些物理学定律使它成为不可能。相反，如果有某些物理学定律使其不可能发生，那它就是可能的，没有第三种选择。“可能”是什么意思呢？尽管有些事是自发的，但绝大多数情况下，可能的事之所以可能，是因为正确的知识用在了正确的物理对象上。因此就有了之前被物理学定律禁止的和正确知识所允许的二分法，不存在其他可能。这就告诉我们，邪恶是因为知识匮乏。

这与直觉相悖。它与传统智慧相反，与我们本能地看待世界的方式相反，至少传统的文化本能不是如此。有没有第三种可能，某件事即使没有被明确的物理学定律所禁止，但我们还是无法做到？答案是，没有。这是刻在构造者理论骨子里的。这是无法绕过的，我想只要你注意到它在物理学领域的基础地位，就会越来越自然地理解这一点了。它会越来越显而易见，“是有些奇怪，但不然还能怎样？”

这就好像意识到澳大利亚人生活在地球的另一边，就像在我们脚下，这种认知会对我们的常识带来冲击。要理智地明白这一点并不难，但真的想明白是要费些力气的。理智上我们能接受，但感情上，又是另外一回事了。这会使我们的世界观都发生改变。就如同意识到澳大利亚人在我们脚下带给我们的震撼，意识到在正确知识所允许与物理学定律所禁止之间不存在其他可能，也会给我们的认知带来变化。

在人们的印象中，那些成功的科学基础理论似乎都是这么来的：首先，某个人提出一个想法；所有人都认为他疯了，然而最后证明他是对的。但我觉得这种情况并不常发生。根据我的经验，更常见的是这样：人们不会说，“你疯了，这不可能”；他们会说，“不错，干得漂亮”，然后他们就走开各干各的，很快就忘了这回事。然后，到最后，大家会说，“它可能会这样”“它可能会那样”“它也许值得研究，很可能出成果”，然后他们终于投入更多心思在它上面。

我之前有数项工作都经历了这个过程，我想，构造者理论也不会例外。没有人跟我说我的想法很疯狂、不可能是对的，但我很确定，在现在这个阶段，大多数物理学家会说，“不错，挺有意思，干得漂亮”，然后把它抛之脑后。

除了我，现在没人在研究这个。有几个同事对此稍感兴趣，如果我们能得出些成果，他们可能会更加关注。到现在，也尚无文章发表。我投送了一篇哲学论文，现在也还没被发表出来。等它发表出来，也许会有更多人关注这项工作。人们也许能借此对它有更多了解，在哲学领域，你可以在论文中写出希望的结果或者解释，但物理学领域的论文是要求有结果的。我想，等我们第一批有成果的论文发表后，研究这项工作的人数将会急速增加。当然，其中一些成果可能会被冠以“这不可能”的头衔，成为物理学发展史上一个有趣的脚注。

我必须先发表一篇哲学论文的原因在于，构造者理论要涉及不少哲学基础，把这些都写在物理论文中会太过冗长，对物理学家来说也太无聊。我得先写点东西用来参考，所以我先写哲学论文，然后是构造者理论代数学，用它作为表示旧原理和新构造者理论原理的语言和形式。但现在看来，鉴于出乎意料的好结果，最先完成的构造者理论论文将会是构造者理论下的信息理论。

我们现在讨论的是物理学的基础，所以关键在于这个理论能否自圆其说，是否自我完善，是否能引出新发现。这种基础性理论对于喜欢基础物理学的人来说很有意思，但其实用性还要在它进一步完善之后才能显现出来。

量子理论仍是个很好的例子。曾经除了研究量子理论基础的少数人，几乎没人真的对它感兴趣。但在它建立几十年后的现在，研究微芯片、信息学、密码学的人等，无一不需要了解量子力学。人类要想理解自己在宇宙中的位置，就一定要了解量子理论是怎么一回事。

比如，量子理论使你不得不思考平行宇宙的问题。这个问题很难有理智的答案。除了意外地与日常生活直接相连的乐观问题，我们现在还无法说明构造者理论对于我们在宇宙中的位置有怎样的解释，这还有待进一步研究。我们要在理论物理学领域把它研究出来。

我对所有基础性的事物几乎都很感兴趣。这不只局限在基础物理学领域，这种事物比比皆是。就构造者理论而言，它要如何发展完全取决于其结果如何，或者更干脆说，要看它是对是错。如果它是错的，我们无法用构造者理论的方式建立一种物理学基础，那就太有意思了！因为这意味着，那些我们需要构造者理论的理由都是错的，那些所谓的将各种场联系起来的统一性也没有真正将它们连起来。那么它们就肯定是有其他什么方式相连，因为世界的本质一定是相连的。

如果构造者理论真的是错的，那很有可能是在被证伪前，我们就发现了它的错误。这在科学理论的研究过程中很常见。在一般人的印象中，理论被证伪要经历这样一个过程：做一个实验，并预测会存在一种粒子，结果它没出现，因此这个理论被证伪。但实际上，绝大多数理论在它们被实践检测之前就已经被证明是错误的了。它们因内部的一致性问题或与已知可信的理论相矛盾，而被认为是错误的。还有一种更常见的原因，那就是它们没有达成当初设计它们时，研究者预期的目的。比如，你设计了一个应该能解释热力学第二定律和物理学定律可逆性问题的理论，然后经过分析你发现它做不到这一点，那么这个理论就要因为无法完成任务而被舍弃掉。我想，如果构造者理论是错的，那它极有可能就是因为这种原因，也就是它无法得出我所期待的统一性和基础性结果。

然后就是我们从中吸取教训了。错误并不丢人。这不像搞政治，输了选举就输了一切。在科学领域，如果你觉得很有戏的理论最后被证明是错的，你仍然会有所收获。

我研究基础物理学的核心哲学动机之一，就是我对世界的本来面目很感兴趣。我想知道的不仅仅是这个世界看上去的样子，还有那些看不见的东西和过程，那些隐藏在表象之后的本质。因为可见的世界只不过是真相冰山的一角，而这个世界最令人着迷的，就是我们具有发现这种真相的能力。

我们能知道恒星的中心是怎样的，尽管我们从未到过那里。我们能知道那些挂在天上的冰冷微小的星星，实际上是直径达数百万公里的白热气体球。它们那小点点的样子让人怎么也想不到，它们实际上会是那样。但我们却能知道。我们知道，我们可见的认知背后潜藏着不可见的真相。

几十年来，这样去看待科学的哲学家已经很少见了，尤为遗憾的是，甚至在科学家中，持这种观点的也很少了。仅仅因为实验检验是科学的一大特色，他们就认为科学只关乎实验，但这是个误区。如果这样想，那科学就只关乎人类了，甚至不是与人类有关的一切，而只是人类的经验。这是唯我主义。它引出了一种严格、客观的世界观，即观察决定一切，内在的逻辑无情并严厉，认为只有人类的经验才是真实的。这正是唯我主义。

我认为，不要将科学视为专为作出预测而生，而要将它视为我们认识世界真相的工具，它能告诉我们这里有什么、为什么会这样。观察只是起到检验作用。不过，虽然真相远超我们的经验，我们微不足道的观察能力却能验证我们关于真相的理论和知识，这实在是不可思议。这就是科学的奇妙之处，也正是我对科学的期许所在。

THE STANDARD EXAMPLE IS THE CAULIFLOWER.

花椰菜是一个标准示例。

——《粗糙度无处不在》

21

A Theory of Roughness

粗糙度无处不在

Benoit Mandelbrot

贝努瓦·曼德尔布罗特

耶鲁大学数学家；著有《自然的分形几何》

约翰·布罗克曼的导言：

20 世纪 80 年代，贝努瓦·曼德尔布罗特接受我的邀请，在现实俱乐部做了一次演讲。那次演讲成了现实俱乐部那 10 年间最难拿到门票的一次活动，似乎纽约的每一位艺术家都想要参加。那是一个激动人心的神奇夜晚。我和曼德尔布罗特一直保持着联系，过不了几年就会一起吃个饭，我对他要说的话总是充满兴趣。

但这并不容易。他的想法虽然复杂但还算容易理解，然而他的法国口音却让理解变得更困难。2010 年，曼德尔布罗特去世了，这对所有关心他的人来说，无疑是一个重大打击。他毕生都致力于对自然世界的科学观察。对一些读者来说，在一本关于宇宙的书里，这段话似乎不太切题，但这是对曼德尔布罗特以及他不知疲倦的再创造精神的致敬，也是我们理解这个宇宙要有的精神。

曼德尔布罗特最为人所知的，是作为分形几何的奠基人。分形几何对数学、多种科学以及艺术都产生了深刻影响。在这里，他将用粗糙度理论作出新的突破。他说："有一个笑话是说，锤子总能找到要钉的钉子，我觉得这是非常恰当的说法。我造的锤子，是第一个对所有粗糙度都有效的工具，没有人可以否认，在所有地方都多少有一些粗糙度。"

有句话说，优秀的工作需要正确的人在正确的时间、用正确的地方去完成。然而在我的生活中，大部分我想研究的东西，基本上没有人感兴趣。所以我大部分时间都是一个圈外人，从一个领域转向另一个领域，再转回去，这都取决于环境。现在我快 80 岁了，在写回忆录。当我回顾过去的时候，我既怀念但也开心地意识到，在很多情况下，我比我所在的时代超前了 10 年、20 年、40 年甚至 50 年。直到前几年，我的博士研究课题还不怎么流行，但现在可是相当热门。

我并没有创造一个全新研究领域的野心，但也希望有一群固定的人，与我有相似的兴趣，这样就可以打破不断向那些日益完善的领域看齐的趋势。然而，在这个基本问题上，我失败了，而且非常失败。但往往事与愿违。我年轻时，当我还是加州理工学院的一名学生时，麦克斯·德尔布吕克（Max Delbrück）创建了分子生物学，所以我知道创建一个新领域意味着什么。但我的工作并不能创建出任何类似的东西。原因之一是我的个性，我并不想要什么权力，也不会东奔西跑。第二个原因是环境因素，我当时在一家工业实验室，因为我太适合学术环境。另外，在原本非常独立的活动之间建立紧密的有机联系，可能也超过了任何一个人的个人能力。

作为遗产，这个问题现在对我来说很重要。让我说得详细一些。当我快 70 岁时，以前的一个博士后在库拉索岛（Curaçao）组织了一次聚会。那次聚会棒极了，数学、物理学、工程学、经济学等领域的朋友都有参加。库拉索岛的地理位置非常远，所以并不是所有人都能去，但各个领域都有人与会。

1982年之后，类似的聚会又组织了几次。然而，我对库拉索岛那次聚会的喜爱可能受到了潜意识的影响，因为我强烈地感觉到，这样的聚会将会是最后一次。从某种程度上来说，我这些年的努力是成功的，比如，分形学让很多数学家学到了不少关于物理学、生物学和经济学的知识。不过，大部人觉得他们已经学到了足够他们余生使用的知识。他们还是数学家，虽然通过思考我提出的问题，他们有所改变，但很大程度上，他们走的依旧是自己的老路。

现在，很多在库拉索岛得到统一的东西又一次变得非常独立。例外也有，我一会儿会讲到。然而，当我快80岁时，根本没人想过要举办像库拉索岛聚会那样的会议，取而代之的是七八个在不同地点举办的专门会议。最新的和最鼓舞人心的会议都限制在分形学非常具体的应用中，讨论的问题包括塑料、混凝土、互联网等这样的东西。

很多年来，我一直听到这样的评论，说分形学可以制造漂亮的图案，但并没有什么用。我被激怒了，因为重要的应用总是过一段时间才被发现。而对于分形学来说，我们并不需要等待太长时间。在纯科学领域，流行总是来了又走。影响基础的、大预算的工业需要更长时间，但也更有希望持续更长时间。

我们回来解释一下分形学是如何影响纯数学的。我将在瑞典皇家科学院的米塔格-累夫勒研究所（Mittag-Leffler Institute）待几周。仅仅25年之前，我还没什么理由去那儿，除非是去参观那儿的恢宏的图书馆。但是，回到现在，我的工作已经激发了这个机构进行三个独立的项目。

第一个项目是20世纪80年代建立的，当时曼德尔布罗特集合是年度热点问题。可能并不是所有人都同意，这个集合的发现可以使眼睛重获光明，可以检查数不清的图片，以及在此基础上证实了一些数学家很感兴趣的观察和推测。我的第一个推测在6个月内被解开，第二个用了5年，第三个用了10年。尽管有一些工作得了两次菲尔兹奖（Field Medals），但是基本猜想仍是猜想。现在这个猜想有个简称，叫作MLC，意为曼德布罗特集合是局部关联的。这些猜想可能已被纯思维实验所研究，不需借助图案，这种想法很让人难以接受。

接下来受我启发的米塔格-累夫勒年是6年前，与我关于布朗运动（Brownian motion）的“4/3”推测相关。它的发现明显刻有我的研究方式和行事作风，因此需要再拿出来说一次。

科学家在几个世纪以前就知道了布朗运动，诺伯特·维纳（Norbert Wiener）提供的数学模型也是概率论的核心支柱之一。早前，科学家已经作出了关于自然界布朗运动和维纳模型的图像。但是这个领域的发展也像很多其他数据领域一样，丢失了和真实世界的所有联系。

我的态度完全不一样。我一直认为，“纯粹”的数学就如同希腊神话里的英雄安泰俄斯（Antaeus）。这位大地之子必须触碰到地面，来重新建立与他母亲的联系，否则他的力量就会消失。为了压制他，大力神赫拉克勒斯（Hercules）把他举起，让他双脚离开了地面。让我们说回数学。脱离所有朴素、现实的输入，可能在很长一段时间内是安全的，但不会永远如此。具体来说，对布朗运动的数学研究，需要与现实建立新的联系。

为了寻找这样的联系，我让我的程序员编写了一个大型的运动模型，准备以此开展工作。我并不打算完成任何已有的想法，而只是积极地“钓”新东西。很长一段时间里，并没有新东西出现。后来我有了一个想法，它更偏重于美学而非科学。我被这样一件事实所困扰，那就是，当我们从第一个时刻到第二个时刻观测布朗运动时，它的两个端点是分离的，而中间的部分遵循不同的规则。也就是说，这个整体是非均匀的，呈现出内部对称性的缺失、美学的缺失。

这就触发了哲学上的偏见，即当你探寻一些不明的特征时，你不希望无关的复杂性产生干扰。为了实现均匀性，我决定把运动的终点定为其开始的那个点。这样形成的运动轨迹咬着自己的尾巴，成了一个很有特点的新形状，我称之为布朗集群（Brownian Cluster）。接下来，同样的纯美学考虑引导了进一步的工作。持续地想把无关复杂性排除的愿望，促使我把那些无法达到的点从无穷远处组合起来，并且不穿过布朗集群。把它们用黑色表示，可以再一次创造出相当新的东西，类似一个小岛。很快，很明显的是，其边界需要进一步研究。同样，我之前关于地球上真实岛屿的海岸线的经验很快就派上了用场，让我怀疑布朗运动的界线等于 4/3 的分形维数（fractal dimension）。分形维数是一个曾用于隐藏的数学奥秘的概念。但在过去的几十年里，我把它逐渐变为了一个用来形容粗糙度的内在定性描述。

经验测量结果是 1.333 6，在此基础上，我在 1982 年出版的《自然的分形几何》（*The Fractal Geometry of Nature*）一书中猜测，准确的值是 4/3。有数学家朋友责备我，如果我能在出版之前告诉他们，他们便能很快提供一个非常严谨的证明来证实我的猜测。他们太过乐观了，事实证明，这样的证明非常困难。一位同事后来得出来了精确到小数点后 15 位的 4/3 的近似值，但这个证明花了 18 年,通过来自不同领域的三位科学家的共同努力才得以实现。在 2000 年，这是非常轰动的一件大事。这个困难的证明不仅在数学领域催生了关于其本身的非常活跃的子领域，而且也通过一些看起来没有联系的猜测，影响了其他子领域。《科学》杂志上的一篇文章，在结果的主要部分评论说，“这是近 20 年来概率论领域最激动人心的事情”，这让我非常高兴。不可思议的事情开始发生了，米塔格 - 累夫勒研究所花了一整年时间来讨论接下来做什么。

今天，我们都知道了这一事实，布朗运动的边界可能称为一个“自然的”概念。但就在昨天还没有人提出这样的概念。即使通过单纯的思考，可以想到这个概念，又怎么会有人想到 4/3 这个维数呢？想要把这个概念带到生活中，数学中的安泰俄斯必须触碰他的大地母亲，哪怕一小会也好。

在数学社群中，MLC 和 4/3 猜测有很深远的影响。就如法国国家科学研究院（CNRS）所说：“数学以两个互补的方式运行。一个是‘视觉的’，定理的含义直接通过几何图形就可以被感知；另一个则是‘书面的’，它依靠语言，依靠代数，需要时间。赫尔曼 · 外尔（Hermann Weyl）写道，‘几何的天使和代数的恶魔分享了舞台，昭示着两者的困难。’”我 20 岁离开了法国数学界，就是因其对图形的排斥，在我看来，已经找不到更好的描述了。当这些话出自法国国家科学研究院之口时，我还活着，这种感觉简直太棒了。但是不要忘了，在赫尔曼·外尔的年代（1885—1955）和我已人到中年的时间之间，氛围是完全不同的。

说回集群维度。我当时在IBM工作，在那儿，我的朋友们从布朗运动拓展到另外的集群。他们从严格的渗流集群（percolation cluster）开始工作，这是一个非常有名的数学结构，在统计物理学中有很多人感兴趣。这次一个内在的复杂因素是，其边界可以用两种不同的方式定义，一种结果是4/3，另一种结果是7/4。两个值最初都是通过数字得到的，但现在已经经过了理论证实，而且不是经过没有其他目的的单纯论证，而是通过一个在其他方面很有用的方式。这一工作还在持续，目前还不严谨的大规模几何形状，在纯数学领域变得很有吸引力，而其证明虽很困难但很有趣。

瑞典皇家科学院米塔格-累夫勒研究所第三次受我工作所启发的会议将在今年举行。它关心的基本问题是我已经提到过的一个主题:互联网的数学。

有件事你可能经历过，那就是电子邮件的丢失。众多完全一样的信息是不好，但发送者这样做是为了安全，因为在工程学上，显然所有的东西都是有限的。信息的集合、分散、分布是很复杂的。尽管计算机内存已经不再昂贵，但缓冲区是有限的。当发生了大新闻时，每个人都在给其他人发送信息，缓冲区就满了。如果发生了这样的事，那些信息会怎么样？它们会消失，就这样随流而去。

最开始，专家们认为他们可以用一个20世纪20年代关于电话网络的旧理论来解释。但是随着互联网的膨胀，他们发现这个理论不再适用。接下来，他们尝试了我在20世纪60年代中期的一个发明，事实说明那也不合适。后来他们尝试了多重分形（multifractals），这是我在20世纪60年代后期到70年代建立的一个数学结构。多重分形是一个由于数学家因为数学的乐趣而被提出的概念，但事实上，它最初产生于我关于暴乱的研究，我也很快把它用于经济方面。为了检验新的互联网装备，人们需要检验它在多重分形变异下的表现。就我的理解来看，这可是一桩大买卖。相同的技术怎么会适用于互联网、天气和股票市场？为什么我在未经特意尝试的情况下，就接触了这么多不同事物的不同方面？

我的生活最近发生了一次重要转折，我意识到，我长时间以来在脚注里写的东西应该得到重视。尽管我自己并没有意识到这一点，但我一直致力于理解粗糙度理论。想想颜色、音高、厚度和热度。这些都是物理学的分支。化学充满了酸、糖和醇类。所有这些概念都来源于感知。粗糙度和其他这些原始的感知同样重要，但没有人这样研究过。

1982 年，一个冶金学者找到了我。他认为，分形维数可能为金属断裂中的粗糙度情况以及类似的事情进行长期测量。实验结果确实如此，我们在 1984 年为《自然》写了一篇论文。这为我们吸引了很多关注，并且实际上建立了一个关于粗糙度测量的工作领域。

这份描述内容多变，因为我并没有很早就定型，而我又非常长寿，直到今天也还在不停地学习。在众多考虑之下，我认为我的工作由一个单一的总体目标所引导：找到一个对粗糙度的严格谨慎的分析方法。终于，这个主题给我的生活带来了强有力的凝聚作用。早前，从 1952 年我的博士论文开始，这样的凝聚作用还非常脆弱。它曾基于的是所谓的幂函数关系。

不知是好还是不好，我的熟人们各有各的机缘，都没有什么相似的故事可讲。我认识的所有人都一直有意识地在先前建立或正在建立的领域工作。迈克斯·德尔布吕克就是一个典型的例子，他以前是物理学家，后来成了分子生物学的奠基人。他一直认为这是生物学的外延领域。与此相对，我的命运是，我做的事情直到事实发生了才能完全明白，此时已是我生命的后期了。

为了领会分形的本质，我们需要引用伽利略一句经典箴言：“哲学是用数学写就的，它的文字是三角形、圆形等几何图案，没有这些，人就会在黑暗的迷宫中游荡。”注意，圆形、椭圆形和抛物线都是非常平滑的形状，三角形则有一些不规则点。伽利略说这些形状在科学中是必需的，这当然没什么错。

但事实上它们还不够，“仅仅是”因为这个世界上的大部分事物都有无尽的粗糙度和复杂性。复杂性的无边之海中有“两座小岛”，它们很简单，其中一座是欧几里得，另一座则是粗糙度存在于所有尺度的情况，它相对简单。

花椰菜是一个标准示例。你一眼就可以看到它由许多小花组成。当将其切下仔细看其他部分时，你会发现小花就像一个小的花椰菜。撕掉小花的其他部分，仅仅留下“小花的一个小花”，它是一个花椰菜形状。花椰菜的例子说明了，一个物体可以由很多部分组成，每一个小部分都和原来的整体很相似，只不过小一些。很多植物都是这样。云是由一小朵一小朵像云一样的小云组成的。当你离近看一朵云的时候，是看不到平滑的东西的，只有更小的不规则东西。

平滑的形状在自然界中是非常罕见的，而它们在科研院所这样的象牙塔以及工业中很重要，也是我年轻时喜爱的对象。花椰菜代表了第二类的极致简约，即一类放大 / 缩小或靠近 / 远离时，看起来基本相同的形状。

在我的研究之前，这些形状没有什么用处，因此也不需要特别的词汇去形容它们。但我的研究产生了这样的需求，而我选择了“分形”（fractals）这个词。我年轻时学习过拉丁文，我在试图表示破碎的石头、不规则且破碎的东西等这类概念。拉丁语是一门非常具体的语言，我从我儿子的拉丁文字典查到，在拉丁文里，形容“被打碎、变得不规则的石头”的词是“fractus”。这个形容词让我选择了“fractal”这个词，现在它已经出现在了每一本英文字典和百科全书里了。它指代那些从近处或远处看都一样的形状。

所有非平滑的东西都是分形吗？分形足以解决科学的所有问题吗？并不是这样。我强烈主张的是，当一个事实存在的物体是非平滑的，接下来要尝试的数学模型就是分形或多重分形。复杂的现象不必一定是分形，但一个现象“甚至都不是分形”却是一个坏消息。因为迄今为止，还没有人在超越分形的领域，作出过像我那样的识别和创造新技术的努力。粗糙度无处不在，尽管分形并不适用于所有东西，它也是无处不在的。而经常发生的是，同样的技术适用于在几何结构以外的其他考虑下，独立的地方。

让我们还以股市和天气为例吧。拿它们做比较，谈论华尔街的风暴，这是老生常谈了。有一段时间，股市基本平稳，几乎没什么事情发生。但经常性地，它会遇到一些风暴或飓风。这些都是人们随便用的词，但也可能把它们当作随意的比喻。然而事实证明，我发明的研究扰动（比如天气）的技术，也适用于股市。定性的性状，比如价格的整体表现以及很多定量的性状，可以以非常小的代价，即分形或多重分形的假设来得到。

这并不意味着天气和金融市场有相同的原因，它们当然没有。当天气发生变化，飓风来袭，没有人会怀疑是不是物理学定律发生了变化。类似地，我也不相信，股市陷入可怕的旋涡是因为它的内在规律发生了变化。它还是有着相同机制、相同参与者的同一个股市。

粗糙度这个想法带来的一个积极影响是，它驱散了人们对分形几何应用如此广泛的可能性的惊讶、愤怒与不安。

近一段时间都不会缺少问题的事实让人心安。因为一些背景原因，我工作了很多年的物理学分支，最近变得不那么活跃了。很多问题已经被解决了，另外一些则太难了，以至于没人知道该怎么处理它们。这意味着，如今我比 15 年前要少做很多物理学方面的工作。而比较来说，分形工具还有很多可做的工作。有一个笑话是说，锤子总能找到要钉的钉子，我觉得这是非常恰当的说法。我造的锤子，是第一个对所有粗糙度都有效的工具，没有人可以否认，在所有地方都多少有一些粗糙度。

我以前没有、现在也没有任何关于粗糙度的总体的理论，因为我更喜欢自下而上的工作方式，而不是相反。但问题就在这儿。再说一次，我并没有非常努力地尝试开创一个领域。但现在，在事实发生很久之后，我很享受这样巨大的统一，并且在最近我所有的出版物中都强调这一点。

挑战极限的目标带来了另外一个令人惊叹的发展，这本来可以说成是最近发生的事，但其实并不是。我的《自然的分形几何》一书中提到了葛饰北斋（Hokusai）的木版画《神奈川冲浪里》（*Great Wave*），这幅以富士山为背景的著名画作，同时也提到了其他一些在艺术和工程学领域不那么具有识别度的分形例子。最初时，我把它们当作是娱乐，而非必需。但随着大量读者让我意识到的一些奇怪的事情，我改变了想法。他们让我观察四周，让我注意到了远古时代艺术作品中的分形。现在我在收集这样的作品。说第一个“创造”了什么东西的声明，暗示着无比的傲慢。有些人喜欢这样的傲慢，有些人不喜欢。现在，我已经超越了傲慢，因为我声明，分形一直都存在，但其真实形态未被人认知，一直等着我去发掘。

译者后记

宇宙。这是人类所能想象的最宏大的结构。或者说，这是人类所能表达的最宏大的叙事。

我前不久参加了一次活动，带领20个人在西北的戈壁滩上露营观星。大家躺在星空下，我为他们讲述夏夜的星空和银河。拥有不同身份的这20个人，走到这片荒漠中，在风沙走石下忍饥挨饿，嘴唇干裂，当然不是为了研究宇宙的大尺度结构。但每个人都忍不住会看向星空。

天文学的传播和其他科学的传播相比，有一个更为突出的困难。我发现，绝大部分人，甚至可以说几乎是每一个人，都无法接受一件事：这个宇宙和他自己，可能没有什么关系。

然而，人就生活在宇宙中，两者间怎么能没有关系呢?

放弃对宇宙与人之间关系的想象，会是巨大的失落。我能理解这样的心情，这也是天文学不讨人喜欢的一个地方，或者说，是绝大多数天文学家、理论物理学家和宇宙学家不讨人喜欢的地方。作为科学家，既要坚持科学理性（有八分证据说八分话，有六分证据只能说六分话），又必须恰当地讲述自己的理论。这种讲述往往不同于学术研究本身具有规范的逻辑论证体系，而是需要做一系列转化：把新鲜的食材转化为可口的菜肴，同时又不破坏食材本身的营养和水分。

本书中的大师们，毫无疑问都是烹调菜肴的高手。他们并没有致力于让大家读而不懂，以借此彰显自己的权威和专业；他们也没有过分渲染所谓的情怀，强加宇宙对于人的情感；他们恰到好处地用生活、用口语、用比喻、用经验“打开脑洞”。他们打开的，是宇宙学的脑洞，也是未来的脑洞。

联系，真的是普遍的吗？现今的课堂上和教科书里的那些理论，学生在考完试之后，还必须相信它们吗？还有什么蛛丝马迹是众多精英还未曾洞察到的吗？缺失了拼图的一块，是否可能导致我们对最终图景的猜测大错特错呢？再进一步说，真的有一个最终的图景吗？

本书的翻译得到了北京师范大学天文系研究生于斌、郭越凡同学的协助。于斌同学在攻读博士，致力于理解恒星演化晚期释放的尘埃的分布结构；郭越凡同学精益求精地改善着引力波探测器的地下实验室。他们未来很有可能成为如同书中作者们一样的大师。但这不是最重要的，最重要的是，针对未来宇宙的未来理论，十有八九，今天已经出现在某个年轻学生的草稿本上了！

本书不是在回答问题，而是在提出问题，甚至是在挑衅其他“大牛”已经回答过的问题。这是多么美妙的事啊！

未来，属于终身学习者

我这辈子遇到的聪明人（来自各行各业的聪明人）没有不每天阅读的——没有，一个都没有。巴菲特读书之多，我读书之多，可能会让你感到吃惊。孩子们都笑话我。他们觉得我是一本长了两条腿的书。

——查理·芒格

互联网改变了信息连接的方式；指数型技术在迅速颠覆着现有的商业世界；人工智能已经开始抢占人类的工作岗位……

未来，到底需要什么样的人才？

改变命运唯一的策略是你要变成终身学习者。未来世界将不再需要单一的技能型人才，而是需要具备完善的知识结构、极强逻辑思考力和高感知力的复合型人才。优秀的人往往通过阅读建立足够强大的抽象思维能力，获得异于众人的思考和整合能力。未来，将属于终身学习者！而阅读必定和终身学习形影不离。

很多人读书，追求的是干货，寻求的是立刻行之有效的解决方案。其实这是一种留在舒适区的阅读方法。在这个充满不确定性的年代，答案不会简单地出现在书里，因为生活根本就没有标准确切的答案，你也不能期望过去的经验能解决未来的问题。

湛庐阅读APP：与最聪明的人共同进化

有人常常把成本支出的焦点放在书价上，把读完一本书当做阅读的终结。其实不然。

时间是读者付出的最大阅读成本
怎么读是读者面临的最大阅读障碍
“读书破万卷”不仅仅在“万”，更重要的是在“破”！

现在，我们构建了全新的“湛庐阅读”APP。它将成为你“破万卷”的新居所。在这里：

- 不用考虑读什么，你可以便捷找到纸书、有声书和各种声音产品；
- 你可以学会怎么读，你将发现集泛读、通读、精读于一体的阅读解决方案；
- 你会与作者、译者、专家、推荐人和阅读教练相遇，他们是优质思想的发源地；
- 你会与优秀的读者和终身学习者为伍，他们对阅读和学习有着持久的热情和源源不绝的内驱力。

从单一到复合，从知道到精通，从理解到创造，湛庐希望建立一个“与最聪明的人共同进化”的社区，成为人类先进思想交汇的聚集地，共同迎接未来。

与此同时，我们希望能够重新定义你的学习场景，让你随时随地收获有内容、有价值的思想，通过阅读实现终身学习。这是我们的使命和价值。

湛庐阅读APP玩转指南

湛庐阅读APP结构图：

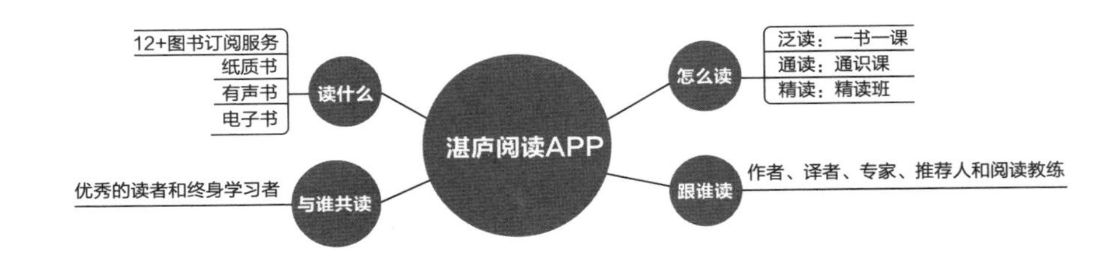

三步玩转湛庐阅读APP：

APP获取方式：

安卓用户前往各大应用市场、苹果用户前往APP Store
直接下载“湛庐阅读”APP，与最聪明的人共同进化！

使用APP扫一扫功能，
遇见书里书外更大的世界！

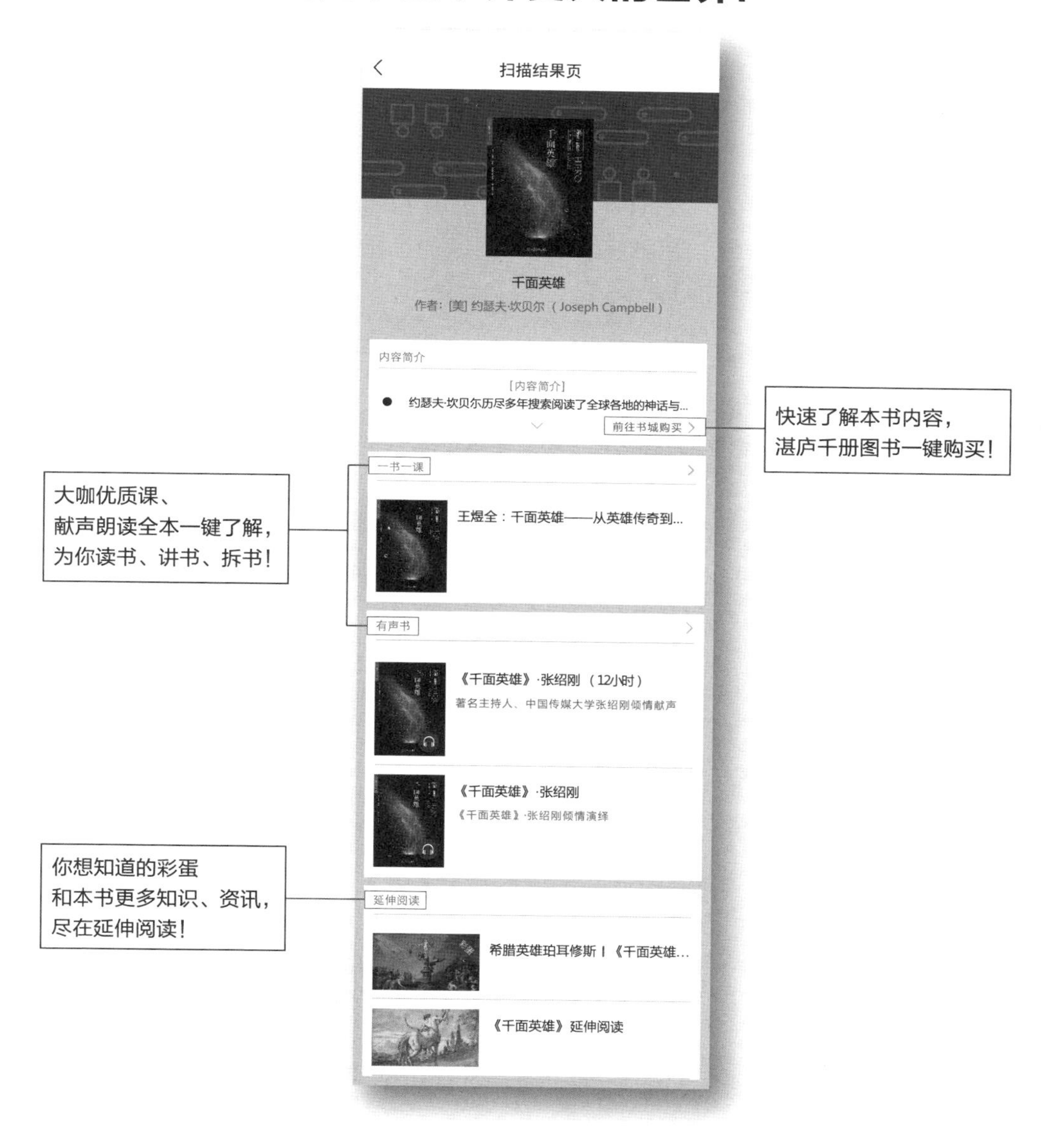

延伸阅读

《叩响天堂之门》

◎ 理论物理学大师丽莎·兰道尔"宇宙三部曲"——一本书读懂宇宙求索的漫漫历程。

◎ 宇宙如何起源？为什么我们要耗资巨大，建造史上最大型的科学仪器——大型强子对撞机？宇宙万物的真相又如何向我们徐徐展开？

《弯曲的旅行》

◎ 理论物理学大师丽莎·兰道尔"宇宙三部曲"——一本书读懂神秘的额外维度。

◎ 我们了解宇宙吗？宇宙有哪些奥秘？宇宙隐藏着与我们想象中完全不同的维度吗？我们将怎样证实这些维度的存在？

《暗物质与恐龙》

◎ 理论物理学大师丽莎·兰道尔"宇宙三部曲"——一本书读懂暗物质以及恐龙灭绝背后的秘密。

◎ 暗物质是什么？它是如何让昔日的地球霸主毁灭的？宇宙万物又是如何在看似无关的情况下联系在一起，从而改变了世界的发展的？

延伸阅读

《星际穿越》

◎ 天体物理学巨擘，引力波项目创始人之一，同名电影科学顾问基普·索恩巨著，媲美霍金《时间简史》。

◎ 国家天文台8位天体物理学科学家权威翻译。

◎ 国家图书馆“第十一届文津奖”获奖图书。

《时间重生》

◎ 新时代的爱因斯坦，加拿大圆周理论物理研究所创始人之一，圈量子引力论创始人李·斯莫林颠覆世界之作。

◎ 我们现在如何理解时间，决定了我们如何思考未来。种种美妙的意外，皆源于时间的惊涛骇浪！

《穿越平行宇宙》

◎ MIT物理系终身教授，平行宇宙理论世界级研究权威——迈克斯·泰格马克近30年科学追索，一部让你脑洞大开的宇宙学之作！

◎ 一场关于现代宇宙学的盛大巡礼。关于平行宇宙的所有脑洞，这一本就够了！

浙江省版权局
著作权合同登记章
图字：11-2017-246号

图书在版编目（CIP）数据

宇宙 /（美）布罗克曼编著；高爽译 . —杭州：浙江人民出版社，2017.9

ISBN 978-7-213-08378-5

Ⅰ . ①宇…　Ⅱ . ①布…　②高…　Ⅲ . ①宇宙 – 普及读物　Ⅳ . ① P159-49

中国版本图书馆 CIP 数据核字（2017）第 212660 号

上架指导：宇宙天文 / 思想前沿

宇宙

［美］约翰·布罗克曼　编著
高　爽　译

出版发行：浙江人民出版社（杭州体育场路 347 号　邮编　310006）
市场部电话：（0571）85061682　85176516
集团网址：浙江出版联合集团　http://www.zjcb.com
责任编辑：方　程
责任校对：张志疆　徐永明
印　　刷：河北鹏润印刷有限公司
开　　本：720 毫米 ×965 毫米 1/16　　印　　张：21.5
字　　数：324 千字　　插　　页：1
版　　次：2017 年 9 月第 1 版　　印　　次：2017 年 9 月第 1 次印刷
书　　号：ISBN 978-7-213-08378-5
定　　价：79.90 元

如发现印装质量问题，影响阅读，请与市场部联系调换。